SD選書254

時間の中の都市

内部の時間と外部の時間

ケヴィン・リンチ＝著
東京大学大谷幸夫研究室＝訳

鹿島出版会

WHAT TIME IS THIS PLACE?

by

Kevin Lynch

Published 2010 in Japan by Kajima Institute Publishing Co., Ltd.

Japanese edition published by arrangement through The sakai Agency

SD選書化にあたって

本書の日本語版初版が出たのは三五年前である。当時の日本は高度経済成長が幕を下ろし、一九七三年の石油ショックを契機に、真に豊かな生活を問い直す気運が高まっていた。高度成長期を主導した近代計画モデルは、都市膨張に効率的な受け皿を供給するのには役立ったが、生活環境の質を高める有効な手だてにならなかった。各地で公害、交通問題、ごみ問題などに悩む住民が行動を起こし、みずからの手で問題解決に取り組みはじめていた。住民主体の地域環境づくりを表す「まちづくり」という言葉が生まれたのもこの時期である。

ケヴィン・リンチの終生のテーマは、よい都市とはどのようなものか、人びとが幸せに生活できる環境とはどのようなものか、それを研究と実践を通じて明らかにすることであった。本書の彼は、環境は変化するものであるという基本認識のうえで、変化を適切に受け止め、誘導することによって、過去の存在を活かし、現在の生活を充実させ、よりよい未来を築く方法を検討している。時間や場所へのこのような姿勢は、彼が「日本語版への序」で指摘しているように、実は日本人の伝統的環境観に通底するものである。私たちは、近代化と成長追求の中でそれを見失っていたが、まちづくりのように地域の人びとがそれぞれの場所で環境整備のプロセスを組み立てていくとき、リンチの議論は私たちの生活文化再生とも呼応して、多くの実践的示唆を与えてくれる。その意味で、社会が先行き不透明な転機に直面し、改めて生活の質が問われている現在、本書がＳＤ選書の一冊として再刊されるのは大変喜ばしいことである

今回の再刊にあたり、大幅に訳文を見直し、訳注を補った。保全と保存のように概念の定着が進んだものについては、できるだけ訳語を改めた。また、旧版ではディスプレイ、イヴェントなどカタカナが多すぎて読みづらい面があったので、これらをできるだけ日本語に置き換えるようにした。なお、本書にはインディアン、ジプシーなど、現在では差別的とされる用語が含まれているが、これらは時代を反映するものとして原文のままとした。

最後に、ＳＤ選書化の企画を立てていただき、煩雑な校正に根気よくおつきあいくださった鹿島出版会の渡辺奈美さんに、この場を借りて心からお礼申し上げます。

訳　者

二〇〇九年一二月

陸地は海からつくられた。海原から遠く離れたところに海の貝殻が横たわり、山の頂から古い錨が発見される。平原が水の流れに刻まれて渓谷になり、洪水によって山が平原になった。かつての沼地が干上がって砂漠になり、旱魃に苦しんだ土地が湿地になっている。大空とその下にあるすべてのものが、そして大地とその上にあるすべてのものが、その姿を変えている。

——オウィディウス『変身物語』

日本語版への序

この本は、ひとつの試論として書かれた。ここで私は、物理的環境の扱い方を考察し、私たちの内的時間の意識を豊かにする方法を探ろうとした。日本の読者には、このような試みもこれといって目新しいものではないだろう。アメリカ人である私の目から見るかぎり、日本の文化は、時間の理念の取り扱いに精通しているように思われる。これに対して、西欧の文化はこれまで二つの抽象概念に拘束されてきた。そこには、均質で機械的な時間の絶え間ない純粋な流れと、それに対立する不動の永遠性しかない。いまでも、西欧の建築家とプランナーは、環境デザインを不意にやってくる決定的結果のように考える傾向をもっている。彼らのイメージする環境デザインは、どこからともなく姿を現し、価値のあるデザインは永久に持続すると考えられている。

都市の再建をはかろうとするとき、私たちは、都市が人びとの個人的な思い出と個人的な未来への希望を体現していることを忘れてしまっている。プランナーは、時間を機械的な限定された方法でしか考慮しない。

彼らの扱う時間は、彼らに都合のよい速度と範囲をもったものに限られている。だが、時間の意識は自我の感覚の本質的な一部分を構成している。もし、周囲の環境の変化によって私たちの内部で時間の意識が分裂するようなことがあれば、私たちの自我もそれに応じて萎縮してしまう。一方、都市の変化をうまく経営することができれば、それによって歴史と生活のリズムを劇的に表現することができる。そこでは、私たちの自我は拡大され、時間の流れの中で安定した場所を与えられるだろう。

しかし本書は、個人的経験、芸術と文学、生理学と心理学の領域での一般的成果などを基礎にした試論にすぎない。この試論を裏づける特定の実験的研究はまだひとつも行われていない。私は、これを機会に日本の芸術家と研究者が日本の都市の形態とその取り扱いについて研究を進めてくださることを期待している。その研究の中で、日本の都市が日本に固有な時間イメージを支えていくにはどうすればよいか、その方法が明らかにされていくだろう。それまでは、日本の文学とデザインが私に多くの啓示を与えてくれたように、この本もいささかは日本の読者にとって有益な役割を果たすかもしれない。

ケヴィン・リンチ

一九七四年八月

目次

序文　時間と場所　Time and Place

変化と循環は、生きている実感を抱くことにほかならない。それは過ぎ去ったものごとを意識し、きたるべき死を意識し、現在を意識することである。私たちの周囲の世界は、その大部分が私たち自身のつくり出したものだが、絶えず変遷をつづけていて、私たちを当惑させることが多い。私たちは、この世界に手を加えて、それを保存したり変化させたりすることによって、私たちの願望を表現しようとする。計画についての議論は、常に変化するものをどう扱うかにかかわってくる。

本書は、物理的な世界の中に具体的に現われている時間の形跡について、その外的シグナルがどのように私たちの内的体験に適合しているか（あるいは適合することに失敗しているか）ということと、その内部と外部の関係がどのようにしたら人生を高揚するものになりうるかということについて議論を展開している。議論の範囲は、歴史的遺産の保存から、推移の形態、未来主義、時間のシグナル、時間の美学、生物学的リズム、時間の知覚、災害、再開発、そして革命にまで及んでいる。

この本のテーマは、人びとが時間について抱いているイメージの性質によって、個人の幸福と環境変化を扱う際の成否が決定的影響を受けるということと、外部の物理的環境によって、時間イメージの構築と維持が大きく左右されるということである。時間イメージと環境は互いに相補的な関係をもっている。

私は、過去や未来との結びつきを保証すると同時に現在を称揚し拡大していくようなイメージこそが、望ましいイメージであるということを明らかにしたいと考えている。そのようなイメージは、外部世界の現実——とりわけ私たち自身の生物学的天性に調和した、柔軟なものでなければならない。こういった一般論の意味するところは、本文の中でしだいに明らかにされていくだろう。なお、本書を通読された読者は、私が現在の重要性——つまり私たちがその中に身をおいて、そこでの生活を余儀なくされている場所としての現在の重要性を力説し、変化の必然性とその意義を強調していることに気づかれるだろう。あるいは、この点について読者と私は意見が食い違うことになるかもしれない。

本書は、環境変化の実例をスケッチすることから始められている。次に、過去の時間、現在の時間、未来の時間の、それぞれの時間の象徴である場所について議論が展開されている。5章では、これらの理念と、時間に関係のある生物学、心理学、社会学などの成果を結びつけることが試みられている。そして6章では、ボストンのワシントン・ストリートを例にとって、そこに分布している時間のシンボルの写真を挙げながら、特定の時間—場所が人びとにとってどのような意味をもっているか検討している。さらにそれ以下の章では、環境的な時間美学についての分析、環境変化の取り扱い方についての議論、環境変化と社会変化の関係（あるいは関係の欠如）についての考察が行われている。最終章では、以上の議論によって浮きぼりにされた方策について、その考え方を要約している。

1 都市は変化する

Cities Transforming

環境は変化する。突然の災害によって都市が破壊され、荒れ地から農地がつくられ、愛着のある場所が捨て去られ、新しい居住地が辺境の土地に建設される。ゆっくりとした自然のプロセスが昔からの景観を変化させることや、急激な社会変化が奇怪な断絶の原因になることもある。これらの出来事にとりまかれながら、人びとは過去を思い出し、未来を想像する。

環境が変化していく例はいくらでも見出すことができる。そこでは、一方で人びとが変化に耐えるための努力を続けている。私たちは、人びとが過去を保存し、創造し、破壊し、急速な変化を理解し、未来に対する安心感をつくり上げるために、どのような努力をしてきたか知ることができる。また一方では、その変化を先導し調整しようとする人びと——すなわち、ディベロッパー、君主、プランナー、企業家、建設業者、経営者、役人などが、別の方法で努力している。彼らは、これらの変化を包括し制御しようとしている。本章では、このコントラストが文化、場所、時間の多様性によって浮きぼりにされている例を取り上げて、変化を先導する側と受容する側の両者に共通するテーマがその多様性の下に隠されていることを示したいと考えている。

ロンドン＝一六六六年の大火

有名なロンドンの大火は、一六六六年九月二日の日曜日の早朝に、プディングレーンのパン屋から出火した［文献88］。このとき、ロンドンはペストの流行から立ち直ったばかりだった。火は東風にあおられて、手のほどこしようもないほどの猛威をふるい、建物の密集した中世の町を木曜日の朝までなめつくした。それどころか、地下室は一六六七年の春になってもまだ燃えつづけていた。ヨーロッパで第三の都市の五分の四が灰燼に帰し、一万三二〇〇戸の住宅が焼け落ち、八万人が家を失い、被害は一〇〇〇万ポンド近くに及んだ。当時のイギリスは、フランスやオランダと交戦状態にあり、財政は窮乏していた。大火後の冬は、とりわけ厳しいものになった。そのうえニューキャッスルからの石炭船は、たびたびオランダの私掠船に拿捕されていた。熟練労働者も、木材も、レンガも、石材も、すべてが不足していた。

一〇〇年の間、ロンドンのシティは急速に成長しつづけてきていたが、大火を境にして人口と商業が周辺部へ流出しはじめた。その一〇年ほど前からロンドンの財政状態は悪化しつづけていた。ロンドンには、地図も、正確な証文も、長期の信用貸しも、保険もなかった。土地所有は、[*1]自由保有、賃貸、転貸などの複雑なシステムのもとにあって、たくさんの所有権が錯綜していた。未亡人、扶養家族、慈善施設などは、その生計と運営を不動産からの収入に頼っていた。巨大な再建プログラムを管理するための法律や行政はまったく存在していなかった。

しかし、政府に対する人びとの信頼は厚く、復興への意欲も十分に存在していた。大火後、すぐに王室と市の布告が発表されて、復旧活動が開始された。街路が再開され、夜警が設置され、行政オフィスが再配置され、近隣の町に対して避難民のために門戸を開放することが要請され、食糧と石炭が供給された。九月一三日に暫定的な王室の布告が発表されたが、そこには、新しい都市をレンガと石で建設すべきこと、街路を拡幅すべきこと、川岸を美しく整備すべきことが宣言されていた。炉税が引き上げられ、焼け跡の測量が行われて、計画に従わない再建は認可されないことになった。

一〇月には新しい街路幅の基準が決定され、一二月までに路上からガラクタが一掃された。二月の議会は再建法案を可決し、再建とその財源の基本路線をつくり上げた。詳細な街路計画も四月までに制定された。ロンドンは大火前の町割りに従って再建されようとしていたが、そこには幅の広い街路、標準化された防火建築、改善された施設、新しいマーケットなどの新しい計画が含まれていた。また、迅速な再建を迫る強い圧力も存在していた。再建があまり遅れると、零細な商人がロンドンを見捨てて戻ってこなくなる危険性があった。商人の中には、他の市場町を求めて、すでにロンドンを去ってしまった者たちもいた。大部分の避難民は、はじめはシティの北側の空地にキャンプを張っていたが、すぐに燃え残った郊外や周辺の町に狭い貸間をみつけたり、焼け跡の中や焼け残った壁の下にバラックを建てて住みついたりした。孤児は農村に送られた。

一六六七年になっても、建設活動はほとんどみられなかった。敷地を片づけて測量をする必要があったし、法律上の紛争を解決しなければならなかった。資本と労働力を動員し、レンガや木材を流通させることも必要だった。焼け残った地区の家賃は急激に上昇して、大火前の三、四倍にもなっていた。これに対して、焼失地域では土地の値打ちが下落していた。そこで新しい街路を建設し、火災前の敷地を復元するための、簡単な手続きが制定された。また、法律上の混乱を収拾して、再建の能力と意志のある所有者や借地人が土地を入手できるようにするために、臨時の〈火災法廷〉が設置された。建物を建てるには小さすぎる断片的な土地を交換したり、所有者が建物を建てようとしない敷地を強制的に買収（または転売）したりできるように、制度の改革も行われた。政府の検査官が、所有地の境界決定や建築物の質の統制を行った。あらゆる建物を、レンガか石の壁で、三つの標準デザインのどれかに従って建設するように指導された。この標準デザインでは、建物の立面、断面、材料、工事などが詳細に指定されていた。

必要な木材の供給はスカンジナビアからの輸入で容易に賄うことができたが、レンガ工場のネットワークはロンドンの周辺に新しく建設しなければならなかった。それに、石材の供給は慢性的に不足したままだった。公共的再建はこの不足のために著しく遅れていた。労働力の不足は、ロンドンの座仲間や職人の反対を押しきって、市のギルドを農村の職人に開放することで解決された。その結果、地方の大工やレンガ職人が、安定した仕事と高い賃金に引かれてロンドンに流入してきた。労働者の数が増加しても、賃金の水準は維持されたが、組合の壁がなくなり、後になると失業者が現れるようになった。ロンドンを中心にした道路と水路の交通網が発達していたので、それによって労働力と物資が傷ついた都市に運び込まれ、職をもたない人や家のない人は地方に分散していった。

本格的な建設活動が始まったのは一六六八年の春になってからで、その夏の終わりまでに建設労働者の宿舎用に七〇〇〇～八〇〇〇戸の住宅が用意された。当時の焼け跡は、夜ともなれば、そこに小屋を建てた犯罪者や貧民たちの天国だった。一六六九年には、シティの再建もジョン・イブリンが「ほんの少し復興しはじめた」と述べるまでに進んでいたが、基礎の三分の一はまだ片づけられておらず、杭打ちによる境界確定も行われていなかった。教会もひとつも再建されておらず、舗装された街路もほんのわずかだけだった。物理的再建の多くは一六六九年と一六七〇年になって始められ、一六七二年になってほぼ完了した。そのころには公共建築物とギルドホールがほとんど完成し、マーケットと交通機関も整備されていた。また、最終的には八二〇〇戸になる予定の新しい住宅のうち、九六〇〇戸を除くすべてができ上がっていた。

しかし今度は、これらの新しく建設された住宅の四〇パーセント以上が空家であることと、大火でロンドンを追われた人の四分の一がまだシティに戻ってきていないことが判明した。それは、卸売り商人や小売り商人が、ギルド都市のような制約と税金のない郊外に定住するほうが有利だということに気づいて、エリザベス王朝以来つづいてきたロンドン流出の傾向に拍車をかけたからである。一方、大火前に都心部の密集した地下室や木造の借家に住んでいた貧しい人びとは、新しいレンガ造りの家に住むだけの余裕をもっていなかった。再建によって、彼らは規制を受けていない周辺部のバラック地区に追いやられることになった。

市当局は、後者の動きに対してはむしろ歓迎したが、前者の動きは権力と富にとって深刻な打撃であると考えた。しかし、市当局がこのような動きに対してとった対策は、シティの区域を郊外にまで拡大しようとするものではなく、市内で商売をしている人びとに市内に居住することを強制し、一五八〇年以来制定されてきた一連の法律を適用して郊外での建設を停止させようという無益な方法に頼るものだった。

ロンドン市の負債額は、大火前の一六五八年から上昇の一途をたどっていて、大火後の市には再建事業を行うのに必要とされるだけの公共的歳入も信用もなかった。そこで緊急議会では、ロンドンに運び込まれる石炭一トンに対して一シリング（後には三シリング）の税金を徴収することが決定された。ロンドン再建のための公共的費用は、この収入によって賄われた。そして、石炭税を支払ったのはロンドンの市民たちだった。また、店舗や住宅を再建したのはロンドン市民の個人資本だった。労働力と資材は遠くから運ばれてきたが、資金はロンドンの資金だった。

石炭税によって二〇年間に計上された六七万五〇〇〇ポンドのうち、半分以上はセントポール寺院と教区教会の建設に費された。教区教会は、最終的に対象とする人口を割り当てて計画されたために、実際には必要以上に建設される結果になった。石炭税の残り半分のうちの約四分の一は街路拡幅と新しいマーケット広場のための用地代に、八分の一は舗装、下水道、ゴミ捨て場、波止場、公共階段、マーケットに、八分の一は新しい市役所に、四分の一は他の非宗教的な公共建築（刑務所、オフィス、取引所）に、最後の四分の一は新しいフリート運河の開削に使われた。この運河は技術面では成功を収めたが、財政面では失敗に終わり、一七三三年には道路をつくるために暗渠にされてしまった。民間の再建活動には、少なくとも三〇〇万ポンド――すなわち公共的再建の五倍程度の資金が投入された。ギルドホールやロンドン取引所をはじめとする各種の施設にもかなりの投資がなされていた。

一六七二年になると市は破算寸前の状態に陥ったが、このときは石炭税を抵当に借金をして難を逃れた。しかし一六八三年には、ロンドンは借金の支払いに関して[*3]モラトリアムを宣言することを余儀なくされ、その結果として多くの特権を失った。ギルドの多くは、一七四〇年代にいたるまで財政的な困難から回復することができなかった。広い地域としてみた場合のロンドンは繁栄をつづけたが、古いロンドンの力は地に落ちていた。大火からの再建が財政にもたらした圧迫のために、新しい経済や新しい空間組織や新しい社会組織に適応することがいっそう困難になり、歴史的失敗が上積みされることになった。

けれども、新しいロンドンには古いロンドンよりもすぐれた実質的改善もみられた。市政委員たちは、街路の舗装、地ならし、排水、清掃などについて、一元化された管理を引きつぐことができた。街路は、合理的ヒエラルキーに従って標準幅員に拡幅され、狭隘部が取り払われ、壁面線にも規制が加えられた。いちばん狭い道でも一四フィートあって、二台の馬車が通行するのに十分な幅員をもっていた。また、最も広い道では四五～五〇フィートの幅員があった。市内を東西に横断する二本の路線が同時に開設され、テムズの川岸――とりわけロンドン橋に通じるアプローチが整備された。焼け跡のレンガの破片を使って、街路をかさ上げし、勾配をゆるやかにすることが試みられた。街路が舗装され、排水路が設けられ、馬車交通から保護された歩道も設置された。マーケットが、街路から新しい公共用地に移された。ゴミを収集して川のはしけに積み換えるため、公共ゴミ捨て場がつくられた。公共の水汲み場は、交通路からはずれたところに移転された。街路を占拠していた不快な露店商人たちも、分散されたり場所を移されたりした。そして、取引所が建設されたことと、新しい道路の交差点が置かれたことによって、最初の中心的な金融街が誕生した。

新しいロンドンは、当時の財政能力と行政能力の範囲内で、中世都市のもっていた古い問題に対処することに成功したといえるだろう。これに対して、フリート運河やテムズ埠頭のような大きな計画は、その目的を果たすことができなかった。運河は建設されたけれど、ほとんど利用されなかったし、埠頭は提案されたけれど、堤防を建設する資金の不足と私有地のクリアランスを強制する権力の欠如から実現されずに終わった（もっとも建設されていない埠頭に面した建築線の規制だけは一五〇年間も生き残っていた）。しかし、こうした大きな失敗にもかかわらず、計画しなおされた公共サービスと再建についての基準は、両者ともきわめて効果的なものだった。もちろん、新しい都市は、新しい経済、人口の変化、河川交通から陸上交通への移行などに適合してはいなかった。これらの点で、計画は時代遅れの要求に拘束されたものだった。けれども実際問題として、計画が過去に大きく左右されるのはある程度しかたのないことである。また、よくあることだがロンドンの場合も都市の変化は貧乏人の上に重くのしかかるものになっていた。

建物デザインの規格の統一、火災法廷、街路の再計画、境界を決定する方法、木材、レンガ、労働力の供給を増大させるための方策――これらは、ロンドン市を復活させ改善するために効果的役割を果たした。再建への決意は固く、シティの復旧と改善の作業は効果的かつ巧妙に実行された。再建活動に対する障害は、不確実な計画をできるだけ少なくし、紛争を迅速に解決し、公共的指令を単純なものにし、情報を入手しやすいものにすることによって取り除かれた。人間の労働力、コミュニケーション、制度、いささかの資本――これらのものが残っていさえすれば、物理的損害がどれほど大きくても致命的なものではなかった。

環境を大火前の状態に復元し、過去のイメージを取り戻そうとする傾向は、きわめて明白なものだった。このような願望には、実践的にも心理的にも十分な根拠があった。一方、シティの大規模な再編については、真剣に議論されることはなかった（後世の歴史家はこの点について幻想を抱いているようだ）。再建は急速かつ活発に進められた。なぜなら、人びとは自分たちが住みなれた土地の上で再出発することができたからである。街路の拡幅については激しい論争がくり広げられたが、それは拡幅によって土地がけずり取られるからだけでなく、交通量の増加や街路の性格の変化が危惧されたからでもあった。新しい公共オープンスペースは、常に建物によって占拠されたり、作業場や物置場として不法に使われたりする危険に脅かされていた。

教区教会は大火前のプランを踏襲して再建された。古い作法や儀式もできるかぎり迅速に再興された。時間と資金が不足していたにもかかわらず、象徴的な行為に多くの時間と資金が投入された。たとえば、セントポール寺院の再建、大火記念碑の建造、贅をつくした新しいギルドホールの建設、廃墟の中での新しい取引所の開設を記念して、本格的な楽隊と旗飾りをそろえて催された壮厳な祝宴式典などがその例である。廃墟は、それ自体が人びとの意気を消沈させるものであり、危険なものであると考えられた。建設は、それ自体が善であると考えられ、教会での説法のテーマにもなった。新しい建物がどう使われ、どのように住まわれるかということは、まだ問題にされていなかった。

大火そのものの恐怖とパニックについての記述は十分に残されているが、この大きな危機の余波の中で、ロンドンの市民たちがどのようなイメージと感情を抱いていたかは、歴史的な記録から再現することが難しい。明らかなのは、この災害の結果として都市の物理的環境が改善されたということである。交通事情は、しばらくの間ではあったが緩和された。それまでは疫病が繰り返し発生していたが、大火後は一九世紀のコレラの流行まで大きな疫病の流行はなかった。大きな火災も、一六六六年の焼失地区では二度と繰り返されることはなかった。住宅は見違えるほど安全で快適なものになり、街路は清潔で堅固なものになった。一方、衰退しつつあった中世的な慣習や制度は、大火のためにいっそう強い圧迫を受けて崩壊の速度をはやめ、経済と人口の空間構造の歴史的推移がいっそう促進されることになった。また、今日の再開発とまったく同様に、貧しい人びとは都市の中心部から追いたてられた。ロンドンの資本は再建につぎ込まれ、短期的にみた場合、ロンドンの商業は大きく後退した。しかし、長期的にはギルドの解体に拍車がかけられたため、むしろ好ましい刺激を与えることになった。

どのような事件でも、その復興の物語はよく記憶にとどめられている。一九二三年の関東大震災のあと、東京は、一六六六年の大火の経験を参考にするためにロンドンに使節団を派遣した。

バース＝保存された都市

バースの町は、一八世紀に七〇年間をかけて建設された貴族の保養地で、現在でも驚くほどよくその姿を残している

〔文献34〕。それは、現在まで残っているジョージ王朝期の都市のうちで最も完全なものである。この都市は、たいていの都市デザインの教科書に紹介されていて、毎年三〇万人の旅行者が訪れている。ユニークな景観、建築的な重要性、イギリスの社会史の華やかな一時期の面影、ロマンチックな連想——これらのすべてが、この町を特異な遺産に仕立て上げている。

同様に、今日のバースがかかえている問題も特異なものである。それらの問題は、他の多くの歴史的地区がかかえている問題と似通っているが、バースでは問題がいっそう極端なものになっている。ここでは、二八一八戸の建物が保存対象として公式にリストアップされている。換言すれば、住民は二八人に一人の割合で歴史的建物に住んでいることになる。均質なデザインをもつ建物のストックが、いまや均質に老朽化している。中心地区では床面積の四〇パーセントが空家になっていて、残りの大半も二階以上の部分は名目的な使われ方しかされていない。建物の内部は、現代のアクティビティに適応しうるような状態ではない。バースの建設は投機家たちの手で行われたのだが、彼らの方針は見てくれ第一主義で、外部の見せかけを飾ることに重点がおかれていた。薄い石の壁と弱々しい骨組は、おざなりなメンテナンスのおかげで、いっそう劣悪な状態に陥っている。みごとなジョージ王朝風のプラスターの天井は、まったく耐火性をもっていない。一般の法律的基準を厳密に適用すれば、バースは再建を余儀なくされるにちがいない。

バースの都市成長予測では、今後の都市拡張によって土地の供給不足が起こるとされているが、一方で中心部の現状は住居地区としての比重を減少させる傾向をみせている。また、中心地区にある水準以下の住居ユニットには高齢層の貧しい借家人が住んでいる。古い建物の改造は、これらの借家人から住宅を奪うことになり、かなりの補助金を必要とすることになるだろう。そして仮に改造が実現したとしても、いったい誰が改造された建物への入居を希望するのだろうか。バースでは、ホテル、大きな商店、新しいオフィスなどが大幅に不足しているが、これらは建築規制の及ばない郊外に立地することが多くなっている。それに、観光収入と関係のない商業が軒なみ市外に移転してしまう危険性もある。ところが、観光客を引きつけているのは、印象的ではあっても生気に乏しいジョージ王朝風のテラスハウ

図１／バースのラルフ・アレン邸の美しいファサード——サービス用の狭い裏通りから眺める

図２／バースの屋根——構造的老朽化が深刻な問題であることがよく分かる

スよりも、こうして都市外に流出しようとしている商業センターのほうなのである。それは、生き生きして豊かな色彩にあふれている。現在のバースの中心地区には、自動車道路と駐車場が大幅に不足している。新しい自動車交通に備えた十分な対策としては、二つのトンネルと幹線道路のネットワークを建設することが必要だが、それには通常の国家基準額を超える多額の出費が予想される。

ふつうの都市では、人口の増加は都市の発展に結びついていることが多い。しかし、バースでは人口が絶えず増加しつづけているにもかかわらず、もっと急激な再編の動きが起こらないかぎり、そのゆっくりとした物理的衰退の歩みを押し止めることは難しい。バースの場合、人口の増加はかえって衰退を推し進める圧力になっている。もちろん、バースのユニークな性格に大きな損傷を与えることを意に介さなければ、新しい要求を満足させるために大規模な再開発を行うこともできる。また、巨額の補助金を投じて、この都市を国家の財宝として保存することもできる。この政策からは、優雅な観光地への移行を促進する効果しか期待できないが、既存の景観を破壊しない中心地区の用途は、いまのところこれ以外にはないように思われる。

バースを訪れる旅行者や専門家にとって、晴れた日の景観は素晴らしいものである。そこには、緑の環境、調和のとれた石造のテラスハウス、ゆったりとした雰囲気、長く人間が生活した場所であるという感覚などが満ちあふれている。人気のある絵葉書を見ると、人びとの視覚に感銘深い思い出となっている場面が、どことどこであるか知ることができる。たとえば、それはストール街のコロネードを通してみた修道院の建物であり、町の中心部からオレンジグローブとエイボン川ごしに眺めた緑の丘である。しかし、バースは舞台のセットに似ている。この町には、活発で複雑な都市で感じられるような歴史的奥行と生活実体が欠けている。

ところで、このユニークな場所は訪問者にとってどんな意味をもっているのだろうか。彼らを引きつけているのは、地下にあるローマ時代の浴場なのだろうか。華やかな商店なのだろうか。いくつかの有名な眺望なのだろうか。それとも、ネルソン提督[*4]がハミルトン夫人との逢瀬を楽しんだ家なのだろうか。市民たちは、自分自身の町をどのように見ているのだろうか。愛情をもってだろうか。欲求不満をつのらせてだろうか。それとも冷静な経済の目でだろうか。

町を保存するために、人びとがすすんで犠牲にすべきものとはどんなものなのだろうか。そして、市民にとってバースという都市がどのような意味をもつべきかということも問題にされなければならない。なぜなら、もともとバースは農民からしぼり取った小作料と初期資本主義の利益によって建設された都市だからである。

ストーコントレント＝産業で荒廃した土地

イングランドの工業都市は、バースを支えた社会の裏面を示している［文献37］。ノーススタフォードシャーの陶器生産地は、豊かな炭田地帯の中にあるが、そこは種類の豊富な陶器用粘土に恵まれていた。国内交易の発達した一七世紀になると、この地方の陶器産業は、その地理的な利点を生かして中部諸州の市場を支配するようになった。さらに一八世紀には、良質の磁器をつくる新しい技術が発達して、小さな仕事場が大規模な工場に成長し、近傍の六ヵ村が合併してストーコントレントの町ができ上がった。今日のストーコントレントでは、廃棄物の巨大な堆積と昔の工場の採掘所の廃坑に囲まれて、くすんだ家なみが長く連なっている。また、市街地の二〇パーセントが見捨てられ放置されている。いたるところにみられる堆積物の山は、深い竪坑から掘り出された石炭のボタと露天掘りで採掘された陶土のくずを積み上げたものである。このうち炭坑はすでに閉鎖されているが、製陶業は繁栄をつづけていて、絶えずその採掘地を拡大している。陶器の生産から出る廃棄物はかなりの量に達する。生産工程にまわされる原料の半分以上は余り砂や欠陥品として捨てられる。こういった砂や陶器の破片は化学的に安定しているので、景観の中で永久的な添景になっている。陶土を採掘する露天掘りの穴はゆっくり拡大しているが、最終的には掘りつくされて大きな水たまりになってしまう。その水は廃棄物からしみ出る酸性の液で汚染されている。この工業都市の景観の中に張りめぐらされていた運河と鉄道の支線網は、いまではどちらも使用されていない。線路敷きは荒れはて、鉄橋は解体され、古いトンネルは閉鎖されている。陶器の生産方法には一九三〇年代になるまで大きな変化がなかったので、工場はただ増築されるだけで、改築されることがなかった。しかし今日では、それらの工場を建てかえることが必要になっていて、使われなくなったトックリ状の窯やドーム状のキルンが塔状の坑口といっしょに姿を消しつつある。

ストーコントレントの景観は、産業革命の悲惨と不正を雄弁に物語って荒々しく冷たい。けれども、色とりどりの巨大な堆積物の山が壮大な景観をつくり出しているのも事実である。それらは、あるものは陶器の破片をむき出しにして、あるものは草におおわれて、大きな火山のように家なみの上にそびえている。採掘坑にすえつけられた背の高い巻上げ機、ほっそりとした煙突群、キルンの低いドーム、レンガでできた窯のずんぐりとしたトックリ状の姿などが、人びとの注意を引きつける。橋、運河、鉄道の切通しなどにみられる力強いレンガ積みは、りっぱな産業遺産を今日に伝えている。見捨てられた土地は町のいたるところに散在しているが、それも独特の資源として再評価されつつある。ピクニック、散歩、日光浴、ゲーム、冒険遊びなどが、見捨てられた土地を利用して行われている。このような土地は、都市の中心部に残された貴重な自然になっている。

　ストーコントレントの市当局は、国庫基金を使って荒廃した景観の修景に着手している。この修景の第一の動機は、疑いもなく心理的かつ政治的なものである。そこでは産業による略奪のイメージを変化させ、流出していく若者を引き止め、新しい企業を誘致し、不快な過去を消し去ることが重視されている。そのための戦略としては、古い建造物を一掃して土地を平坦に整地し、草木を植えて規格化された公園と工場用地をつくることが考えられている。これに対して、[*5]セドリック・プライスは〈ポタリーズ・シンクベルト〉の計画を提案している。これは、古い鉄道線路や待避線を利用して開設される移動式教育施設のシステムで、その学生たちはストーコントレントの古いコミュニティの中に部屋を借りて、そこで生活する。また、さらに別の可能性を提案している若いデザイナーたちもいる。彼らの計画によれば、運河は新しい観光ルートになり、鉄道線路の細長い土地はイベント広場や住宅になる。そして、廃棄物の堆積はスポーツのための丘になり、深い竪坑は垂直の娯楽施設になり、水たまりと沼地は自然学習の場所になる。彼らは、キルンと炭坑を新しい用途に利用することも考えている。美しい形態のガスタンクや採掘坑の巻上げ機を保存し、ランドマークとして利用することができるかもしれない（今日のアメリカ合衆国では中心市街地の生活領域が次々に放棄され、ストーコントレントとは別の意味で荒廃が進んでいる。これらの土地の多くは公共の手に戻りつつある。勇気と分別を必要とすることではあるが、このよう

図3／上空から見たストーコントレント——テラスハウスが
工場と殺風景な土地に囲まれて建ち並んでいる。トックリ状の
キルンの姿は壮観である

図4／陶器の破片——キルンから排出された化学的に安定な副産物

図5／炭坑廃棄物の巨大な堆積が風景を支配している

図6／水のたまった陶土採掘坑が新しい荒れ地をつくり出している

な状況を不幸なものとして眺めるだけでなく、事態を好転させる好機と考えることはできないだろうか)。

一方、産業考古学者は、歴史上の重要な一時期の遺産が不用意に一掃されてしまいそうな事態に困惑している。ストーコントレントの住民自身はどうかといえば、彼らの心の中には二つの気持が錯綜しているように思われる。彼らは過去を忘れたいと願う反面で、その過去に強い誇りを感じている。それは、この土地で長く生活し、仕事をなし遂げてきたという充足感に裏づけられた誇りかもしれない。廃棄物の堆積も、彼らにとってはごく自然な景観の一部であり、都市にドラマを与えるためになくてはならない要素になっている。ストーコントレントの修景を効果的なものにするためには、製陶業の副産物としてできた人工の丘が人びとにどのような意味をもっているのかということと、それを人びとがどのように変化させたいと思っているのかということを、明らかにしなければならないだろう。だが、その際に問題になるのは、いったい誰がそのような問いかけをするのかということである。

シウダード・グアヤナ=新しい都市

グアヤナは、ベネズエラのフロンティアである[文献25]。そこは人口の希薄な内陸地で、中央をオリノコ川が流れ、周囲を山脈とサバンナと森林がとりまいている。人びとは、グアヤナという名前を耳にしただけで金とダイヤモンドにまつわる冒険と一獲千金の噂を思い浮かべる。また、グアヤナは鉄をはじめとする金属資源の宝庫である。さらに、大西洋に通じる水深の深い水路と豊かな木材資源と豊富な水力に恵まれている。国家としてのベネズエラは、過去三〇年間にわたって実質総生産を毎年七パーセントずつ上昇させてきた。世界を見わたしても、これだけの経済成長率をこれほど長期にわたって維持してきた近代国家はそう多くない。それは石油に支えられた成長だった。この急速な成長につれて、ベネズエラでは封建社会の崩壊が起こり、外国からの移民が増加し、国内人口が飛躍的に増大し、地方の人びとが海岸地帯の都市や海岸付近の山あいの都市に急激な勢いで流入してきた。けれども、このような変化も内陸部に波及するまでにはいたらず、広大な内陸部は手をつけられぬまま放置されていた。

一九四五年に従来の地主による寡頭政治をくつがえした

自由議会は、その方針として石油依存からの脱却と外国資本からの独立を宣言した。彼らの願望は近代的産業経済を確立することだった。そして、一九四七年にグアヤナで鉄鉱石の鉱床が発見されると、彼らの関心はその開発に向けられた。依存から自立への転換を達成するために、〈石油の種をまく〉こと――すなわち石油からの利益を新しい多面的な経済の建設に投資することが考えられた。このような総合的な地域開発プロジェクトは、一九四八年のマルコス・ペレス＝ヒメネスの反動的クーデター[*7]によって中断を余儀なくされたが、一〇年後、彼の追放とともに再び日の目をみることになった。

一九六〇年になると、グアヤナの資源開発のため[*8]ベネズエラ・グアヤナ公社が設立されて、オリノコ川とカロニ川の合流地点がその開発拠点に定められた。ここには、ペレス＝メネスの独裁時代に小さなダムが建設され、二つのアメリカの製鉄会社が輸出用の鉄鉱石を選鉱するためにプラントを設置していた。また、国営の製鋼工揚の建設も進められていた。

この二つの川の合流地点は素晴らしい場所である。そこはオリノコ川とカロニ川に挟まれて、なだらかな乾燥した台地になっている。カロニ川は、ここで主流のオリノコ川と合流する前に激しい滝になって流れ落ちている。気候は暑いが涼しい風が吹く。植物はまばらだが、川岸には熱帯植物が群生している。東側にはサンフェリックスという古い植民都市があり、そこから西に一五マイルほど離れたところに新しい製鋼工場が建設されつつあった。中間には、カロニ川の河口付近に二つの鉄鉱石プラントがあり、そのひとつに隣接してプエルトオルダスの社宅街ができていた。

一九三六年のこの地域の人口は約一〇〇〇人で、一九五〇年になってもまだ四〇〇〇人程度にしかなっていなかった。しかし、一九六一年にベネズエラ・グアヤナ公社がこの地方第一の土地所有者、開発者、製鋼工場経営者としてグアヤナに乗り込んできたときには、すでに四万二〇〇〇人の人びとが住んでいた。これらの人びとの三分の一は、サンフェリックスの西側やプエルトオルダスの周辺にバラックを建てて生活していた。工場開発プロジェクトを成功させるには、ここに計画された未来都市〈シウダード・グアヤナ〉が成長して、工業開発に必要とされるだけの労働力を供給できるようにならなければならないが、シウダード・グアヤナの計画規模は二五万人と六〇万人の間を変動していた。新しいグアヤナの建設資金としては、国庫の公共投資の一〇パーセントが振り向けられることになった。

移住者たちが、仕事を求めてこの新興都市に流入してきつつあった。彼らの大部分は、東部ベネズエラの海岸地方の都市や農村からオリノコ川をさかのぼってやってきた。彼らは、農民、漁師、石油商人、運送業者、鉱夫などで、独身の男女もいれば、家族ぐるみの人びと、子連れの婦人、家族を残してきた人びとなどもいた。彼らは近代的世界に参加しようとして移住してきた。彼らは実践的適応力をもっていて、進んで行動し学習した。彼らの社会構造は弾力に富んだものだった。彼らの半数は、仕事のあてのないままグアヤナにやってきた人びとで、一カ月たっても仕事を見つけることのできない人が三分の一もいた。けれども、彼らはシウダード・グアヤナには仕事の可能性がたくさんあるということを聞いていたし、グアヤナにやってくるときには、仕事が見つかるまでの面倒をみてくれる知人を頼ってきていた。彼らは、新しい都市の住みづらさに不平をこぼしていた。彼らの多くは、カラカスでの生活のほうがましだと思っていたかもしれない。それでも、彼らは未来に対しては楽観的で、グアヤナを離れる者はほとんどいなかった。彼らは、そのうち変化が起こるにちがいないと考え、それを待ち望んでいた。

一方、このような移住者とは別に、もっと小規模な移入者のグループがカラカスや外国からやってきた。それは、工場や都市の運営に携わる中産階級の技術者と専門家の集団だった。彼らがシウダード・グアヤナにやってきたのは、有利な報酬といくぶんかの冒険心に引かれたからで、この都市自体に対してはきわめて批判的見方をしていた。これらの移入者の半数近くは外国人だった。彼らの中には、ここでの生活に人生の短い幕あいという以上の意味を与えている者はほとんどいなかった。

グアヤナの町は、急激な速度で広い範囲にわたって不規則に成長していた。町の大部分は密集したバラックの住宅街で、そのところどころに住宅、学校、病院、幹線道路などのプロジェクトが散発的に計画されていた。各種の工場は、ずっと西の製鋼工場のまわりに集中的に立地し、商業はサンフェリックスや、プエルトオルダスに隣接した自然発生的センターに集中していた。人口は、一九六一年には四万二〇〇〇人だったものが、一九六二年には五万人に、一九六五年には七万三〇〇〇人に、そして一九六六年には九万人近くに増加した。

ベネズエラ・グアヤナ公社は、グアヤナ地域の開発の指針になる総合計画を作成し、道路、上下水道、公共施設など、重要度の高い都市基盤を建設しようと努力してきた。ここでは、すべてのものが不足していた。住宅建設――特に低所得者向けの住宅建設は、はなはだしく遅れていた。一九六二年から一九六五年にかけて公社とその関連機関によって建設された三六〇〇戸の住宅のうち、低所得層からの入居を対象にした住宅はわずか二〇〇戸にすぎなかった。しかも現実には、移住者の大半を占めていたのは低所得層の人びとだった。一九六五年になるまで、住宅の四五パーセントが自家製のバラック建築だった。このようなバラック街の成長を統制して、他の計画用地にバラックが侵入するのを防ぐために、バラック用の画地を用意することが試みられたが、結局は需要の半分も満足させることができないで終わってしまった。したがって移住者たちは、たとえ計画に反することになるにしても、自分たちの住宅問題は自分たちの手で解決しなければならなかった。

物的計画は、現状の圧力や多くの不確定要素の影響を受けて、試行錯誤を繰り返しながら進められていた。経済予測がいく度も変動し、将来人口の見積りも一五万人から六〇万人にふくれ上がったあとで、再び三〇万人に減少した。実現性の高い経済体制、現地の情勢、住民の要求――これらについてプランナーの知識が豊富になるにつれて、都市の形態は散在する居住地の集合体から単一の大都市へ、そして線状の開発へと変化した。都市の計画的重心は、サンフェリックスから西方の製鋼工場に向かって、断続的移動を繰り返していた。計画専門家にとっては、その移動のひとつひとつのステップが新しい問題を引き起こすものだった。新しい計画には、それまでの決定や行動がことごとく不合理な拘束となってのしかかってきた。現場の技術者たちは、工事を完成させることに邁進していた。一方で、不法占拠者の居住地が着実に拡大していた。計画スタッフの内部では、それぞれの部門が自分たちの見解を押し通そうと躍起になっていたし、トップの行政機関は最終決定をひた隠しにしていた。ここでは、さし迫った計画上の問題にどのように対応し、未来に対してどのように対処していけばよいのかということが、まだ多くの謎につつまれていた。

計画の作成は、三〇〇マイルも離れたカラカスで、現場との接触も住民との接触もなしに行われた。伝統的な中央集権と地方の中央に対する従属、中央のプランナーの地方の人びとに対する不信と軽蔑——こういった傾向が、計画と現地との隔たりをいっそう大きくしていた。プランナーは、地図という記号の世界に住んでいた。彼らのグアヤナを見る目は広域的で抽象的であり、特権意識に満ちていた。それは広大な地域にそそがれ、人間の住んでいない地域をも対象にして、周囲の自然の姿とその可能性にも着目していた。その反面で、彼らは人間の居住地のもつ多様性からは巧妙に目をそらしていた。プランナーの生きている世界は遠い未来の世界であり、彼らはシウダード・グアヤナを生まれ出ようと苦闘している全体像として把握していた。彼らにとって、地方の住民はその無秩序な行動によって都市の誕生を脅かす存在にすぎなかった。

これに対して、現地に生活している人びとはまったく別の考え方をもっていた。彼らも、プランナーと同様に未来をみつめていた。けれども、その未来は五〇万都市という縁遠いビジョンではなく、むしろ自分たちに身近なところで起こっているアクティビティから直接に芽ばえていく未来だった。自分たちの生活している場所に対する彼らの視点は、具体的で個別的な性格をもち、自然のままの土地にではなく、人間の住んでいる地域に向けられていた。彼らは、数多い地区と居住区のそれぞれの特徴をはっきりと意識していた。彼らの頭の中にあるのは数多い居住区の個々の姿で、シウダード・グアヤナという単一の都市ユニットは意識されるにいたっていなかった。実際に彼らの間には、シウダード・グアヤナという場所がどこにあるのかを知らない人も少なくなかった。

もちろん、彼らも変化には気づいていた。ベネズエラの歴史の急激な流れは誰の目にも明らかだった。少なくともシウダード・グアヤナでは、変化は歓迎されていた。住民の九八パーセントがグアヤナはよい方向に変化しつつあると考え、八〇パーセントがもっと急速な新都市の成長を望んでいた。彼らは、「グアヤナはりっぱな大都市に変身するだろう」と考えていた。そこでは、新しいということそれ自体が善だった。そして、このような住民の目からみたベネズエラ・グアヤナ公社は、新都市の成長という管弦楽の作曲者ではなく、手の届かないところにある迷惑な組織だった。それは他の政府機関といっしょになって、いくら

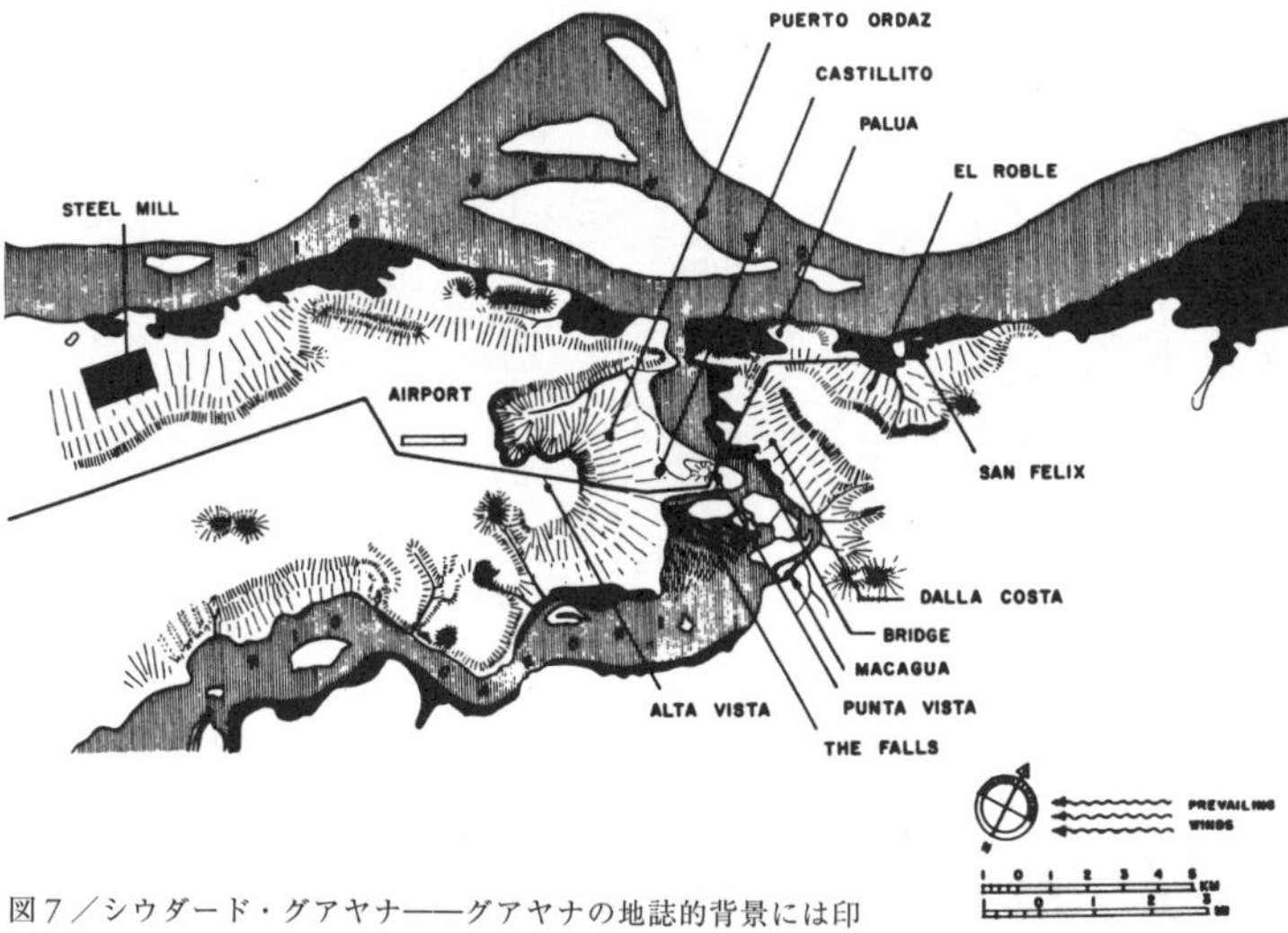

図7／シウダード・グアヤナ——グアヤナの地誌的背景には印象深いものがある。それは，オリノコ川とカロニ川の合流地点を中心にして，オリノコ川の南岸に16マイルにわたって広がっている。これは専門家の目から見たシウダード・グアヤナである

かの道路をつくり、少しばかりのダムや病院を建設したが、それと同時に新しい商業の発展をかたくなに阻止し、住宅用地の取得を理不尽に妨害していた。

新しくグアヤナに移住してきた人びとは、仕事を探しまわるうちに、都市についての知識を急速に深めていった。この変化の激しい都市では、住み慣れた人びとにとっても、新しい情報を十分に消化するのは大変なことだった。そんなわけで、古くからの住民のほうが新しい住民よりも都市についての知識が乏しいくらいだった。貧しい階層の人びとは、都市を首尾一貫した全体像として理解することは不得手だったが、都市そのものについては裕福な居住地区に住んでいる専門家よりはるかに多くのことを知っていた。

シウダード・グアヤナを西側の製鋼工場の方角に向けて拡張することは、当局にとっては既定の方針になっていた。けれども人びとは、プランナーが地図の上に描いた象徴的未来のことなど、まったく関知していなかった。人びとは、都市があらゆる方向に向かって成長するものと考えていた。専門家たちの計画したアルタビスタの新しいセンターのことも、人びとはほとんど重視していないようだった。半数以上の人びとが、シウダード・グアヤナはいずれ

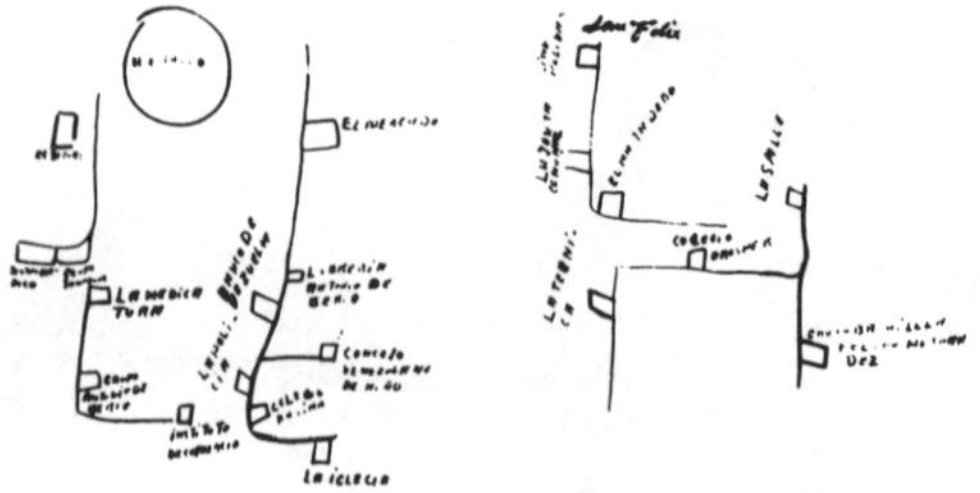

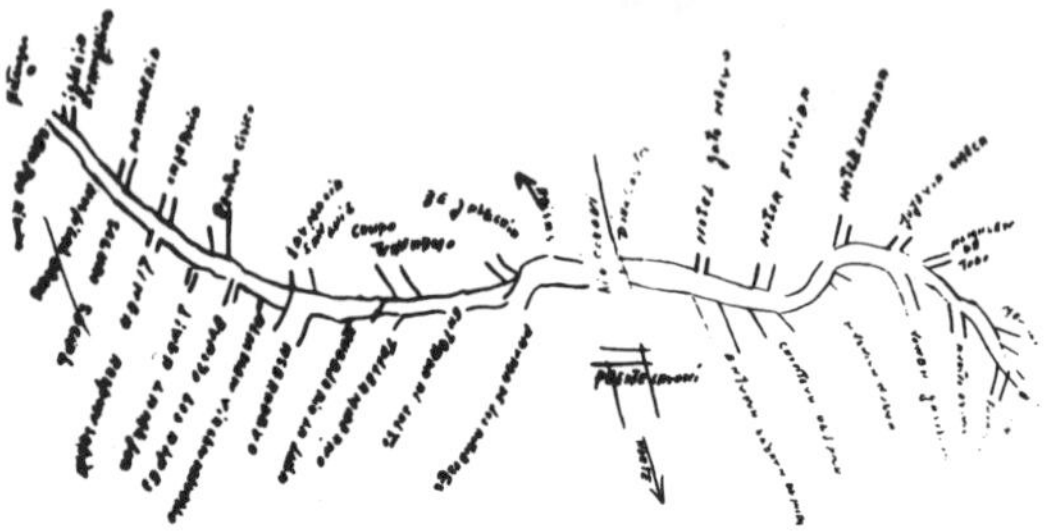

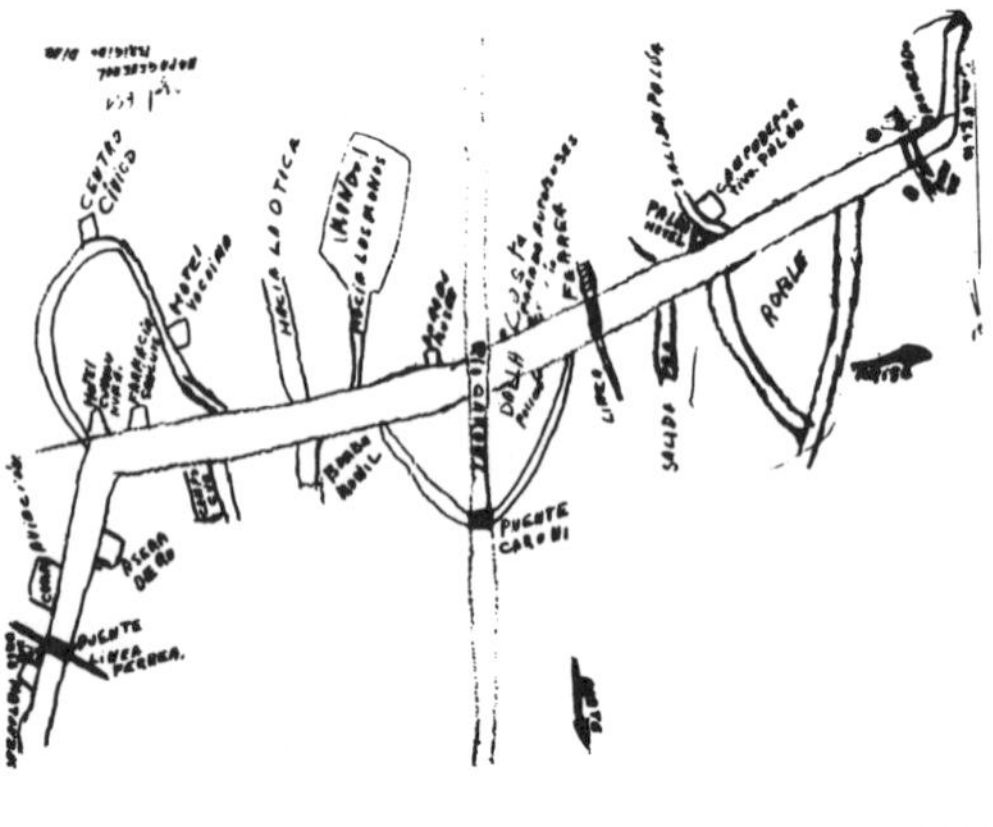

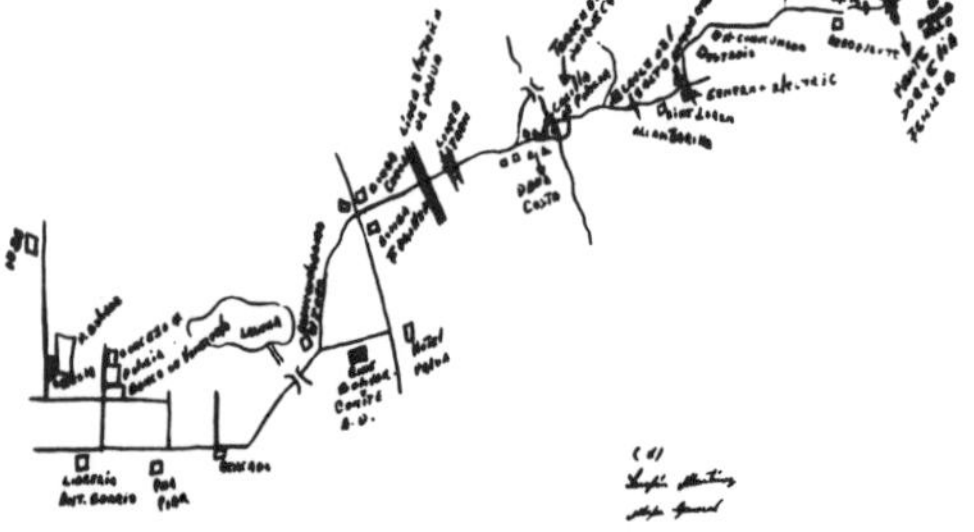

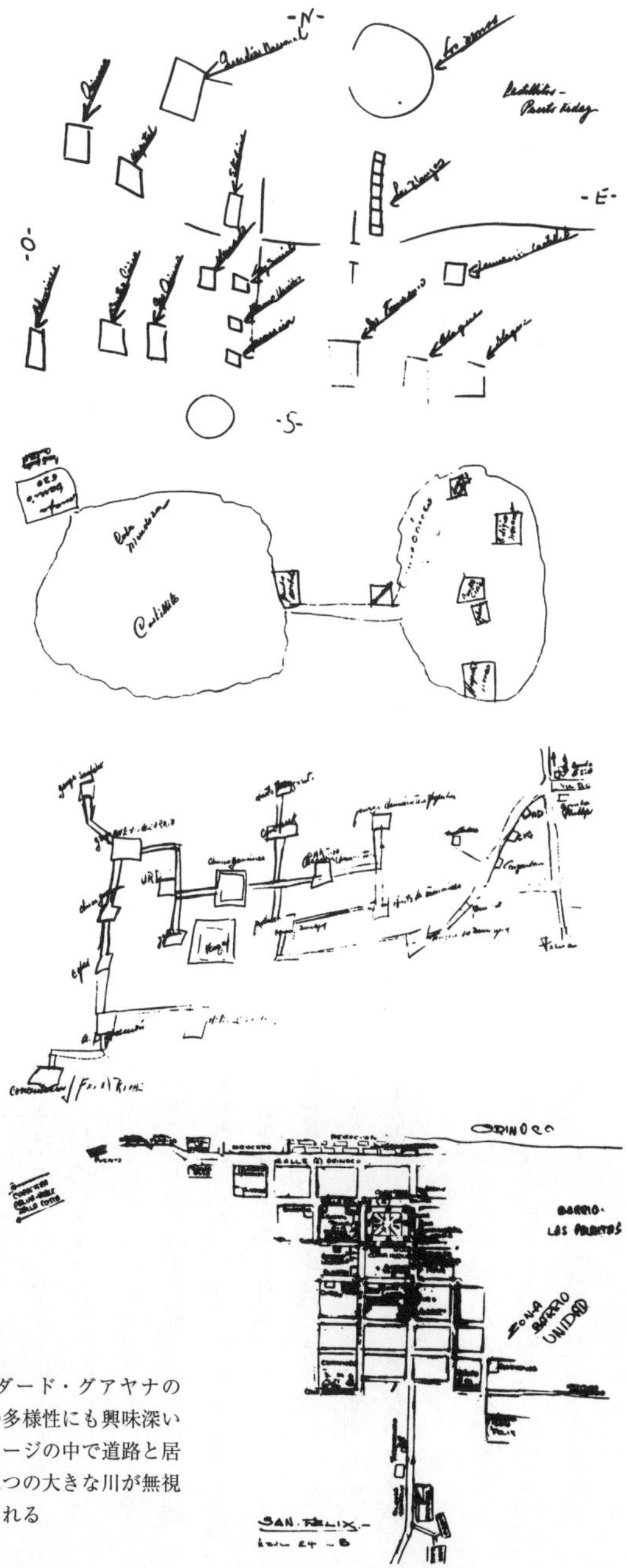

図 8 ／住民が描いたシウダード・グアヤナの地図——地図のスタイルの多様性にも興味深いものがあるが，彼らのイメージの中で道路と居住地が強調されていて，二つの大きな川が無視されている点が特に注目される

四〇マイル離れたシウダード・ボリバルと合併するにちがいないと信じていた。彼らには、新しい橋や道路がどこに向かって建設されているのか見当もつかなかった。彼らは、新しい道路がカスティリトの居住区を避けて通るものと考えていた。そんなわけで、計画では新しい交差点が連絡路を分断してしまうことになっていたにもかかわらず、小さな建設業者は、この地区での住宅建設を中止しようとしなかった。その結果、人びとは新しい大通りからカスティリトの古い交差点まで、歩いて公園を横断しなければならなくなってしまった。だが、住民もそのような状態をおとなしく甘受していたわけではなかった。結局は彼らの激しい抗議によって、新しい大通りからの連絡道路が建設されることになった。この件に関しては、住民たちの未来のイメージが中央の計画に対して勝利を収める結果になった。さらに、現状ではアルタビスタに計画されている中央ショッピングセンターについても、その実現が疑わしくなってきている。一九六五年に、将来計画の主旨を宣伝するための公立オフィスが設けられたが、それもグアヤナを訪れる専門家やディベロッパーを対象にしたもので、市民を相手にするものではなかった。

移住者の町――グアヤナは希望とエネルギーに満ちている。しかし同時に、それは不確実さとある種の不安に満ちた町でもある。仕事を身につけたり、売家や貸家にするための小さな住宅を建てたり、ささやかな商売を始めたりして、グアヤナの産業経済の中に溶け込むことができた人びとも多かったが、失業問題はきわめて深刻だった。一九六一年の失業率は二〇パーセント以上もあり、一九六八年でも十二パーセントの失業者がいた。けれども、賃金、住宅水準、雇用水準など、シウダード・グアヤナに新しく移住してくる人びとを迎える種々の条件は急速に改善されてきた。移住者の三分の二が、いまでは不動産の所有者になっている。移住者たちの住区では、多くの人びとが貧困からの脱出に成功しつつある。大部分の人びとは、失業とバラック街がやがて姿を消すだろうと考えている。だが、現実がこの希望を裏づける方向に進むかどうか、まだ明らかではない。

現在、不法占拠の居住地は都市のいたるところに散在している。そこには、さまざまな階級と人種が入り混じって生活している。また、着実なペースで物理的改善が進められている。これは、ブラジリアが不法居住地を強制的に隔離しているのと対照的である。もっとも、シウダード・グアヤナでも、一方でカロニ川を境界にして居住地の分離が進行しているようだ。これから移住してくる人びとにとって、貧困から脱出する機会が失われてしまっているということも考えられる。これまで人びとの生活水準の向上は急速な経済発展によって維持されてきたが、やがて建設活動が下火になったとき、はたしてこの経済発展に代わるべきものを見出すことができるだろうか。また、一家を支えている婦人たちのために、仕事を用意することができるだろうか。移住者の子供たちは、学校に通ったり、本を手に入れたりできるようになるだろうか。ベネズエラの他の地域と同じように、ここでも二重経済と永遠の下層階級が成長しつつあるのではないだろうか。

未来志向型の計画コントロールがこの土地に押しつけられたとき、それは地方の人びとの参加の機会を制約する働きをもっていた。今後、この新しい都市がもっている個人のエネルギーに対する柔軟な感受性を損わずに、同時にわかりやすい確実性と首尾一貫性をもたせようとするならば、それにはどのような方法が考えられるだろうか。短期的問題としては、どのようにしたら社会の転換を円滑にすることができるのだろうか。また、長期的問題としては、今日の都市建設と社会建設の原動力になっている楽天的なエネルギーを、シウダード・グアヤナがいつまで維持していけるのだろうか。

ハバナ＝社会主義革命の器

一足飛びに共産主義を建設しようという目的のもとに、キューバは大きく変身しつつある。その変化の器としてハバナを見るとき、この古い植民都市は一方で変化を阻害する働きをしているが、他方ではそこに蓄積された資本力によって革命初期の危機的段階を乗りきることに貢献している。ハバナの環境は、革命という突然の転位を独特な形で反映している。

この都市には、キューバの人口の四分の一近くが住んでいる。古い城壁に囲まれた地区と中心地区には、一階の正面に店舗をかまえた二階建から三階建の建物が密集している。そこには、熱帯の日射しをさえぎる木立ちはほとんどない。中心地区から離れた、かつての中産階級の居住地区には、低層住宅、中高層アパート、植物の茂った庭園などが混在していて、ロサンジェルスの旧市街を思い起こさせる。ベダードの海岸付近には、近代的な高層アパートと豪華なホテルが集まっている。そこから遠くないところには、堂々とした政府の建物がある。港や工場の周辺、あるいは首都の成長に飲み込まれた古い近郊の町などには、貧しい人びとの住んでいる密集したバラック街が見られる。海はさまざまな色に変化し、雲は劇的に積み重なる。太陽は暑く、湿気と蒸気で空気はどんよりしている。夜になると、町全体が輝き始める。ハバナは、ラテンアメリカの大都市に共通する多くの特徴を備えている。

初期植民地時代のハバナは、カリブ海に浮かぶ貿易のための要塞都市であり、スペイン護衛艦隊の集合地であり、カリブ海の貿易と権力を統轄する根拠地であった[文献65]。土着のインディオは、植民してきたスペイン人に殺害されて滅亡してしまい、当時、島の人口の五〇パーセントがこの都市に生活していた。その後、砂糖とタバコの栽培が盛んになるにつれて、しだいに島の残りの地域の開発が進んでいった。しかし、これらの農業発達によって金融や輸出農業が外国資本の手に集中するようになると、首都への人口集中が再び活発になった。キューバの社会と文化はハバナを中心にして形成され、技術者も商業も工業もすべてがハバナに集中していた。中産階級は、海岸沿いに土地を求めて住宅を建てた。土地を奪われて都市に流入してきた農民は、都市の外縁部にバラック街をつくり上げていた。地価が高騰して、投機によって巨万の富がつくられた。アメリカの観光客が、太陽と海、カジノでのギャンブル、華やかな夜の生活、ラテンアメリカ文化への皮相な興味などに誘われて、次々とハバナにやってきた。政府の計画では、二〇〇〇年までにハバナの人口は四〇〇万人になると予測されていた。

革命軍がハバナに入ったのは一九五九年一月のことである。その後の変化は急激なものだった。中産階級がキューバを脱出し、ハバナの多くの地区が無人の町になった。経済封鎖によって、物資や資材の正常な輸入が不可能になった。一方、革命政府の布告によって家賃が半額に引き下げられ、さらに住宅が借家人に譲渡された。土地の大半が国有化され、地価が低い水準に固定された。このような政策によって、土地投機は急速に姿を消していった。

スラムの住民を新しい住宅に収容し、建設工事で大量の都市失業者の吸収を図るために、革命政府の手でいくつかの新しいアパートが建設された。けれども計画に誤算があって、この計画には莫大な費用がかかることが判明した。また、スラムの住民を一ヵ所に集中して住まわせることによって、スラム・クリアランスにつきものの社会問題が発生しはじめていた。そして、失業が労働力不足に転じるに及んで、大規模な建設計画はその動機のひとつを失うことになった。その結果、ハバナでの新規の建設活動は著しく削減され、その対象も学校、病院、託児所などに変更された。

人びとの間の差別が撤廃され、海や海岸の私有化にみられたような特権も消滅した。家賃が無料化されたアパートを離れたがらない人びとが多いために、人口配分の特性にはあまり大きな変化は起こっていないが、これまで裕福な住宅地への下層階級の流入を規制していた経済的フィルターは、革命によって完全に取り払われた。プライベートクラブは、公共のレストランや社交センターに生まれ変わっている。豪華なホテルと高層アパートが建ち並んでいたベダード地区は、革命前は観光客と上流階級のキューバ人に独占されていたが、いまでは全市民の文化と娯楽のセンターになっている。夕暮れのベダードの街路は、散歩をする人、映画館に列をつくる人、レストランやアイスクリーム屋の順番を待つ人などでいっぱいになる。行政の中心も、しだいに拡大しながらベダードの方向に移動してきている。オフィスは、改装された住宅やアパートを使用しているが、いく度も移転を繰り返しているものが多い。中産階級の残していった大きな空白地帯のひとつである郊外のミラマール海岸には、奨学制度によって全国民の間から選ばれた一〇万人の学生が入居してきた。

革命前の議事堂は博物館になっている。城壁に囲まれた旧市街には、住宅、倉庫、小さなオフィスなどがまだ数多く残っているが、大部分の店舗や大きなオフィスはこの地区から流出してしまっている。そこには、いまでも色あせた看板がかつての中央商店街にぶら下がっていて、街路には一日中ずっと歩行者の流れが絶えない。けれども街路に面した一階には、あちこちに使用されていない空家が目立っている。使用されている建物でも、内部は小さなオフィスや小工場になっていて、正面のガラスは暗かったり、ブラインドがおろされていたりする。商店は国有化されているが、その数はきわめて少なく、そこでは埃っぽい棚の上に乏しい商品が陳列されている。人びとは、それぞれの地区の食料品店の前に忍耐強く列をつくって待っている。一般には、商品の豊富さが都市の最も重要な、あるいは最も魅力的な機能のひとつであることが多いが、現在のハバナではそれを期待することが不可能になっている。

このような変化は、国の重点政策によっていっそう拍車をかけられていた。経済の切迫していた時期——つまり地理的不平等と階級的不平等を解消することが中心課題になっていた時期には、農業の基盤を築き上げることに投資が振り向けられていて、ハバナへの投資は後回しにされていた。紀元二〇〇〇年のハバナの人口予測は、いまでは四〇〇万人から二〇〇万人に修正されている。人口増加を押し止めることはできなかったが、農村への投資プログラムが順調に進められ、また通用範囲を地域的に限定した配給カードの厳格な管理が効果を上げているために、ハバナの急激な人口増加もペースをしだいに落としてきている。現在のハバナでは、港湾の整備と、緊急に必要な学校、診療所、工場、行政機関の建物などに関するものを除けば、新しい建設活動はまったく行われていない。

物理的な設備がゆっくり疲弊しつつある。たとえばバスが不足していて、都市の中を移動するのにかなりの時間がかかる。公共施設の不足もよくみられる。多くの建物が、補修されないまま放置されている。農村での新しい建物の建設は急速に工業化されているが、ハバナでの建物の維持補修を合理化することや、まだ使用できる住宅のストックを再利用することには、ほとんど考慮が払われてこなかった。もっとも、このような住宅の居住者たちは、どこからともなくかき集めてきた材料を使って、自分たちの街区を修繕したり手入れしたりしているようだ。街路には、建設用の粗石がいたるところに転がっている。ハバナ市民の半数は、いまでも粗末な住宅に住んでいる。彼らの住宅の外観は色つやがなく、みすぼらしく使い古されている。交通量は少ないが、騒音と排気ガスは相当なものである。たらふく食べ、十分な衣服をまとって街路を歩いている人びとのバイタリティと消耗した物理的環境が、はなはだしい対照をなしている。また、もうひとつの顕著な対照としては、私たちの都市の繁華街には必ずみられるけばけばしい色と形の広告がハバナの街路には見当たらないことが挙げられる。

大規模な変化は、都市の内部よりもむしろ都市の外部で起こっている。郊外の荒地をコルドンと呼ばれる広大な都市農園に改造するために、ハバナに住んでいる人びとの巨大な労働力が動員された。延べ八〇〇万人の人びとが週末の自発的労働に参加して、三〇万ヘクタールの土地が整備され、そこにコーヒーとかんきつ類が植えられ、集約的な家畜の飼育が行われた。農園の中には、水量の乏しい流れを仕切ってアースダムが建設され、たくさんの新しい湖がつくられている。これらの湖は、灌漑用水を蓄えることと低下していたハバナの地下水位を上昇させることを目的にしてつくられたものだが、ボート遊び、魚釣り、ピクニックなどにも有効に利用されている。コルドンは広々としていて、公園のような性格をもち、手入れもゆきとどいている。それは、巨大なスケールの新しい景観になっている。コルドンの建設を推進した第一の動機は、疑いもなくイデオロギー的なものだった。そこでは、都市に住む人びとに田園や農業と接触する機会を与え、彼らに共同でものごとを達成する意識を芽ばえさせ、仕事と余暇の統合を実現することが意図された。視覚的には、その建設によって田園が都市の内部に復帰していく傾向が見えはじめている。

一方、ハバナの南西のはずれでは、投機家から没収した土地を利用して広大なレーニン公園が急ピッチで建設されている。そこには二つの人造湖、たくさんのレストラン、ピクニック場、図書館、水族館、水上劇場、運動場、馬場、専用の鉄道などが設置されている。〈インスタント〉の森もたっぷり用意されている。公園区域の中には、いくつかの古い住宅とスペイン時代の廃墟と使われていない石切場が含まれていたが、それらもたくみに再利用されている。公園の面積は一六〇〇エーカーで、一日に六万五〇〇〇人の人びとが利用できるように計画されている。この公園の新しい景観は、そこで行われる新しいアクティビティ（たとえば乗馬）とともに、人びとの余暇に新鮮な機会を提供するものになるだろう。

ハバナでは、革命前の社会から受けつがれてきた物理的器の中で、アクティビティが急速に変化しつつある。このような大きな社会転換を、都市の特性と過去の有用な遺産を浪費することなしに達成するにはどのようにしたらよいのだろうか。また、実験的社会になくてはならない柔軟で感受性豊かな環境をつくり上げるには、どのようにしたらよいのだろうか。

短い会話からでも、私たちは、ハバナの人びとが自分たちの都市に誇りを抱いているのを感じとることができる。かつては美しかった町が、いまは古びてみすぼらしくなってしまっているが、それもいつか必ず美しくよみがえるにちがいないと彼らは信じている。人びとは、この都市の不便さを痛感しつつも、それが改善される未来のやってくることを楽しみに待っている。しかし、この都市は、これらの新しい願望を表現するのに適した器だろうか。それは、新しい社会と空間の可能性を指し示すものになっているだろうか。あるいは、この都市は過去の安楽と不正への後退を志向しているだけなのではないだろうか。物理的器としてみた現在のハバナは、変化を阻害するものであると同時に、そこに誤った過去の生活様式を数多く残しているように思われてならない。

　災害、保存、再開発、成長、革命——これらの特色ある変化の例は、それぞれが環境を扱っていくうえで異なった問題を提示している。もし、これらのすべてに共通しているものを探すとすれば、それは変化についての認識ではないだろうか。それも、事物の状態の客観的変化に対する認識だけでなく、私たちが変化をどのように理解しているかという認識と、さらには変化が私たちの希望、思い出、時間の流れの意識とどのように結びついているかという認識ではないだろうか。

*1 freehold　世襲または終身にわたって不動産の権利を保有すること

*2 John Evelyn（一六二〇～一七〇六）　イギリスの著述家。彼の『日記』にロンドンの大火についての記述がみられる

*3 moratorium　債務者の破綻が社会的に重大な影響を与えると予想されるとき、法令によって一定期間、支払いの停止を命じること

*4 Horatio Nelson（一七五八～一八〇五）　イギリスの海軍提督。トラファルガー海戦でナポレオン艦隊を撃破し、イギリスの制海権を確立。自身は戦死。ハミルトン卿の夫人エマ（一七六一～一八一五）と公然の同棲生活を送ったことでも有名

*5 Cedric Price（一九三四～二〇〇三）　イギリスの建築家。形態表現への無関心とダイアグラム重視に裏打ちされたプロジェクトを多く発表。Potteries Thinkbelt は一九六五年の提案

*6 industrial archaeology　第二次世界大戦後、イギリスにおいて誕生した考古学の一分野で、その関心は主として産業革命期の遺品に向けられている

*7 Marcos Pérez Jiménez（一九一四～二〇〇一）　ベネズエラの軍人・大統領。クーデターによって権力を握り、一九五三年大統領に就任。近代国家の基盤づくりを進めたが、一九五八年に失脚し米国に亡命

*8 Corporación Venezolana de Guayana

2 過去の存在　The Presence of the Past

世界中のいたるところ——特に経済先進諸国で、古い物理的環境の断片を過ぎ去った時間の遺品として大切に保存し、復元しようとする傾向が強まっている。このような保存は高価なものにつくことが多い。それというのも、保存のために資金と時間という直接的支出が必要とされるからばかりでなく、地域の中に断片的な保留地が生み出されることによって新しい発展が恒久的に阻害されるからにほかならない。ハーバード大学大学院の教育研究科で新しい図書館を建設した際には、その敷地内にあった二つの小さな古い住宅を数百フィート移動するのに五〇万ドルもの経費が支払われた。

過去の遺産に対しては、さまざまなグループがさまざまに異なる価値観を抱いているので、建物や建物群を保護すべきかどうかという問題はきわめて政治的な色彩の濃厚な問題でもある。また、建築物は移動することが困難で、大きな空間を占有するという特性をもち、強い個人的愛着を伴っていることが多いので、その保存も、移動しやすい物、記録、習慣などの保存に比べてはるかに面倒なことが多い。けれども、今日では社会が豊かになって、物理的変化がいっそう急激になるにつれて、歴史的環境の損失に対する抵抗もいっそう強力なものになりつつある。それは、すこしも不思議な現象ではない。過去は、なじみの深い身近な存在であり、過去の領域の中でなら私たちは安心していることができる。

保存の過去

環境保存が首尾一貫した主義として普及したのは、そう古いことではない。中世には古い〈歴史的〉な建造物は今日ほど多くなかったが、当時の石工たちは、なんの呵責も感じないで古い建物を次々に破壊していた。[*1]チューダー王朝の財産目録では〈古い〉家財はリストの末尾に記載されていて、ほとんど価値を認められていなかった。西ヨーロッパに関するかぎり、環境保存の理念は一五〇〇年ごろになって初めて出現した。それは、初め建築遺跡に神秘的魅力を感じるところから出発し、さらには、まがいものの廃墟を建設するまでになった。一八世紀になると、過去の建造物に対する愛着が上流階級の間に流行するようになり、一九世紀には、それが中流階級の旅行者の常識的教養のひとつになった。また同じ一九世紀には、社会のために歴史的建造物を保存しようとする組織的運動がアメリカ合衆国に起こり、すこし遅れてヨーロッパにも波及した。

アメリカ合衆国の場合、そのような歴史的建造物の保存をめざす最初の努力は、なんらかの由緒ある建物——特に愛国的英雄にゆかりのある建物を保護することに向けられていた[文献61]。こうした保存の第一の理由は、国民の結束とプライドを強化することにあった。個々の動機としては、南北戦争前に国民の分裂を防ごうとした企て、その戦争が終わってから国民の再統一をはかろうとした試み、移民の〈アメリカナイズ〉を促進しようとした意図、今世紀の再三にわたる戦争で愛国心を高揚させようとした動きなどさまざまな例を挙げることができる。緊張と分裂の時代に、歴史を利用して団結と共通の目的を維持しようとするのは、古今東西を通じて見受けられる人間の習性である。黒人が歴史に対して抱いている戦闘的な興味は、アメリカにおけるその最も新しい徴候を示している。

古い環境の保存をはかる最初の動きからしばらくすると、愛国心の強調とロマンチックな伝統をもつ遺跡に対する情熱との合体がみられ、建築的復元が運動の根本原則になってきた。今日でも、歴史的に評価の定まっている事件との結びつきと建物自体の建築的水準が、保存すべきかどうかを決定する際の第一の基準になっている。考古学にみられる科学的動機や、観光事業にみられる経済的動機は、いくらか遅れて現れてきた。大多数の人びとが古い環境の保存それ自体をモラルとして理解するようになり、歴史的遺産の豊かな環境ほど生活するのに快適な場所であると感じるようになったのは、少なくともアメリカ合衆国においては、最も新しい傾向であると思われる。また、どの時代の遺産が保存に値する価値をもっているかについては、愛国主義と文学の魔力によって、いくつかの古典的な時代が規定されてきた。それはニューイングランドの後期植民地時代と独立戦争の時代であり、内陸の森林地帯における開拓の短いエピソードであり、南北戦争前の南部の日々であり、(ほんの短い時期ではあったが)グレートプレーンズにおける探検と牧畜の時代であり、西部の山岳地帯での金鉱の時代であり、南西部でのスペイン植民地の時代である。もちろん、インディアンたちの〈時間のない〉歴史が、いたるところで現在のアメリカの背景をつくり出していることも忘れるわけにはいかない。これまでのところ、歴史的環境に対する保存の多くは、安定した地位にある中流市民と上流市民の手にまかされていた。そこでは、博物館に収められる歴史の選択は、資金を提供できる人びとの好みと判断に委ねられている。

豊かな歴史的遺産をもっている環境は、しばしば特定のパターンを示している。このような環境には、ある時期にかなり繁栄していたものが、その後、急激な経済的衰退に襲われ、住民に見捨てられはしなかったものの、それ以来ずっと不振から立ち直れなかったという例が多い。ニューイングランド地方の都市と農村は、その多くが魅力的な姿を現在に伝えているが、それも一八〇〇年代の前半には豊かだったこの地方が、一九世紀末の西に向かう国土拡張の波の間に沈んで衰退したからにほかならない。もっとも、歴史的遺産が損われないためには、こうした経済的不振のあとに、保存の費用を賄えるだけの第二の繁栄期がやってこなければならない。その繁栄は、地域が自分自身の力で築き上げる場合もあれば、観光客によってもたらされる場合もある。

このパターンは、衰退と復活の歴史をもつ小さな都市と農村にみられるだけでなく、全体としては繁栄をつづけている都市域の中で、そこだけは衰退しているような中心地区にも見受けられる。ボストンのバックベイはそうした例のひとつである。そのような地区では、人びとに見捨てられた古い環境が自然の老朽化によって崩壊していくのはもちろんだが、後世の活発な発展は、いっそう急激な環境解体の原因になる。もし、そこで何かを保存するとすれば、それは特に高価なものか、特に立派なものか、あるいはなんらかの古典的な時代をきわだって象徴するものに限られるだろう。したがって、保存される環境の範囲もかなり限定されたものになる。そういった限定された環境の中に含まれるのは、つかの間の繁栄期の中の恵まれた階級の建物に限られてしまうので、そこに表現される時間の継続は断続的なものになり、過去に対する視点もゆがめられてしまうことが多い。こうして保存された遺跡は、結局は誤った歴史観を強める役割しか果たさないだろう。このような遺跡によって表現される歴史は、長い空白の期間のところどころに孤立した偉業の記念碑が前後の時間との脈絡なしにそびえているような、そういった歴史でしかない。

保存戦線

古い環境の貴重な断片を取り扱うには、いくつかの異なった方法がある[文献31]。おそらく遺跡を危険から遠ざけるのが、それを破壊から救い出すてっとり早い方法だろう。遺跡は、多少の修繕と手入れをして復元することもできるし、その時点の知識の範囲内で〈当初〉の状態を注意深く再現して再建することもできる。それには、当時の材料を念入りに修理して再生利用する方法、それとなく新しい材料を用いる方法、あからさまに新しい材料を用いる方法などが考えられる。また、時間のさびを保持する場合、それを模造する場合、洗い流す場合などがあるだろう。新しい材料を用いて、新しい敷地に明らかに完全な再建を試みるときには、その目的は最初に建設された当時の姿を再現しようとするものであることが多い。こうした目的を達成するためには、時代色のある小道具を用いたり、当時の扮装をした俳優を利用したりすることも考えられる。このような再建は（ギリシア時代そのままを再現してけばけばしく彩色されたギリシア神殿の例にもみられるように）現代人の趣味にショックを与えるものであることが少なくない。また、学問の進歩によって、再建のばかばかしい間違いが明らかにされることもよくある。けれども、一般の観客にとって、それが過去を強く呼び起こすものになりうることは否定できない。

　歴史学の領域で用いられる正式の区分には、干渉度の低いものから高いものまで――すなわち、保存、復元、再構成、移築、完全な再建など各種の段階がある。しかし、この単純な公式には多くの細かい区分をおおい隠してしまう傾向があるので、かなり議論の余地が残されている。たとえば、当初の建造物に後世になってつけ加えられた歴史的な付加物についてはどうするのだろうか。歴史的建造物は、ある時期にいっぺんに完成してしまい、その後は不滅の永遠性をもちつづけていたように考えられているが、実際には絶え間ない物理的変化と人間生活のプロセスを経てきている。また、私たちの歴史に対する視点自体も絶えず変化している。したがって、議論は過熱しすぎたスコラ的なものになってしまう危険性をもっている。ロバート・スコット[2]の南極の小屋は、六〇年前に彼が死の探検にでかけて以来ずっと放置されていたが、極地の寒さの中で完全な姿を保ちつづけてきた。小屋の中には、紙、食糧、装備などが、まったく当時のままに残されている。その効果は強烈である。それは、過去を引き止めようとする私たちの意図にも合致している。けれども、そのような効果を生み出した環境を再生産することは難しい。

ときには、歴史的な事物が定期的に再建されることもある。そこでは、古い材料を保存することよりも、むしろ古い様式を保存することに重点がおかれている。アフィントン[*3]の白馬の二〇〇〇年前の輪郭は、毎年の〈草むしり〉のおかげで、いまでも丘の斜面にはっきり浮かび上がっている。伊勢神宮は、二〇年ごとに新しい材料で新しい敷地に再建されることによって、現存する日本の建築のうちで最も原始的な様式を保っている。こうした定期的な再建は、ただひとつの努力に頼っているわけではないので、これまでに述べた問題点のいくつかを免れていることになる。

また、歴史的遺産の外側の殻だけを保存、ないしは再建すれば十分であると考える態度もある。この方法に従えば、歴史的建物は現代の活動的用途を内包するシェルターとして利用することができ、建物内部は新しい使用に適するように物理的修正を加えることができる。〈外部〉が公的で、歴史的で、規制されているのに対して、〈内部〉は私的で、流動的で、自由なスペースになる。この態度には、使われない環境や〈博物館〉的な環境に対する嫌悪が結びついている。しかし、この方法にも困難な決定の問題が残されている。なぜなら、内部と外部という二分法は便利な区分であるが、実際には、どの程度までの修正ならしてもよいのかという点が明らかでない。ロンドンのリージェント公園をとりまくジョン・ナッシュ[*4]のテラスハウスを修復して、内部を近代的なオフィスとして利用する試みがなされたときには、外壁が当初のデザインに従って再建されただけでなく、街路からの視線に適正な奥行を感じさせるために、内部の配置にもほとんど以前の部屋割りが押しつけられることになった。私たちは、保存された環境の中で生き残ろうとするアクティビティに対して、どの程度まで援助を与えることができるのだろうか。現代の建築設備は、どれほど慎重に組み込んだとしても歴史的な本来の姿を傷つけずにはおかないものだが、それはどの程度のものなのだろうか。植民地時代を再現しているウィリアムズバーグ[*5]での、陶器製のバスルームはショックである。さらに、大規模な公共建築や庭園のように、内部と外部の分離が困難な場合にはどうすればよいのだろうか。

厳密な保存を主張する人びとは、きわめて悲観的な考え方をしている。彼らは、すべての再建を偽りと考え、悲しむべきではあるが避けることのできない崩壊のプロセスと

図 9／住宅の形態変化——1841～42年にかけてコネティカット州ニューヘブンのチャペル通りに建設されたヘンリー・ホチキス邸。1857年の写真

1865年の写真では3階と鉄製の手すりが加わり，ペンキが塗られている

1960年ごろの写真

図10／教会の建物を利用した自動車修理工場——イタリアの古い教会では，昔の祭壇の前で自動車の整備が行われている

図11／伊勢神宮は，20年ごとに二つの敷地に交互に以前とまったく同じ姿で再建される。建造物はそのたびに完全に新しくなるが，形態は古代の形態が忠実に保全されている

して時間を理解している。この立場からすれば、私たちは、いろいろな手段を用いて現在残されているものを守っていくことだけしかできない。そこで用いられる手段は、基本的には受身の手段が主体になるが、そのほかに保護すべき対象を保護された場所に移転することも含まれるだろう（その場合、保護された場所である博物館がなんらかの原因で損失をこうむれば、そこに集められている幾世代もの収集品も同時に消滅することになる）。このような方法では、保存すべき対象は公衆の目に触れやすくなるが、崩壊のプロセスは速度を緩められるだけで、そのプロセス自体が停止させられることはない。

　さらに、純粋に知的な立場を主張する人びともいるだろう。彼らの目的は、過去についてできるだけ多くのことを、できるだけ正確に学ぶことであり、保存、利用、展示などは二義的なものにすぎない。したがって彼らは、解体調査や発掘調査による遺跡の破壊を避けられないことだと考えている。また、後世の科学者に手つかずの状態で遺跡を残しておくことが必要だと判断すれば、たとえ一般民衆の観賞や利用の機会を奪うことになっても、調査後に遺跡を埋め戻しておこうとするだろう。

　保存の原則と同じように面倒なものに、保存の目的の定義がある。環境のどの部分を再建し、保存すればよいのか、何が歴史的な扱いをする際の正当な理由になるのか——これらを決定するのは難しい。私たちは、クライマックスの瞬間の痕跡を探し求めているのだろうか。それとも、私たちが目にすることのできる伝統の現れを探し求めているのだろうか。あるいは、過去の判定と評価を行い、多くのものの中から重要な意味をもつものを選択し、私たちが最もよいと思うものを残そうとしているのだろうか。あるものを保護するのは、それが重要な人物や事件を思い起こさせるからだろうか。ユニークだからだろうか。または、それに近いからだろうか。まったく反対に、その時代を最もよく代表するものだからだろうか。集団のシンボルとして重要性を持っているからだろうか。現在にとって重要な本質を持っているからだろうか。過去についての知的な情報源として特別な有用性をもっているからだろうか。それとも、このような判断を下さないで（しばしば現実がそうであるように）偶然のなりゆきに選択を任せてしまい、たまたま生き残ったものを、次の時代のためにそのまま保存するのがよいのだろうか。

こうした定義の混乱は、保存の目的に対する意見の不一致から生じているばかりでなく、どのように過去を認識すべきなのか、あるいは何が環境変化の永遠のプロセスの本質なのかといった点についての意見の不一致によっても引き起こされている。思い出には、すべてを記憶することはできない。もし、そのようなことが可能だとしたら、私たちはデータに圧倒されてしまうだろう。思い出とは、選択のプロセスの結果であり、選択されたものをあらかじめ設定されている状況の範囲内で組織化しようとするプロセスの結果である。私たちにとっては、予期していなかった新しい関係の発見をうながす雑多な思い出の集積も大切な意味をもっている。しかし、偶然に任せて新しい関係を発見するためには、意味深いものをしっかりと把握し、意味のないものを捨て去る再整理が必要である。

すべての事物、すべての出来事、すべての人間は〈歴史的〉存在である。過去のすべてを保存しようとすることは、生活を否定することになるだろう。私たちは、過去の物理的痕跡を、それを忘れたいという理由から処分することがある。現在という時間の中で行動し、知識を深めることに関心をもっている人びとにとっては、現在を対象にすることで自分の行動の足がかりになる適切で簡潔な分析が得られるならば、過去はまったく不必要な存在にすぎない。だが実際には、過去の出来事は現在の可能性に関連をもっていることが多い。それらは原因を説明し、妥当性のある結果を指示してくれるかもしれない。また、現在の困難に対処するための平衡感覚を私たちに与えてくれるかもしれない。けれども、こうした原因や結果の蓋然性は、歴史の堆積から自然に出てくるものではない。私たちは、それを歴史の堆積の中から摘出し、つくり上げていかなければならない。現実には、今日の行動に深い関連をもっている古くからの過失と憎悪があるかもしれず、いまや現在をそのような古い過ちから切り離すことを考えなければならない。

ニーチェ[*6]は、「人は過去を解体するだけの強さをもたなければならない」といっている[文献16]。また、スティーブン・ディーダラス[*7]は『ユリシーズ』[文献88]の中で、「歴史とは私たちがそこから目覚めようとしている悪夢である」と叫んでいる。新しい環境は、過去への隷属からの脱出手段として模索されることが多い。たとえ、その結果手にすることのできる自由が約束されていたほどには完全なものでないことが多くとも、また多くの貴重な思い出がそのために失われることになろうとも、このような試みは繰り返されることだろう。私たちは、過去に隷属するよりも、過去を選択し、創造し、さらにはそれを生きている現在の一部分につくり変えることの方を選びたいと考えている。

廃棄

したがって、旧式化してしまったものを処分する方法がなければならない。一九三六年に行われた調査によれば、ロンドンの建物は、〈歴史的〉建造物として認められた比較的少数の建物を除いては、平均して三〇年で改築され、六〇年で放棄されていた[文献74]。アメリカの場合、都市の中心部での建て替えはもっと急速である。密度の高い居住地では、状況が絶えず変化しているので、望ましくない環境を除去するのに自然の老朽化や放棄を待っているわけにはいかない。また、大きな変化が要求されているときには、小さな建物ユニットごとの処分は効果的でない。なぜなら、そのような処分は新しい発展を硬直した枠組の中にはめ込むことになるからである。一方、遺棄された土地の整備と再利用には費用がかかるので、たとえ住民が完全に地区を放棄してしまっても、スペースを新しい用途に利用するのは困難であるかもしれない。それに、放棄は少しずつ進行していくのが普通なので、荒廃のプロセスが長引いて、まだその地区に住んでいる人びとを苦しめることが多い。

私たちは、活動的な都市中心部や密度の低い都市周辺部では、環境を廃物化して処分することに成功してきたといえるかもしれない。けれども、それは都心部の場合には、新しいアクティビティの力が断片的移転の費用を負担できるほどに強力であることが条件になっていたし、都市近郊の場合には、安価な費用で処分を行えることが条件になっていた。それ以外の北米大陸の諸都市の多くの場所——すなわち固定的アクティビティの段階的改良よりレベルの高い変化を必要としている場所では、私たちは、たいした成果を上げてこなかった。歴史保存という旗じるしのもとに、私たちは多くの建物を個別に保護してきたが、それらの中には重要性の疑わしいものや現代的意義の疑わしいものも少なくない。それらの建物は周囲の環境から遊離していて、その使用と管理を維持する方法や、社会に対してその意味を伝達する方法をもっていない。ところが一方で、私たちが行っている都市再開発は、新しい環境をつくり出すために莫大な心理的犠牲と社会的犠牲を払って、現在でも高い利用価値をもちつづけている有用な環境のかなりの部分を消滅させている。こうして置き換えられた新しい環境は、古い環境のもっていた望ましい特色をほとんどもっていないことが多い。住みなれた環境から切り離される苦痛と、新しい都市開発の非人間的性格に対する悲観から、たくさんの人びとが、もう成長と変化を中止すべきであるとか、少なくとも古い地区はそっとしておいて〈あいている〉周辺部に成長を集中させるべきであると考えるようになってきている。だが、人間の住んでいる地区はどんなことがあっても変化するものであるということと、環境はどんなに迅速に変化しても新しい経済と社会の要求に容易に適応できるものではないということを、私たちは心にとめておく必要がある。

拘束の度合い

デザイナーたちは、なんらかの制約のあるときの方が、条件がまったく自由なときより計画がしやすいことに気づいている。起伏地にある建物、密度の高い都市の中の住宅、古い建物のインテリアは、平坦な土地にある建物、オープンな敷地の中の住宅、新しい建造物のインテリアよりもデザインしやすい。その解決法も、はるかに興味深く巧妙であることが多い。しっかりした固有の特色があるときには、可能性のある解決の範囲が絞られてくるので、それによってデザインを模索する際の苦悩が軽減される。そればかりでなく、偶然に備わっている背景をうまく利用すれば、豊かな形態とコントラストに富んだ解決策を見出すことも不可能ではない。ただ、それには固有の要素がある程度の価値をもっていることと、望ましい変化のための余地が多少とも残されていることが必要である。古い倉庫の内部をアパートにデザインしなおすのは魅力的テーマだが、どっしりとした壁に窓がひとつもなかったり、天井高が極端に低かったり、部屋が絶えずじめじめしていたりする場合には、ひどく厄介なことになってしまう。一方、非物理的拘束にも物理的拘束と同じ効果を期待することができるかもしれない。ユニークな制度、ユニークな価値観、利用者集団のユニークな行動などは、解決に強い個性をもたせる根拠として利用することができるだろう。

同様な見方からすれば、ゆっくり成長してきた古いコミュニティの住民は、新しく建設された住宅地の住民に比べて、いくつかの点で恵まれていると考えられる。古い都市は新しい都市よりも深みがあり、多様性に富んでいる。そこには、さまざまな人びとのさまざまな要求と価値観によりよく適合する、選択の自由、サービスの多様性、施設の豊かさがある。人びとは、このような古い居住地からの強制的移住には激しく抵抗する。また、人びとが入居して間もないニュータウンの初期には、社会的ストレスの徴候がよく見受けられる。新しい住宅は、オープンな土地に建設されるより、既存のコミュニティの中に建設される方が好ましい結果をもたらすようだ。なぜなら、既存のコミュニティの中に住宅を建設することは、社会構造の破壊と施設網の損失を回避することにもつながるからである。

デザイナー自身が、古い地区の古い住宅に住んでいることも多い。その際、彼らは自分の個人的デザインを自分自身に押しつけたりはしていないようだ。しかし、彼らは単に古い住宅を保存しているわけではない。古い住宅に住むとき、彼らは、古くから残されている要素に生気を与える削除と付加を行うことによって、その住宅に修正を加えている。長命とはかなさは、それぞれ互いの存在によって香気を与えられる。「三百年伝えてきた瓢箪に、一朝でしぼむ朝顔を生けてある」［文献69］といった情景には深い趣きがある。古い環境は、劇的な高揚を実現する機会になり、環境自体もその高揚によって以前より豊かなものになる。これは、保存でも単なる付加でもない。古いものと新しいものの特殊な利用法である。

家に伝わっている家具や家族の形見のように個人的結びつきの強いものは別として、人びとが維持したいと望んでいるのは古い物理的事物そのものではなく、それらの事物との親密な結びつきであることが多い。大規模な新しい郊外コミュニティのかかえている問題のひとつに、居住者のさらされている物理的激変と社会的激変の中で、いささかでもイメージと連想の連続性を維持するにはどうすればよいのかという問題がある。このイメージと連想は、古くからの居住者と新しい居住者の双方にとって役立つものでなければならないので、そこでは移住してきた人びとの歴史と新しい環境の歴史を織り合わせて、ひとつのものにすることが必要になってくる。アメリカ人の家族が新しい都市に移住するとき、多くの人びとは、わざわざ苦労してでも子供時代の家に似たところのある住宅を見つけようとする。それは、ちょうどスウェーデンからアメリカに移住してきた人びとが〈スウェーデン的〉な風景の中に居住地を求め、イギリス人の植民者たちがイギリス風の都市を建設したときの心理に共通している（今日、カルカッタ生まれの人は故郷を遠く離れたロンドンに初めてやってきて、ロンドンの景色のノスタルジックな親密さに驚かされる。彼は、植民地時代にイギリス人のプランナーが自分自身の郷愁を満足させるためにその母国から移植した小道具――たとえばイギリス風の郵便箱や手すりなどのディテールを、ロンドンの住宅にも見出すわけである）［文献114］。

変化しつつある環境の中には、これまでに積み重ねられてきた発展によって決定される最適な度合いがあるように思われる。それを裏づけるのは、減価償却された環境がもたらす低い開発コストであるかもしれないし、多様な要求に応じられるだけの多彩な施設とサービスであるかもしれない。また、環境によって育まれたくつろいだ雰囲気や、あるいは逆説的に、環境によって制限され、単純化された選択の余地であるかもしれない。けれども、あまりに少ない拘束が混乱と不毛の原因になるのと同じように、あまりに多すぎる拘束はコストの損失と挫折の原因になる。変化させることの不可能な環境は、それ自体の破壊を招くだろう。私たちは、価値のある遺跡を背景にもつよりも、すこしずつ修正していくことのできる世界――歴史の痕跡のかたわらに私たちの個人的痕跡を残していくことのできる世界で生活したいと望んでいる。

時間の根

環境も、法律や習慣に似て、意識的選択をしないでも行動することができる規範を私たちに与えてくれる。私たちは、教会では敬虔になり、海岸では羽をのばす。多くの場合、私たちは特定の認識可能な環境に結びついている行動パターンを反復している。周囲の環境は、その形態によって私たちに一定の行動を奨励している。階段は、昇降することを目的にした形状をもっている。それと同時に、環境に結びついた期待によっても一定の行動が奨励される。つい最近まで、大人が階段に座るのは下品なことだとされていた。しかし、移住の場合のように場所が急激に変化してしまうと、人びとは、もはや〈どのように行動したらよいのか〉わからなくなってしまう。彼らは、たいへんな努力を払って新しい行動形態を試行錯誤し、それを選択し、集団的了解をつくり上げていかなければならない。したがって、変化が必要とされているときには、新しい環境によって断絶を生み出すことができる。社会的連続性を維持するためには、過去から伝えられてきた環境の中で古くからの行動を反復する方法が効果をもっている。[8]クロード・レビ=ストロースは、宣教師たちがボロロ族[9]にその居住地の伝統的な円形配置を捨てさせることによって、彼らの文化の方向性まで見失わせてしまった例を記録している。

　都市の中の象徴的場所や歴史的場所の多くは、その都市の住民が訪れることはまれで、そこにやってくるのは大部分が旅行者である。しかし、このような場所が破壊の危険にさらされると、いままでその場所を見たことがなく、たぶん今後も見ることがない人びとからも、大きな反響がまき起こる。それというのも、こうした訪問したことはないが伝聞によって知っている環境は、それが残っているというだけで安心感と連続感を与えてくれるものだからである。過去の一部分をすぐれたものとして保護することによって、未来も同じように現在を保護してくれるだろうという期待が保証されている。そこには、私たちと私たちのつくり上げたものが、断絶をこうむることなしに天寿をまっとうできるにちがいないという安心感がある。社会が破局に見舞われたあとでは、コミュニティ生活のシンボリックな中心を復元することが緊急の課題になることが多い。大火後のロンドンのセントポール寺院や、戦災で荒廃したワルシャワの〈旧市街〉の復元にその例をみることができる。また、象徴的環境が安定感をつくり出すのに利用されることもある。危機に直面している制度は、その古さを吹聴し、国王は、その権力に加えて血統の正しさを強調する。イギリスのジプシーたちは、陶磁器と家族の写真を熱心に収集する。

　貴重な過去をもち、その中に根づいていると感じることのできる人びとと、孤立した現在の中に生活している人びとでは、その心理状態に極端な差違がある。

「オコーネル、オコーナー、オカラハン、オドノグ——これらの姓は、景観そのものに強く結びついた一族の名称だった。……このような一族の歴史を連想させる姓を口にすることは、ある地方の丘や川や平原を心に描くことでもあった。また、ある地方の場所の名称を思い浮かべることは、古代の部族とその部族の重要な事跡を回顧することにほかならなかった。こうした彼らの態度は、まわりの入植者たちに比べて、なんと大きな相違をもっていたことだろうか。入植者たちにとって、ゲール人[*10]をささえていた神話、文学、歴史などの背景は、どれひとつとして実在性をもつものではなかった。……周囲の景観の中にあるのは、ただの岩であり、ただの石であり、ただの木であるにすぎなかった」[文献42]。

大部分のアメリカ人は他人の建てた家に住んでいるが、彼らにとっては祖国も本当の祖国ではない。彼らは、故郷のくつろぎを感じるために祖国を離れてヨーロッパに旅をする。彼らのもっている流動性と環境に対する愛着の欠如は、アメリカ大陸の開発にとって、きわめて有益なものだった。今日でも、シウダード・グアヤナの建設にさいして、この特性が同じように有益な役割を果たしている。けれどもアメリカ人は、文化の根を訪ねてまわる旅行者として、既存の文化がつくり上げた景観の中に土足で侵入し、その文化の破壊に手を貸す宿命を背負っている。

ニーチェは、その著書の中でヨーロッパに長く生活している人の特徴を描写している。彼によれば、生粋のヨーロッパ人は自分の住んでいる都市を眺めて、「ここで生活してくることができた……そして、これからも生活していくことだろう。なぜなら私たちは不屈の民なのだから、一夜にして根なし草にされたりすることはないにちがいない」[文献16]と考えるという。ハーベイ・コックス[*11]は、チェコのリディスからやってきた婦人について紹介している。リディスの町はナチスによって完全に破壊され、あとかたもなく埋められてしまったのだが、この婦人は、夫を失い子供と生き別れになったのもさることながら、かつてリディスの町のあった場所に立ったとき、そこに何ひとつ――廃墟すら見出すことができなかったのが最大のショックだったと告白している[文献44]。イサク・ディネセン[*12]は、東アフリカでのマサイ族[*13]の強制移住について、次のように述べている。

「マサイ族は、住みなれた鉄道線路の北側の土地から現在の居留地に移されたとき、彼らの故郷の丘や平原や川の名称といっしょに移住し、それらの名称を新しい土地の丘や平原や川に与えた。それは旅行者にとっては混乱の種だが、マサイ族にしてみれば、自分たちの社会の根を切りとって、薬草として持ち歩いていたわけである」[文献48]。

同じような理由から、北米大陸には、いたるところにヨーロッパ各地の地名がまき散らされている。

ごく自然なことだが、ひとつの場所に対して、互いにはっきりと対立する二つの歴史的関心が存在していることがある。〈衰微〉してはいるが歴史的に価値の高い地区において、その地区に住んでいる低所得層の住民のための福祉を考えることは、その地区に住んでいない高所得層の人びととの要求とまっこうから対立する可能性をもっている。地区外に住んでいる裕福なよそ者は、その地区の魅力を理解し、その地区と彼らの過去との関係を十分に承知していることが多い。彼らは、その場所に住み、その場所を復元したいと望むかもしれない。彼らは、その願望を遂行するだけの資力をもっているかもしれない。しかし、こうして実現される歴史保存は、一面において〈貧困階級の追い出し〉――すなわち中産階級の呼び戻しをはかる巧妙な手段になるだろう。もし、現在の居住者が修復された建造物にとどまるかどうかの選択権をもつのでなければ、復元は不当なものである。そして、彼らが選択権をもつことができれば、再開発の方法はまったく異なったものになるだろう。なぜなら現在の居住者は、古い住宅に対して外部の人びととはまったく別の価値観を抱き、独特な歴史を持っているからである。彼らの中には、いまでも彼ら自身の祖先が建てた家に住んでいる者も多いし、もっと最近のことになれば、その場所の歴史がそのまま彼ら自身の歴史であることが少なくない。

私たちの周囲には、過去に反抗し、過去からの解放を企てている人びとがいる。彼らは、時間の中に根をはって生活している人びととも、時間の根をもたずに生活している人びととも異なっている。過去に反抗している人びとは、自分たちが何を捨て去ろうとしているのかはっきり意識している。そこでは、近い過去のシンボルが探し出され、新しい行動の行く手を開くために破壊される。パリ・コミューンは、君主制のシンボルだったバンドーム広場の円柱を引き倒した。ワルシャワのロシア正教会は、第一次世界大戦後にポーランドがロシアからの独立を達成したときに破壊された[文献106]。産業考古学者のケネス・ハドソン[*14]の著書に紹介されている工場主は、家内工場の管理権を相続するにあたって、父親の支配を脱したことを示すために祖先伝来の糸巻きエンジンを打ち壊してみせた[文献63]。また、あるガス局の局長は、従業員を〈うしろ向き〉にする危険性があるとして、歴史的な装置のコレクションをことごとく破壊してしまったという。精神科医のルドルフ・エクスタイン[*15]は、タイムマシーンで過去に舞い戻る幻想にとりつかれている精神病の子供の例を報告している。この子供は〈過去をねじ曲げる〉ことによって、現在をもっと快適なものにしようとしていた。ロンドンの古いユーストン駅の巨大で無骨なドリス式の柱廊玄関は、これといった技術的理由もなしに、ただそれが古い鉄道時代を代表しているからという理由で、無性格な近代建築の前から撤去されてしまった。ずっと遠い過去については、保存もかなりきめの細かいものになっているが、直前の過去はきわめて荒っぽく取り扱われている。プラスチック製造のパイオニアメーカーの社長は、「どんなに想像力を働かせたところで、考古学的重要性をもつ建物などひとつもないと断言してもよい。実際のところ、一九二三年より古いものは皆無である」と書き送っている。

　遠く離れた過去の場合は、現在を脅かすものではないので、かなり事情が異なってくる。エイブラハム・ダービー[*16]がコールブルックデイルにつくった世界で最初の鉄の橋は、製鉄業同盟の手で手厚く保護されてきた。それは一九〇年前のものであるが、修復は毎年の祝賀行事の一部になっていた。橋は、もはや〈時代遅れ〉のものではなく〈歴史的〉なものになっている。遠く離れた過去は、ちょうどフランス革命が古典的シンボルをかつぎ出したときのように、現在を正当化するものとして奨励されることさえある。

　このような遠い過去への偏愛に対しては、その対抗措置として〈公共の屋根裏部屋〉の設立を考えるべきだという意見もある[文献116]。そこには、乗物、エンジン、道具、家具、古着など、捨て去られてしまいそうになっている古い装置や備品を選択して保管しておき、必要に応じて探し出せるようにしておくのである。もちろん、〈屋根裏部屋〉には絶えず維持と整理と新陳代謝が必要なことはいうまでもない。

　また、不変性を伝えるものとしてではなく、変化を伝えるものとして環境を利用することも可能ではないだろうか。世界は直前の過去との関連の中で、どのようにして継続的変遷をつづけているのか。どの変化が価値をもち、どの変化が価値をもたないのか。未来の変化に外部から影響を与えるにはどうすればよいのか。未来の変化はどうあるべきなのか。このようなことを伝える手段として、環境を利用することができるかもしれない。アクティビティと人口の立地を連続的に追跡することによって、過去の流動を伝達することができるかもしれない。あるいは、ある場所における変化の様相を描写することによっても、それが可能かもしれない。そこから得られる教訓は、常識をくつがえすものになるかもしれない。

過去を保護することは、未来に備えた学習のひとつの方法でもある。それは、人びとが未来に役立つかもしれないものを学ぶことによって、自己を変化させていくのに似ている。もし、高等教育と地位向上が次の世代の重要な特徴になると予想されるなら、私たちは、変化しつつある教育環境の記録とかつて存在していた社会的ギャップの記録を、その世代のために保存しておくべきかもしれない。また、財産の共有や強い公共義務感を未来に望むのであれば、私たちは、過去における共有権の歴史を証拠として保護しようとするかもしれない。さらに、場合によっては、薬草、素朴な手段に適した技術の体系、敵意に満ちた環境の中で生き残るための方法などについて、その集大成を保存しようとするだろう。私たちは、品種改良の素材を確保し、世界的な食糧不足という不幸な事態を避けるために、植物の多様性を保護しようとしている。それとちょうど同じように、不確定な未来の要求に対しても、それを満足させるために過去の熟練技能と文化的解決を保護しておこうと考えるかもしれない。

廃墟

はかなさの中には——つまり消え去ろうとしている古いものには、なにか胸を刺すようなところがある。

古びた玩具は、不変性をもった重々しい記念物よりも、はるかに感動的なシンボルになる。短い期間の使用を意図してつくられた弱々しげな玩具には、人生のうちで最も傷つきやすい、つかの間の一時期の思い出が結びついている。日本人は、衰微して消え去っていくものに対して審美的嗜好を抱いている。ヒトラーの建築家だったアルバート・シュペーア[*17]は、その思いを遠い未来にはせて、壮大な建造物が高貴な廃墟になる日のことを心に描きながらデザインをしていた。

廃墟と化して、大地に戻るプロセスをたどりつつある建造物は、それがもたらす情緒的感動のために世界中でこよなく愛されている[文献11]。こうした心地よい哀愁は、廃墟を目にする者が感じる生存への満足感と結びついているのかもしれない。あるいは、正当な勝利への誇り、審美的な喜び、知的な楽しみなどに彩られているのかもしれない。人は廃墟から略奪したり、その中で生活したり、それに自分の名をしるしたりするかもしれない。積み重ねられた文学的連想は体験に奥行を与える。場所の名称が、中国文化にみられるように、いく層にも重なった故事来歴を思い浮かべるきっかけになることもある。しかし基本的には、廃墟によって与えられる感動的な喜びは、時間の流れの意識が高揚したものである。

巧妙な復元は、変化のプロセスの中にある遺跡の本質をあいまいにする。廃墟の環境を心地よいものにするためには、ある程度の非能率、時間に対するおおらかな容認、滅亡への運命を劇的に盛り上げることのできる審美的能力などが必要とされる。景観は、このような痕跡を積み重ねるにつれて、情緒的な奥行を深めていく。多くの材料や形態の中には、好ましい古び方をするものがある。それらは、歳月とともに趣きのある古色におおわれて、豊かなテクスチュアと魅力的な輪郭を育てていく。けれども、新しいときにしか満足のいく状態を保つことのできない材料や形態もある。それらは、古くなるにつれて汚れて不完全なものになっていく。

古記録と考古学

過去を科学的に理解するには、考古学的な調査研究が必要である。その目的とするところは過去を分析することである。そこでは、今後の研究のために過去の断片を大切に保管することがあるが、そのプロセスはしばしば当初の状態を破壊する結果を招くだろう。考古学は、新しい開発の露払いとして利用される可能性をもっている。ときには、考古学が開発の手助けを受けることもある。人が住んだ土地には、過去の建物や事物だけでなく、籾殻痕、足跡、痕跡、土台、破片、改造跡、重要なごみなどが含まれている。ほとんどすべての情報は、このような遺物をつなぎ合わせることによって得られる。つまり、それらを相互にどのように関連づけ、全体の背景とどのように関係づければよいかわかれば、そこから必要な情報を得ることができる。考古学的データは回復不可能な資源である。それは、体系的な文章と図式に変換して記録することもできるが、それよりもはるかに容易に損われてしまうことが多い。そのようなわけで、環境の更新によって引き起こされる犠牲の中には、過去に関する潜在的情報の損失が含まれている。こうした犠牲は注意深い救済によって減少させることができる。少なくとも、私たちは開発決定のバランスシートを考えるとき、この点を考慮にいれて判断をしなければならない。

情報の損失は、開発の速度が速まるにつれて増加している。特に技術が急速な進歩をつづけている今日では、地表面の大規模な改造が、都市ばかりでなく農村においても進行していて、情報の損失がいっそう激しくなっている。また、生活水準の向上によって、趣味的な骨董収集家と活発な骨董品市場が生み出されている。いたるところで土地が掘り起こされて、売れそうなものが持ち去られ、遺跡の文脈が撹乱されている。過去の情報を保全するためには、重要な地区と文脈を将来の研究のために保存するだけでなく、開発に先立って体系的な救済措置をとることが必要である。アマチュア収集家に、しっかりした調査技術を身につけさせることも考えなければならないだろう[文献39、46]。

それには、近い過去と日常の世界についての研究が重視されなければならない。産業考古学の出現は期待のもてる徴候である。不幸なことに、一般の関心と学術的な関心は一致しないことが多い。多くの人びとが、古い自動車、古い列車、宝石細工、宮殿などを愛している。けれども、陶器の破片、初期のセメントミキサー、それらを生み出した背景などに注意を向ける人はほとんどいない。過去を理解するためには、後者の方がはるかに重要であるかもしれない。それらへの認識は、何を保存すべきかという選択の指針にもなる。古い橋は大胆で気品に満ちている。それは重力にさからって踊り上がっている。そこに、どれほど多くの人びとの犠牲が隠されているにしろ、それはすべての人びとの役に立ち、すべての人びとがそれを利用してきた。これに対して、古い工場は大地の上に重苦しく鎮座している。そこは、騒音と抑圧に満ちた重労働の場所だった。古い工場を見ると、それが繁栄するために、この国がどれだけの犠牲を払わなければならなかったかということや、そ

図 12／歴史の玩弄——解体されたロンドン橋は，船でテムズ川からアリゾナ州レイクハバスに運ばれ，イギリスの国旗と酒場のイミテーションをそえて再建された。橋の架けられている川は，人造湖につながる人工水路である。道路は空港に通じている

図 13／モハビ砂漠の中に大きな人造湖がつくられている。広大な景観の中では，レイクハバスの新都市も青白い傷跡のようにみえる。移築されたロンドン橋は，半島の根もとに仮設の空港道路と隣接して小さな影をつくり出している

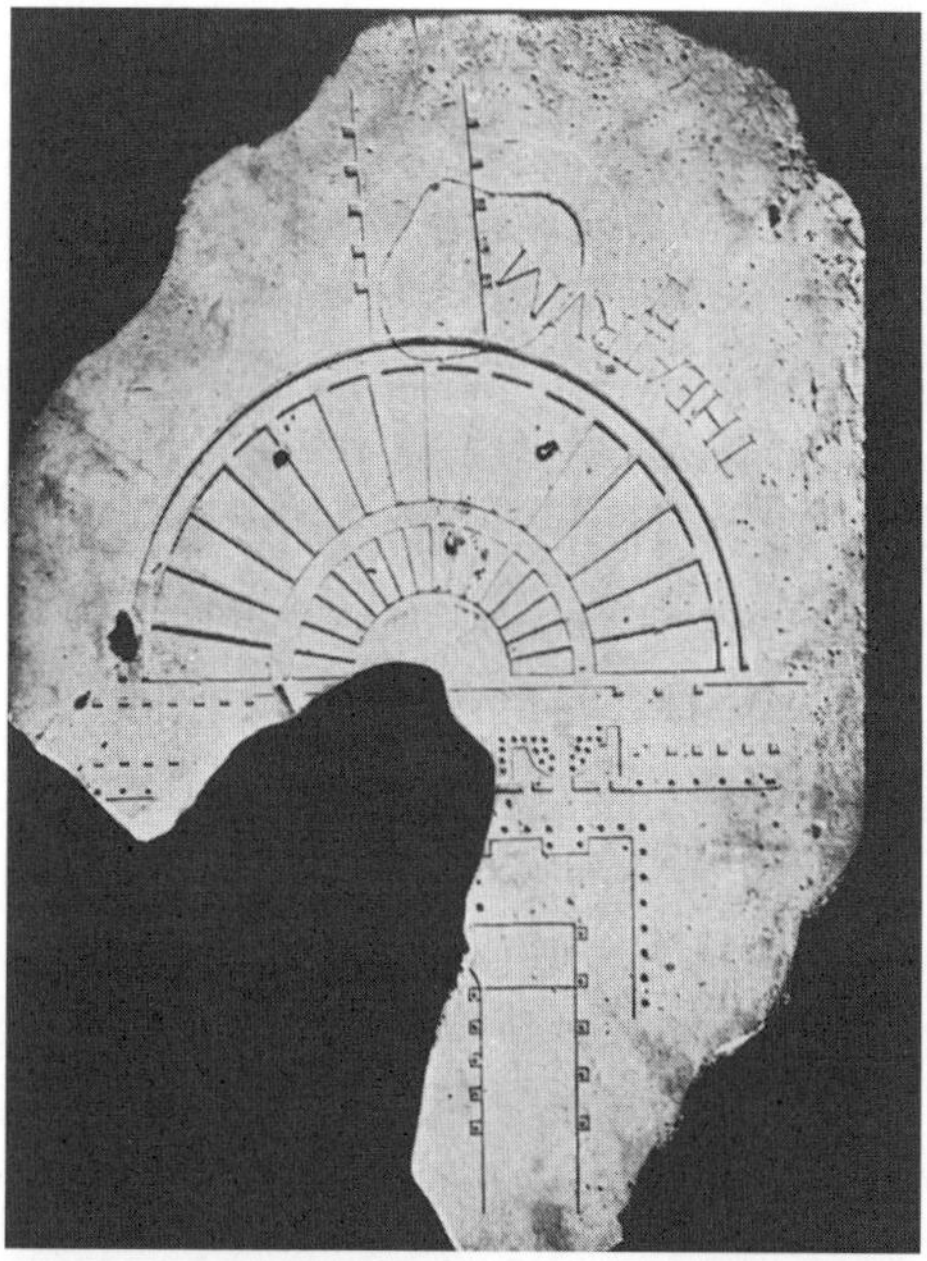

図 14／ポンペイウスの劇場——大理石に刻まれた帝政ローマ時代の地図の破片

図 15／ローマには，今日でもポンペイウスの劇場の痕跡が残されている

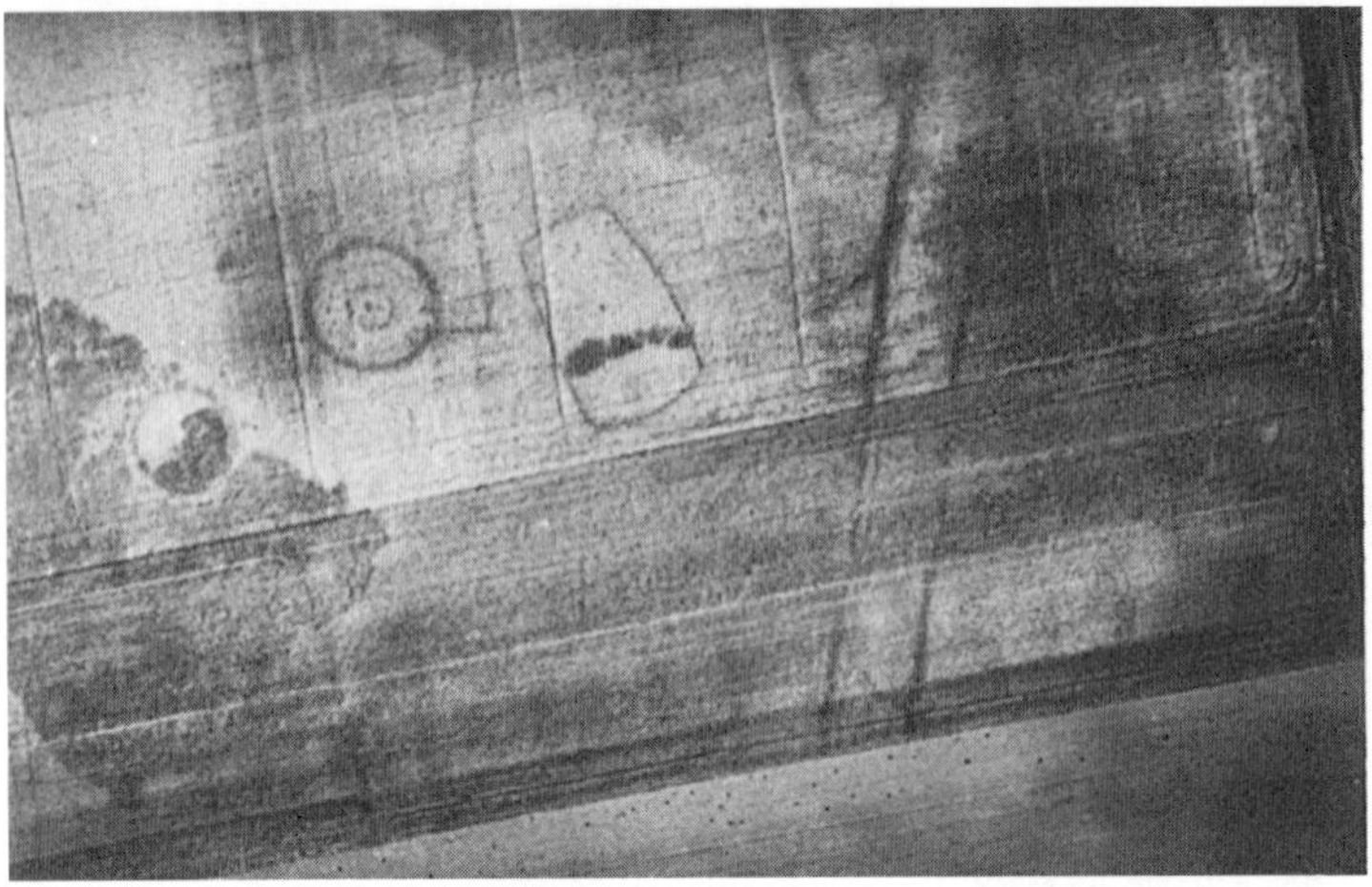

図 16／先史時代の環状列石の痕跡がイギリスの滑らかな田園の上に微妙に残されている

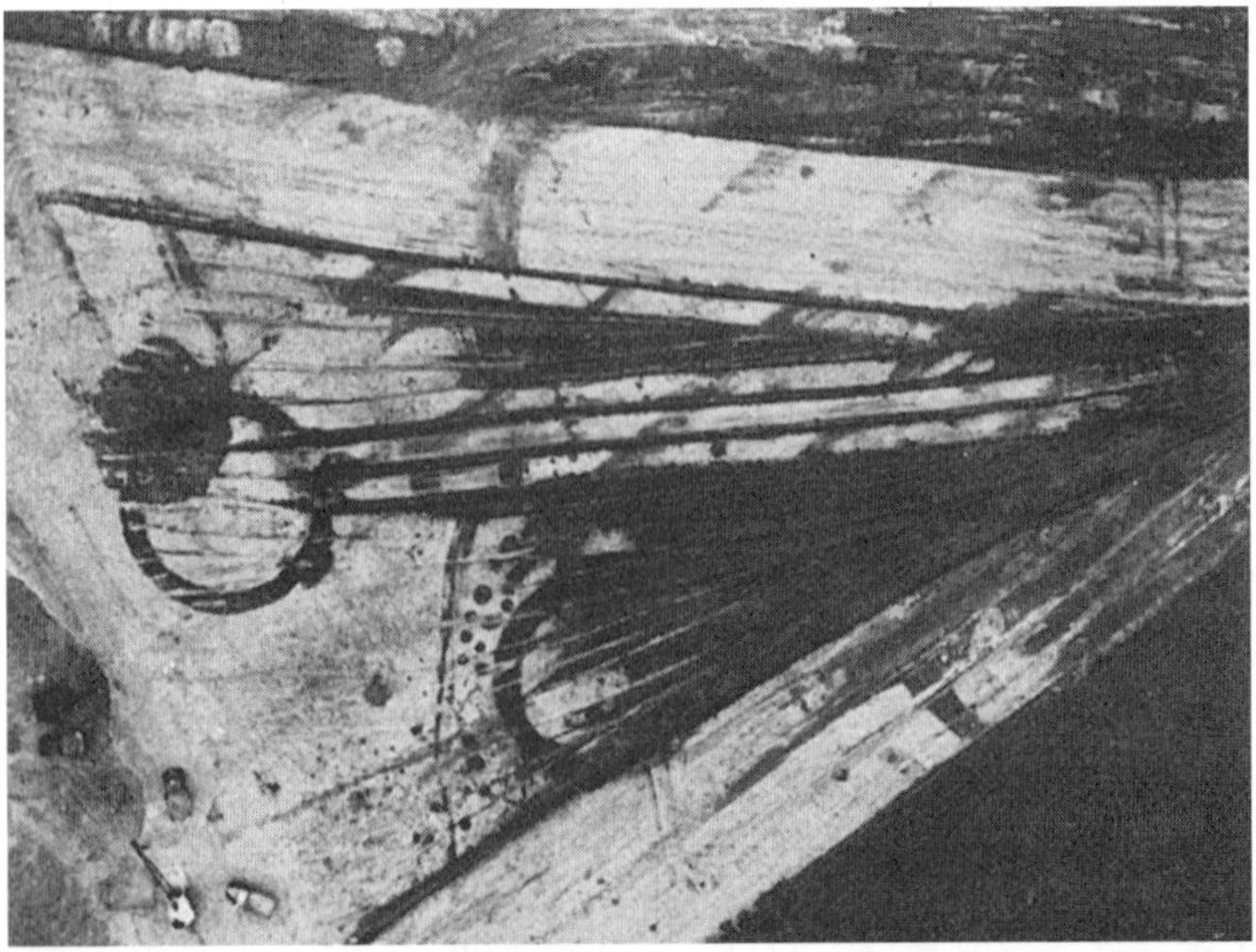

図 17／他の場所では，機械力を使った造成工事によって古い痕跡が消し去られている

図 18／クヮキウートゥル族のトーテムポール──朽ちはてつつあるトーテムポールが強力な意味を呼び起こす

図 19／カリフォルニアのアマチュア収集家──彼らはインディアンの遺品を求めて海岸を掘り返し，敷地の中に潜在している考古学的情報を破壊する

の犠牲を負担したのが誰だったかということが、私たちの胸に浮かんでくる。だから、古い工場建築の取り壊しに抗議する人がほとんどいないとしても、それは不思議なことではない。

私たちは、未来において何が重要なものになるかはっきり知ることができないので、大きな時代区分のすべてについて、それぞれある程度ずつ特徴的な証拠を保護しておく義務——すなわち環境の古記録を作成する義務を背負っている。しかし、古記録を本気で収集しはじめると、すぐにライブラリー管理の問題に直面する。たとえば、資料の取捨選択はどのようにすればよいのだろうか。資料の廃棄はどのような基準で、どの時点に行えばよいのだろうか。資料の保管はどのように行うのだろうか。資料の引き出しと検索のためには、どのようなインデックスをつけて、どのように整理すればよいのだろうか。どれだけの費用をかけるべきなのだろうか。復元の費用は、時価に換算しても、その建物を最初に建てたときの費用を実質的に上回る可能性をもっている。私たちの対象は巨大な空間を占有している建物と地区であり、その空間を利用しないで放置しておくわけにいかないので、ライブラリーの問題は著しく膨張したものにならざるをえない。したがって、保存の基準はきわめて控え目なものであることを要求される。環境全体の保存は、事物やその表象の保存に比べてはるかに費用のかかるものなので、それだけ強力な理由が必要とされることになる。

このようなジレンマを解決するには、あるタイプの環境が希少化したときに、その見本の保護を勧告する監視システムが必要になるかもしれない。このシステムによれば、少なくとも重要な特色をもつ物理的環境とそれに関連する行動パターンについての体系的記録——言語、図式、写真、音響などによる記録を、その環境がまだ元気なうちに作成することができるだろう。最近パリで開かれた大規模な写真コンテストでは、パリ全市が二五〇メートル四方のゾーン単位で写真に記録された。もし、この試みが将来にわたって定期的に行われ、物理的環境ばかりでなく人間の行動にも注意が向けられるのであれば、それは未来に対する素晴らしい古記録になるにちがいない。

また、建物を取り壊そうとするときに、取り壊しの意図と、それによって消し去られることになる環境の性質を、公私の関係機関に届け出ることを義務づける手続きを制定すべきかもしれない。こうした手続きは、現在でもニューヨーク市のいくつかの指定地区で実施されている。このアプローチは、今日の建築認可制度（建物の構造、用途、立地、外観、建物維持のサービスなどを含む設計明細書についての認可）が初期の規制の枠を越えているように、現在の取り壊し認可の範囲を大きく超えるものになるだろう。取り壊しを認可制にすることは、ときには保存すべきものを破壊から守る機会を与えてくれることもあるが、むしろそれによって開発前に救済措置をこうじる機会、記録をとる機会、古い建物の創意に富んだ改造を奨励する機会を提供することのほうが多い。したがって、記録とリストの作成を行い、必要に応じて代表的環境を生きたまま保護する作業にもあたるような、そういった機関が必要になってくるだろう。

けれども、過去の貴重な環境の記録と保全をはかるための総合的アプローチはまだ完成していない。アメリカ合衆国では、ニューヨーク市の歴史的建造物委員会が最も進んだ歴史保存の機関であるが、それも、いまのところ総合的な保存政策の模索段階を抜け出していない。現在、この委員会の管轄下には、三二〇の歴史的建造物と、五〇〇〇戸の建物を含む一四の地区がおかれている。委員会は、三年ごとに歴史的建造物と保存地区を指定する権限をもっている。いったん保存地区に指定されると、地区内の歴史的建造物や建物の外形を変更するには、委員会から証明書の交付を受けることが必要になる。また、取り壊しは一年間の猶予期間をおかなければ実施することができない。委員会は、その期間中に、外部を現状のまま維持してくれる買い手や使用者を探すことができる。委員会の果たす行政的責任はきわめて重大なものである。

建物や敷地を指定するさいの第一の基準は、その建造物や地区が特別な建築的価値をもっているかどうかであり、歴史的重要性は二義的な意味しかもっていない。委員会の仕事は、ある歴史的時代の様相を復元することよりも、現在の重要な特質を保存し、それを発展させることに重点がおかれている。委員会は、保存行政を支持してくれる協力的な地区住民を必要としている。そのため委員会の活動は、活発な近隣組織をもっている安定した中産階級のコミュニティにおいて最も大きな成果をおさめている。委員会には、建物とゾーニングの一般的な規則を特殊なケースに適用する権限と、さし迫った新開発を有効に誘導するために総合的変更を提案する権限が与えられている。

そこでは建造物ばかりでなく、アクティビティの保存についても対策がこうじられている。ニューヨーク市のユニークな劇場地区が消滅しそうになったときには、新しい劇場の建設を奨励することによって危機が回避された。また、容積率ボーナス、景観上の地役権、所有者間の協定、開発権の譲渡制など、新しいコントロール手法も試みられている。歴史的建造物の経営、資金調達、流通などについても、物理的条件に劣らず綿密な研究が進められている。もちろん、古い建物の新しい使用法も積極的に模索されている。委員会の管轄下にある建物の総数は五〇〇〇を超えるが、これまで委員会が法廷に召喚された例は六件しかない。

過去の伝達

歴史的な知識は人びとに喜びを与え、人びととの教養を育てるものなので、それを人びとに広く伝達する方法が真剣に考えられなければならない。その伝達には、言葉、絵画、写真などもかなり力を発揮するが、深い印象を与えるには、やはり実物がいちばん適している。私たちが、書かれた記録をもたない時代を一括して〈先史時代〉と呼ぶのは、私たちの文明が言葉によって支配されていることの徴候である。過去について学ぶすぐれた方法は、過去の建物と道具類にとりまかれて生活することだろう。そこで、あたかも過去に生活しているように行動することができれば、いっそう効果的である。そのための巧みな幻想をつくり出すには、過去の建造物と道具類を集めてくる人、あるいはそれらの模造品を作成する人が必要とされる。舞台装置がそろえば、その中で生きている俳優を実際に生活させることもできる。

今日のアメリカ合衆国には、五〇州のうちの四二州に一二五を超える博物館村と大規模な都市観光遊歩道がある。そこには特定の時代の建物と道具類が再建されていて、その時代の扮装をした住民が生活している。彼らは、当時の衣装と行動を再現するだけでなく、考え方にも当時のパターンを再現していることが多い。このような再建はたいへん流行している。しかし、費用、情報、古い道具類の入手難、刻々と変化する学問の成果に遅れないだけの正確さを保つことの困難といった問題点以外にも、こうした試みには避けることのできない制約がある。たとえば、快適さの問題〈夏に重い純毛の衣類を着なければならない不便さや染料の藍を発酵させる際の悪臭)、社会的拘束の問題〈襟ぐりの深いドレスや大麻の栽培)、健康と安全性の問題〈危険な道具や非衛生的環境)、全体的な社会システムと地理システムの一部分であったものを、それだけ切り離して再現することの問題、現代人が歴史的役割を演じることの不本意と能力の限界の問題などが考えられる。世の中には、人びとが避けて通りたがる現代の神話や、過去を体裁よくみせたいという誘惑がある。人びとは、軍隊がきびしい階級制に支えられていたことや、社会から孤立していたことを忘れたいという願望をもっている。子供たちを昔の子供たちと同じ遊びに誘い込むには、どうすればよいのだろうか。恥ずべき過去や不本意な過去を、人びとの前に公開したいと思う人がいるだろうか。特にその展示が〈優越感を抱いた〉観客のためのものであるときには、なおさらのことである。[*18]ステンシェの村人たちは、昔ながらの生活に満足して暮らしていたが、歴史地区に指定され、スウェーデン政府から手当てを支給されるようになると、間もなく現代的で便利な生活を望むようになり、それが拒否されると、さっさと村を離れてしまった。再建された環境は、それが模倣している過去の中にあるのではなく、現在に位置している。そこには現代人の観光客が押し寄せてくる。

現在行われている歴史の実演は、観客には受動的にしか参加できないものが多い。訪問者は、ぽかんと眺めるだけで移動していく。もし、そこに観客にも役割を演じさせる企画があれば、いっそう大きな効果を期待することができるだろう。当時の人びとが日常生活の中で使用していた道具類を、観客にも利用できるようにすべきである。手斧で木をけずり、古い衣装を身につけ、古い調理法で料理し食事をとり、カドリールを踊り、雄牛に鋤をつけて耕作し、帆げたの先端に綱をかけて方向を変える――観客たちは、どんなに不器用でも、このような行為の中に喜びを見出すだろう。それは、彼らが過去の時代の生活感覚の中にはいり込んでいく助けにもなるだろう。さらに、訪問者がそこで当時の人びとの生活を再現して一週間を過ごし、少なくとも一時的に、その時代の生活の喜びと苦しみを自分自身の体で感じる機会をもつことができれば、過去に対する理解はいっそう深いものになるだろう。最近、ある高校生の小さなグループが、マサチューセッツ州に復元されているプリマス植民地の一部屋しかない小屋で、五日間の実験生活を送った。彼らは、重いピルグリムの服を身につけ、粗末なピルグリムの食事をとり、たき火で調理をし、木と水を運び、ポットを砂でみがき、たき火の光で読書をし、衣類を縫った[文献89]。それは、困難だが有益な一週間だった。もっとも彼らには、飢えや病気やインディアンの急襲に脅かされる危険はなかった。

舞台装置は、その時代の〈偉大〉な瞬間だけでなく、その文化の全領域を説明するものでなければならない。再現される過去は、現在の知識と価値観を基礎にしていなければならない。私たちは、ちょうど歴史が書き改められていくように、再現される過去も現在の知識と価値観の変化とともに変化すべきであると考えている。環境保存の中に含まれている危険性のひとつに、それが過去のイメージを閉じ込めてしまうだけの強い力をもっていることが挙げられる。こうして固定されてしまった過去のイメージが、実際には神話にすぎないことや、不適当なものであることも十分に考えられる。保存するということは、単に古いものを守るだけでなく、古いものに対する反応を維持していくことでもある。こうした反応は、伝達されたり、失われたり、修正されたりする。それは、現実の事物が消滅したあとまで生き残るかもしれない。また、現在の価値観が混乱しているのと同じように、過去に対する視点も、相互に矛盾したものになるだろうことを覚悟しておかなければならない。二つの環境博物館の間で、南北戦争に対する解釈が食い違うことが起こるかもしれない。一八五〇年代のボストンの環境についても、ニューイングランド人とアイルランド系移民のどちらの視点に立つかによって、見解は異なったものになるだろう。西部の開拓も、白人の開拓者の目からだけでなく、被征服者であるインディアンの目を通して眺める努力がなされるだろう。もし、いろいろな視点から見た環境の展示が実現されれば、学生たちは、言葉によるさまざまな解釈を比較するのと同じように、ひとつの展示を他の展示と比較することができるにちがいない。これまでの環境保存には、審美的動機や教育的動機以外に、政治的動機が含まれているのが常だった。そこでは、権力を握っているグループが彼らの威光を飾りたてるシンボルを保護しようとするので、他の人びとはいっそう用心深くならなければならない。しかし、再建という作業は、必ずしもただひとつだけの意味を明らかにするものではない。それは、権力者の意図を超えて、複数の意味を明らかにする性質をもっている。

都市そのものは、歴史教育のための装置にもなりうるものだが、いまのところ、その目的のためには断片的説明しか聞くことのできない遊覧観光や、場所を示す標示板が用意されているにすぎない。〈ウィリアム・ブレイクがここに住んでいた〉ということは、それだけでは些細なことにすぎない。[*19]目で見ることのできる建造物がブレイクの行動に与えていた影響、そこに表現されていた彼の性格、あるいはその土地と彼の個人的歴史との関係——これらのことが明らかになったとき、初めて遺跡が重要な意味をもつようになる。歴史的な索引が整理されていないと、遺跡のパターンはおびただしい数になるので、都市は情報過剰の状態に陥ってしまうだろう。標識、見学ルート、案内書などのコミュニケーション手段を利用すれば、大規模な物理的再建とは異なって、現在の機能をほとんど損わずに、隠れた歴史を人びとに知らせることができる。ロンドンに反乱が起こったとき国王が落ち延びたというウェストミンスターからロンドン塔にいたる水路や、労働者階級に追われて中産階級が次々に居住地を移していった経路なども、このような方法で表示することができるだろう。図解つきの遊歩道を整備すれば、たとえ重要な遺跡が他の建造物の中、地下、水中などにあっても、それを視覚化することができる。過去は、現在との密接な関連の中で説明されるだろう。洋服屋の店先に古風な服を飾り、工場で昔の労働方式を再現し、ある敷地にその敷地の昔の姿を図示することが考えられる。本来、過去の伝達に充てられる財源は保存のための財源と同程度か、それ以上でなければならない。

物理的環境のイメージは、いく世紀もの間、記憶しておきたいものをそこに引っ掛けておくための精神的な帽子掛けとして利用されてきた。私たちは、紀元前五〇〇年にケオスのシモニデスが考案した記憶術から[*20]今世紀のS・V・シェレシェフスキーのイメージの散歩にいたる、[*21]多くの例を思い浮かべることができる[文献112]。一六世紀には、カミロが記憶劇場をベネツィアに建設している。[*22]この劇場は木造の建物で、その椅子、通路、彫像などには、宇宙に対する人間の知識を象徴する役割が与えられていた。最近では、マーティン・ポーリーが〈タイムハウス〉という家族居住ユニットを提案している。[*23]そこでは、家庭生活がフィルムとテープに自動的に記録されて、希望に応じて再生される。家庭生活を継続的に監視して記録しようという発想には、いささか寒々としたところがある。しかし、私たちが未来のためになると考えるものを保護し、それを次の世代に伝達していくうえで、都市の遺跡を印刷物、フィルム、レコードなどの記録と意識的に結びつけて利用しようとするのは、きわめて妥当なことのように思われる。たとえば、無言の影像に説明用のレコードや写真を備えつけておいて、必要に応じてそれを利用できるようにすることができるのではないだろうか。トマッソ・カンパネラ[*24]は、彼のユートピアをとりまく城壁に、歴史と自然界についての知識を壁画として描くことを提案した。同様に、キリスト教の大聖堂は信者に向かってその教義を生き生きと表現していた。

現在でも環境は、他の記憶システム――書物、物語、映画などと相互に影響を与えあっている。イギリスの童話を聞いて育ったアメリカ人には、初めて訪れたロンドンの街路と広場の名称が、驚くほど親しいものに感じられる。一方、人工的環境が、その場所の古い意味から完全に切り離されたものになってしまうことがある。スパラト（現在のスプリト）にあったディオクレティアヌス帝の宮殿の廃墟は、そこに村をつくった中世の人びとにとっては、克服すべき自然地形以外のなにものでもなかった。また、ある場所にまったく間違った意味が結びつけられることもある。その結果、観光客たちは、ガイドが移り変わる風景について説明してくれる、あの不合理ではあるが色彩の豊かな物語を楽しむことになる。今日、カンザス州マンハッタンの子供たちは、ジョニー・カウ[*25]の影像について、まるで自分自身のことのようによく知っている。けれども、ジョニー・カウという人物は、実は、一〇〇年祭の記念のために市の長老たちが大急ぎでつくり上げた〈郷土の英雄〉なのである。大人たちは、とっくに彼のことなど忘れてしまっている。偽りの歴史は、直面する問題に立ち向かうため、人びとを動員する手段としても利用される。黒人がダシーキ[*26]を着たり、森林インディアンの末裔がバッファロー皮のテントに住むのはその例である。

現在の価値

これまで、古記録、特別な教育地区の設立、情報伝達手段を用いた環境歴史教育などについて検討を加えてきた。それでは、私たちの生活領域一般の保存については、どのように考えられるだろうか。ここでの目的には、親密な連続感を維持することだけでなく、現在の価値を保全することも含まれていなければならない。何かが私たちにとって有益であるとしたら、それはその事物がいま実際にもっている特質によるのであって、過去のいささか神秘的なエッセンスによるのではない。古い住宅の保護を考えるときも、その条件は次のようなものでなければならない。すなわち、建物の修理にかかるよりも安い費用でその住宅の空間に匹敵するだけの空間を新しくつくり出すことができない場合（古い建物の修理に比べて新しい建物の建設には大量の自然資源が消費されやすい点を見落としてしまうことが多いが、それも実質的費用であることを忘れてはならない）、あるいは形態や設備の貴重な特色を再生産することができない場合がそれである。償却期間をとっくに過ぎている、安価な熟練労働によって建てられている、現在では入手の困難な材料を使って建てられている、裕福な人びとのための高い水準にあわせて建設されたが、いまでは上流階級に見捨てられている——このような理由で古い環境が保全に値していることも多い。また、それは模倣の困難な芸術作品であるかもしれないし、再建の困難な施設と社会関係の全体的ネットワークの一部分であるかもしれない。しかし、既存の価値を理性的に検討しようとするならば、私たちは、古いことそれ自体が善であるとするドグマに溺れることのないように注意しなければならない。エッフェル塔が建設されるとき、当時の有名な芸術家たちはこぞって激しく反対した。だが、すぐれた環境を生み出すには、文化が新しい創造に対する自己の能力に信頼を抱いていなければならない。そのような意味で、私たちは、多くの創造的な芸術家たちの間にみられる環境保存に対する軽蔑——自分自身の作品を含む保存一般への軽蔑に注目すべきかもしれない。

もし、古い環境が新しい環境よりもすぐれているなら（そうであることも、そうでないこともある）、私たちは古い環境を研究することによって、そのすぐれた特質が何であるのか学びとらなければならない。それが理解できれば、私たちは新しい方法でその特質を再現することができるだろう。古い建物には、それにつきものの典型的な欠点がある。それは貧弱な設備、安全性に疑問のある骨組、複雑なプラン、費用のかかる維持管理などを避けることができない。けれども古い建物は、ごく平凡な建物でも新しい建物にはない長所をもっている。多くの場合、古い建物は豊かな形態をもっていて、たくさんの居住者の痕跡、アクティビティと形態のほどよい調和、半端な空間のぜいたくな

〈浪費〉、親密なスケール、円熟した外観とディテールなどがちりばめられている。こうした特質の多くは、資金面とデザイン面での配慮が十分であれば、新しい建物においても再生産の不可能なものではない。古い地区での建て替えを規制する際に重視されなければならないのは、既存の建物の中に現代的価値を見出すことと、その地区が開発前にもっていた質と同等、ないしはそれ以上の質の実現を新しい建物に義務づけることである。

現在の価値観は、さまざまなグループごとに異なったものになるだろう。復元の作業には、こうした一定の価値観をもつグループが、政治的基盤として必要になる。住民の支持を期待できない地区——たとえば部分的に放棄されている一九世紀の商業地区は、保護をはかるのが最も困難な地区のひとつだろう。そのような場合には、観光的基盤や広域的基盤のように、住民以外の人びとによって構成される基盤を組織することが必要になってくる。また、プランナーにも大きな説得力が要求される。なぜなら、人びとにその地区がもっている現代的価値を理解させなければならないからである。さらに、現在はたいした価値をもっていなくても、いつの日かその地区が貴重なものになるはずだと思われれば、それを人びとに対して納得させることもできなければならない。

現在の価値が明らかでないときには、価値のある特質をはっきりさせるために、注意深い分析が必要とされる。たとえば、私たちの都市の一部分を占めているスラムは、ある特定の生活様式を支え、ときには強化する働きをしているが、このスラムの環境が現在もっている価値とは何で、それは誰のためのものなのだろうか。スラムとは対照的な例だが、バースの景観を分析すれば、有名な建造物の視覚的背景をなしている無名の建物を模倣と損失なしに建て替えるために、空間、スケール、外壁のテクスチュアなどの特質のうちの、どれとどれを新しい建造物の中に再現すべきかが明らかになるだろう。歴史的地区は、建て替えが不可能というよりは、むしろ実際に建て替えられることがほとんどないといった方が正しい。

思い出の破片

古い建造物が現在の機能を損うものであるとき、またきわだった教育的価値や審美的価値をもつものでないときには、その建造物の断片が新しい建物の価値を高めるために使われることはあるしても、古い建造物そのものは取り払われることになるだろう。私たちは、過去の形態に完全に服従する必要はなく、むしろ過去の遺産を利用して、現在の情景の複雑さと意味を深化させるように努力しなければならない。過ぎ去ったさまざまな時代を代表する重要な要素を集積して、そこに古いものと新しいものとの対比をつくり出せば、たとえそれらが過去の断片的な思い出にすぎなくても、やがてどの時代も匹敵することのできないほどの奥行をもった景観がそこに生まれてくるだろう。もっとも、そのような時間の奥行をもった地区は、都市の中の限られた場所でしか実現できないかもしれない。この試みの審美的目的は、対比と複雑性を高め、変化のプロセスを視覚化することである。その目的を達成するには、巧妙な新しいデザインの必要性以上に、創造性に富んだ巧みな破壊が重視されなければならない。

　私たちは、単なる過去の複写としての環境よりも、時間に対して開放された環境を必要としている。[*27]ウラジーミル・ナボコフは、ケンブリッジ大学での数年間の経験を次のように記述している。

「目に触れるもので時間に対して閉じられているものは何ひとつなく、すべてのものが時間に向かって自然に開かれていたので、この上もなく清らかで豊かな環境の中で活動することに、しだいに心が慣れていった。細い小道、回廊に囲まれた芝生、暗いアーチ道などの空間が、私には物理的な足かせのように感じられたので、それと対照的な、しなやかで透明な時間の感触が、ひときわ心地よいものに感じられた。航海のことなど気にかけていない人でも、窓から海を眺めると心がうきうきしてくるように」[文献15]。

　これに対して、私たちの新しい郊外住宅地やニュータウンでは、まるで何もかもが昨日始まり、その瞬間にすべてが終わってしまったかのようだ。前進にしろ後退にしろ、

図20／インカの石造建築――ペルーのクスコでは，街路に沿ってインカの石造建築が並び，その上に現代の建造物が建てられている。そこには，いまもインカの過去が表現されている

図21／新石器時代人の遺体——デンマークの沼地からほぼ完全な新石器時代の人体が発見された。短絡した時間は私たちに衝撃を与える

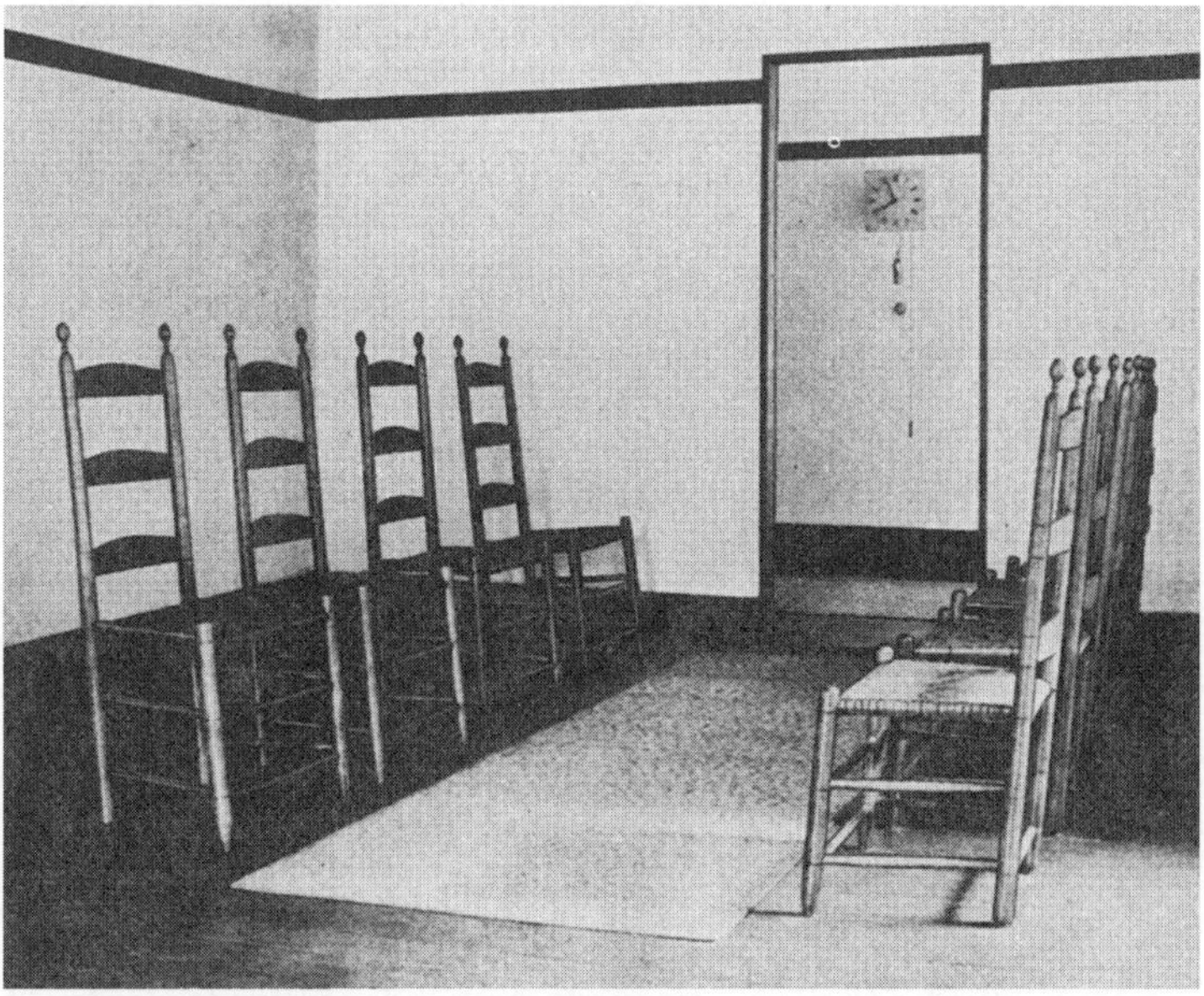

図22／シェイカー教徒の椅子——男女の信者の会合のために古い椅子が並べられている。霊が彼らに取りつく。私たちはユートピア社会を直観する

そこから脱出できるような裂け目がどこにもない。

古い都市でなら、保護すべき特質をほとんどもっていない平凡な地区でも、私たちはこうした思い出の破片を見出すことができるだろう。私たちは、あらゆる場所——たとえ再建のために完全に取り壊されることになっている地区にも、少なくとも現在生きている世代の最初の記憶にまでさかのぼることができる程度の、ほぼ六〇年間にわたる環境的な思い出をもっている。しかし、世代というものは重なり合いながら永遠に継続していくものであり、それぞれの世代の要求は、どのような小さな地区についてもある程度の破壊を必要とするものなので、ある場所の文脈を完全に保存することは不可能だろう。そこで、私たちは破壊される環境のシンボルと断片を保護し、それを新しい環境の文脈の中に埋め込んで、次の世代のために残しておこうとする。

こうして保護される要素の種類は多彩なものになるだろう。けれども、選択がでたらめであったり、無意味なものであったりしてはならない。いきあたりばったりの展示は、過去に対する感覚を混乱させるものでしかない。できれば、古い環境を暗示するものを保護することが望ましい。それには、古い環境のスケール、古い空間、古い道、古い建物の礎石などが考えられる。それが不可能ならば、高い象徴的意味をもつものや、懐かしい人びとの行動と深い関係をもっていたもの——十字架、腰掛、踏み段などを残すべきだろう。ただし、何を残すべきかを決定するには、現在の利用者がそれを思い出の品にしておきたいと思っているかどうか、あるいは利用者が自分自身との関係をそこに読みとることができるかどうかという点を、判断の基準にしなければならない。プランナーは、住民が何を記憶していて、何を記憶したいと望んでいるのか、それを学びとるように努力しなければならない。さらに、新しい都市開発は開発前のパターンからなんらかの拘束を受けるのが常なので、私たちは、環境の歴史を環境そのものの上に刻みつけることによって、このような過去の影響を明らかなものにしなければならない。古いパターンは、地区スケールでの保存にみられるような困難な問題をほとんど引き起こさずに、新しいデザインの中に織り込んでいくことができる。それらは、土地の性格に対する私たちの日常的な関心の一部になるだろう。

個人的な関係

日常生活に付随する感情を検討してみると、歴史的な記念建造物がその中で占めている場所は小さなものであることに気づく。私たちの感情に最も強く訴えてくるのは、自分自身の生活に関係しているものか、私たちと個人的なつながりのある家族や友人の生活に関係しているものであることが多い。過去の重要な思い出は、自分自身の子供時代や、両親あるいは祖父母の生活に結びついている。私たちにとって大切な品物は、誕生、死、結婚、別離、卒業といった、身近な人びととの生活の忘れがたい出来事と密接なつながりをもっている。今日の多くのアメリカ人にとって、幼年時代の思い出の中にあるような環境に再び生活してみたいという願望は、けっして満たされることのない夢のひとつになっている。私たちの血縁関係の連続性は、それに対応すべき場所の連続性に欠けている。私たちは、自分の父親が少年時代を過ごした町内には強い関心を抱いている。それは、父親について理解するうえでの助けになり、私たち自身のアイデンティティ感覚を強化する働きをもっているる。しかし、私たちが直接に知っているわけではない祖父や曾祖父になると、彼らはすでに遠い過去の人であり、彼らの住宅も私たちには〈歴史的〉存在になってしまう。

古典的な過去に焦点をあわせた歴史保存の多くは、人びとの切実な関心とは遠く離れたところで、ほんの一瞬の間だけ人びとを感動させるにすぎない。それは遠い過去のものであると同時に、非個人的なものである。遠い過去は、近い過去よりも高貴で、神秘的で、興味をそそるものに思われるかもしれない。けれども、情緒面への影響という点では、近い過去の連続性の方が遠く離れた時間よりもはるかに重要である。これを空間的な直喩として述べることもできる。国家的スケールの中で自分の占めている位置を認識することは、ちょっとしたスリルを与えてくれるかもしれないが、実際には日常生活を送っている地域社会に結びついた感情の方が、そうした国家的スケールでの立場よりずっと大きな重要性をもっている。このような意味で、私たちは近い過去と中間的な過去——すなわち私たちと現実的な結びつきをもっている過去を保存するように努力しなければならない。家族の写真やダラスの花の山は、私たちに強く迫るものをもっている。[*28]

私たちは、生きている人間としての自分自身の連続性を、近い過去が残していった痕跡に結びつけている。

「過去の記念がことごとく彼の目から奪われてしまった大地の上を、彼は不思議そうに歩いた……

いつこんなに変わったんだろう

人間の変わってゆくことにのみ気を取られていた健三は、それよりもいっそう激しい自然の変わり方に驚かされた……

おれ自身は畢竟どうなるのだろう

衰えるだけで案外変わらない人間のさまと、変わるけれども日に栄えてゆく郊外の様子とが、健三に思いがけない対照の材料を与えたとき、彼は考えないわけにいかなかった」［文献95］。

人間味のある環境は、近い過去の出来事を次々に記念していき、人びとがその中に自分の成長の痕跡をしるすことを許してくれる。このような環境は、居住者にとってだけでなく、観察者にとっても同様に人間的なものに感じられる。観察者は、その環境に温かみを感じ、その中に居住者との象徴的な出会いを見出す。しかし、環境の中にしるされた痕跡が時間のかなたに後退し、現在の人間との関係を失ったときのために、それらの痕跡を取り払うなんらかの方法が用意されていなければならない。それは再び忘れ去ることを意味する。埋もれかけて、私たちの視界から遠ざかりつつある空間、過去の中に消え去ろうとしている、いく世代もの人びとの生活の累積――これらを目撃することにはある種の快楽がある。また、意味がおぼろげな深海魚のように形態の底にひそんでいる、謎に包まれた遠い過去の破片を発見することにも楽しみがある。私たちは、自分自身の子供時代を、当時の性格、境遇、感情などといっしょに手つかずのまま保存しようとは思わない。私たちは、子供時代を単純化しパターン化しようとしている。重要な瞬間をあざやかな記憶にとどめ、空虚な時間を記憶から排除したいと思っている。大切なのは、人生の神秘的な幕開けを感じとり、痛ましい思い出を和らげること――つまり子供時代の思い出を劇的な物語に変化させることである。

ナボコフは、『記憶よ、語れ』の中で、ロシアでの幼年時代と青春時代の感動的で美しい思い出を語っている。そこでは時間の上に時間が折り重ねられて、ときには圧縮され、ときには引き延ばされている。幼年時代に海岸で出会った犬の詳細な思い出と、その犬の名についての長々とした吟味につづいて、突然のように、混沌とした夕暮れの空のかなたに浮かんでいた遠い雲の景色が彼の思い出を占領する。一九一〇年にロシアの沼地で蝶を追いかけていた彼は、いく年もたってから、コロラド州ロングズピークの近くにひょっこり姿を現す。

「実のところ、私は時間というものを信じていない。私は、使い終わった魔法の絨毯を、模様どうしが重なるようにして折りたたむのが好きだ。来客がつまずいてもかまわない。時間のない世界での最高の楽しみは、珍種の蝶の群にとり囲まれているときだ。……それは恍惚境である。……私の愛しているすべてのものを吸い込む一瞬の真空状態のようなものだ。一体感……」[文献15]。

個人的な結びつきを築くには、環境の上に個人的な痕跡をしるすのが最も効果的な手段である。新しい習慣をつくり上げることによって、環境と個人的体験を象徴的に結びつけることができるかもしれない。背くらべの傷、手形、足形などで、肉体的成長のそれぞれの段階の痕跡を周囲の環境にしるすことができる。肖像画と写真は、それが飾られている場所に視覚的な系図を与えることができる。私たちは死を石で記録する習慣をもっている。同じようにして、誕生を表示することができないだろうか。子供が生まれたとき、その誕生を記念して、コミュニティの森に植樹することが考えられるかもしれない。そこに植えられた木々は、しだいに成長して、こんもりした森になるだろう。家族、個人、遊び仲間、同級生などの思い出を呼び起こす記念物をつくり出すこともできる。移住するとき、新しい景観との間に個人的な結びつきをつくりやすくするために、石や木をいっしょに運んでいくこともできる。それは、ちょうど新しい家に移り住むときに、使い慣れた家具をもっていって、新しいインテリアを個人的な好みに合わせようとするのに似ている。ある場所に住み慣れた居住者には、その場所についての彼の思い出を記録することを奨励すべきである。それを近くの図書館分室や町内の情報センターに納めれば、多くの人びとが必要に応じて記録を利用することができるだろう。いくつかの原始社会では、死者はまず身近な人目につきやすい場所に埋葬され、それからコミュニティ内の定められた場所に改葬され、さらに近い親族の死後に墓標のない共同墓地に移される。私たちの思い出についても、同じような方法が考えられるだろう。遠くの隔離された区域に多くの墓標が林立している私たちの共同墓地は、永遠の思い出という虚構のもとに、生きている人びとの目から死者を包み隠す役割を果たしている。

近い過去の出来事については、ひとまず一時的な記念を作成すべきだろう。もし、その出来事が思い出として残るだけの重要性をもっているときには、しばらくしてから永久的な痕跡をそれに置き換えればよい。私たちの都市は、すでに忘れられてしまった将軍や政治家の彫像でとり散らかされている。けれども、私たちがほんとうに関心を抱いている人びとについては、都市はなにひとつ語ってくれない。三七〇人のリバプール市民に市の公共的な影像について質問したアンケートの結果では、彼らの四分の一が、セントジョージ・ホールの外周にある大きな彫刻群をまったく思い浮かべることができなかった［文献109］。残りの大部分の人びとも、ライオンの像のことは覚えていても、そこに誰が記念されているかについては混乱した回答しかできなかった。一日に二万二〇〇〇台の自動車が通過するマージー川トンネルの入口の上に飾られた彫像についても、半数の人びとが、その存在に気づいていなかった。

景観には、人びとの営みの痕跡が刻まれなければならない。そこには、そこで生活している人間との結びつきがなければならない。しかし、その痕跡と結びつきは、ちょうど人間の思い出と世代が次々に消滅していくように、いつかは色あせて忘れられていくものでなければならない。[*29]イスレタ居留地の老人たちは、古くからの物語をいく度も繰り返して語り伝えてきたが、けっしてそれを書き残そうとはしない。「物語が語られなくなったときは、物語が不必要になったときなのだ」。

環境遺産を考える動機にはそれぞれ独自のものがあるだろうが、私は、そこに狭い視野に固執しない幅広い姿勢を提案したい。科学的研究には、解体、発掘、記録、学術的保管などが必要だろう。教育には、思い切った演出とコミュニケーションが必要だと思う。現在の価値を強化し、時間の流れの感覚を高めるには、時間のコラージュ、創造的な破壊と付加などを奨励すべきである。個人的関係には、思い出と同じように淘汰されて消え去っていく痕跡をつくり上げ、それを維持するように提案したい。保存を効果的に行うには、何のために過去が維持されているのかを知り、さらに誰のために過去が維持されているのかを知らなければばならない。変化を経営し、現在と未来の目的のために過去の遺産を積極的に活用することは、神聖不可侵な過去に対する硬直した崇拝よりもはるかに好ましい。私たちは、過去を選択し、変化させ、現在の中で過去をつくり出していかなければならない。過去を選択することは、未来の建設を促進することでもある。

＊1　Tudors　一四八五～一六〇三年の間イギリスを支配した王朝

＊2　Robert Falcon Scott（一八六八～一九一二）　イギリスの海軍将校・探検家。一九一二年に南極点に到達したが、ノルウェイのアムンゼン隊に先を越され、帰路、基地まで一八キロの地点で遭難死

＊3　White Horse of Uffington　英国バークシャー州にある鉄器時代の遺跡。アフィントンの丘の斜面の表土が全長三七四フィートの馬の形にけずり取られて白色の下層土が露出している

＊4　John Nash（一七五二～一八三五）　イギリスの建築家。摂政の宮（後の国王ジョージ四世）の依頼を受け、ロンドン北西部のリージェント公園と、そこから都心のピカデリーサーカスまで約二キロにわたって延びるリージェント街のマスタープランを作成。公園をとりまくテラスハウスも設計

＊5　Williamsburg　米国バージニア州南東部の都市。約三〇〇〇エーカーの土地に植民地時代の町と生活が復元されている

＊6　Friedrich Nietzsche（一八四四～一九〇〇）　ドイツの哲学者・詩人。「生の哲学」を創始し、実存哲学の先駆者とも言われる

＊7　Stephen Dedalus　アイルランドの作家ジェイムズ・ジョイス（一八八二～一九四一）の小説『ユリシーズ』の主人公。『若い芸術家の肖像』の主人公でもあり、作者の分身

＊8　Claude Levi-Strauss（一九〇八～二〇〇九）　フランスの文化人類学者。構造主義の祖と言われる。一九三五～三九年にアマゾン流域の原住民の調査を行い、『悲しき熱帯』を執筆

＊9　Bororo　ブラジル南部のパラグァイ川上流一帯に居住するインディオ

＊10　Gael　スコットランドの高地やアイルランドに住むケルト人。O'のつくファミリーネームは古代アイルランド系の氏族名

＊11　Harvey Cox（一九二九～）　アメリカの神学者。教会が社会変化の最前線に立ち、積極的に行動すべきであると主張。著書『世俗都市』はミリオンセラー

＊12　Isak Dinesen（一八八五～一九六二）　デンマークの女性作家。本名Karen Blixen. 英領東アフリカで、一七年間、コーヒー農園を経営。帰国後、その体験をもとに『アフリカの日々』（一九三七年）を執筆

＊13　Masai　ケニア南部からタンザニア北部一帯の先住民。本来は遊牧民で、勇敢かつ強い自尊心をもち「草原の貴族」と呼ばれる

＊14　Kenneth Hudson（一九一六～一九九九）　イギリスの産業考古学者・博物館学者。一九六〇年代、産業考古学の創始者の一人として活躍し、放送を通じてその普及に尽力

＊15　Rudolf Ekstein（一九一二～二〇〇五）　アメリカの精神分析医・心理学者。精神病・自閉症の子供の治療に力を注ぎ、精神分析・心理療法と教育との連携に貢献

＊16　Abraham Darby（一七五〇～一七九一）　イギリスの製鉄資本家。一七七九年に世界最初の鋳鉄橋を建設。コールブルックデイルはイングランド

西部のシュロップシャー州にある

＊17 Albert Speer（一九〇五〜一九八一） ドイツの政治家・建築家。ヒトラーのもとで軍需大臣をつとめ、戦後は戦犯として一九六六年まで刑務所に入っていた

＊18 Stensjö スウェーデン西海岸の集落

＊19 William Blake（一七五七〜一八二七） イギリスの詩人・画家。豊かな幻想性でロマン派詩人の先駆とされる

＊20 Simonides of Ceos（前五五六？〜四六八？） 古代ギリシアの抒情詩人。ケオス島生まれ。情報を場所と対応させて覚える記憶術を発明したと信じられている

＊21 Solomon V. Shereshevskii（一八八六〜一九五八） ロシアのジャーナリスト。五重の共感覚をもっていたと言われ、長い演説もメモをとらずに記憶することができた

＊22 Giulio Camillo（一四八〇？〜一五四四） イタリアの哲学者。彼がベネツィアとパリに建てた「記憶劇場」はシモニデスの系譜をひく〈場所〉記憶法に基づくものであった

＊23 Martin Pawley（一九三八〜二〇〇八） イギリスの建築家・建築評論家。Time House は一九六七年のプロジェクト。円形プランの建物で、カメラをとりつけた梁状のアームが中央の柱を軸に回転し、屋内の生活を記録する

＊24 Tommaso Campanella（一五六八〜一六三九） ルネサンス期のイタリアの哲学者。その著書『太陽の都』の中に共産的理想にもとづくユートピアを描いた

＊25 Johnny Kaw カンザス州立大学の園芸学部教授らによって一九五五年に創作された架空の開拓者。市内の公園に立つ高さ九メートルの像は一九六九年の制作

＊26 dashiki 派手な配色のゆったりした半袖シャツ。起源は西アフリカの民族衣装。一九六〇年代、黒人運動の高まりとともに米国で普及した

＊27 Vladimir Nabokov（一八九九〜一九七七） ロシア生まれの米国の作家。貴族の家に生まれ、革命後に亡命。『ロリータ』によって世界的名声を得る

＊28 第三五代米国大統領ケネディ（John F. Kennedy, 一九一七〜一九六三）の暗殺現場に飾られている花束を指す

＊29 Isleta Reservation ニューメキシコ州南部、リオグランデ川流域に位置するティワ族の集落。イスレタはスペイン語で「小さな島」を意味する

3 現在を生きる　Alive Now

環境を考えるには、歴史保存の問題から説き起こすのがふつうになっている。誰もが、環境についての重要な議論は、過去の保存と未来の制御に関係していると考えているにちがいない。しかし、それは間違っている。私たちは、現在という時間の中にある過去のシグナルを保存し、自分たちの未来のイメージを満足させるために現在をコントロールしている。私たちが抱いている過去と未来のイメージは、絶えず手直しを加えられて変化しつづけている現在のイメージにほかならない。私たちの時間の意識の中枢をなしているのは〈いま〉の意識である。空間的環境は、現在の時間イメージを強化し、それを人間的なものにすることができる。すでに私は、この機能が空間的環境の最も重要な役割であることと、それでいながら最も軽んじられている役割のひとつであることを指摘した。ある意味では、過去の問題から議論を出発させたのは適切でなかった。議論を振り出しに戻さなければならない。

私たちの周囲には、時間の経緯を知らせる二種類の形跡がある。ひとつは周期的に循環する反復で、心臓の鼓動、呼吸、睡眠と覚醒、空腹、太陽と月のサイクル、季節、波、潮の干満、時計などがそれである。他のひとつは、一方向に進行する不可逆的変化――すなわち成長と衰退にみられるような循環することのない変化である。人間は、後者の現象も極端に長い周期をもつ反復の一種であると考えるために、いくつかの魔術的な試みを行ってきた。彼らは、変化もまた循環的であると仮定し、不可逆的時間はひとつのものの中から他のものが生まれ出るような、不滅で対比的な反復の連鎖であると想像した。この魔術は、衰退や滅亡が単なる外観上の現象で、その向こうには復活が待っているという意識をつくり出し、人びとの心をなごませる役割を果たしている。けれども、現実には私たちの愛するものは二度と私たちのもとに戻ってこない。私たちはいろいろな希望を抱くが、結局はものごとが変化してしまうことを知っている。

私たちは、内部の時間と外部の時間が異なるものであることに気づいている。たくさんの人びとの行動を同調させるのに利用される社会的な時間は、肉体の内部のリズムとは調和しないかもしれない。科学と効率のための厳密で抽象的な時間は、明らかに内的体験から遠く隔たっている。循環するものと流れ去っていくものの間や、主観的時間と〈客観的〉時間の間に挟まれた人間は、そのどちらかを排除しようとするかもしれない。彼らは、厳密で詳細な生活スケジュールを立てようとするかもしれない。あるいは、これみよがしに常軌を逸した時間を過ごしたり、意図的に無秩序な生活に耽ったり、ぼんやりと日を送ったりして、自分自身を客観的時間から隔離しようとするかもしれない。彼らは、気晴らしをして時間を忘れ、時間を〈抹殺〉しようとする。

「囚人に死刑が宣告されると、彼の独房のまわりの時計はすべて止められる。それは、あたかも時計の除去によって時間の流れを遮断しようとするかのようだ。また、囚人を時計のない海岸に島流しにしようとするかのようでもある。そこでは、一刻一刻が白波のように岸の近くで湧き上がり波打つが、けっして岸にとどくことがない。しかし……死刑囚の独房の中には、カッコウ時計と大時計と目覚し時計が同時に時を告げるかのように時間が流れ込んでくる……」［文献54］。

人間は、遠い過去や未来への関心に程度の差はあっても、常に時間調整の作業にたずさわってきた。人びとは必然的に、時間を割り当てるという実務的問題に心を奪われている。そこでは、共同のアクティビティを時間的に同調させることが問題の中心になっている。だが、それ以上に人びとは内部と外部の時間知覚を調和させ、生命の充実を感じとり、死の不安をしずめることに心を砕いている。環境は、このような目的の実現を支えるものにならなければならない。環境は、私たちに実在の時間——つまり個人的な時間を告げてくれる時計である。

時間の告知

〈先進〉諸国ではたいていの大人が時計を持ち歩いている。私たちは時計をあてにし、時計は私たちの生活を落ち着きのないものにしている。私たちは自分の内部の信号を抑圧して、時計の指示に従って食事をとり、睡眠をとり、労働をする。〈時間〉やスケジュールが変化すると、それに順応するために飛躍しなければならない。スケジュールに従って運行されている社会では、客観的時間がきわめて重要な情報なので、街頭で時刻を尋ねられるのは珍しいことではない。私たちは、自分の心の中にある客観的時間の感覚を、外部の手がかりによって絶えず確かめている。もし、内部の時間と外部の手がかりが互いに矛盾するようなときには、私たちはひどく狼狽するかもしれない。時間が狂っているのだろうか、それとも自分が病気なのだろうか――そう自問するだろう。現代都市での人びとの行程は、消費した時間によって評価される。そこには、妥当であると考えられている時間よりどれだけ遅く、あるいは早く行程が終了したかという計算がついて回る。都市は、私たちが時間を消費しながら自分の道を切り開いていく際に、その媒体の役割を果たす。私たちは時間を〈浪費〉したり〈獲得〉したりする。だから、時計の携行を拒否することや、規格にはまったスケジュールに縛られるのを拒絶することは、因襲的社会からの独立を宣言するひとつの方法である。

　時間を告げることは純然たる技術上の問題にすぎない。しかし不幸なことに、どちらかといえば時計はあいまいな知覚装置に属している。一三世紀に時計が広く用いられるようになったのは、鐘を鳴らして牧師に祈禱の時間を知らせるためだった。時間を空間的変化として視覚化する時計の文字盤は、もっとあとになって登場した。文字盤の形態を支配しているのは、時計の機械仕掛けであって知覚の原理ではない。二重に（ときには三重に）重なった針のサイクルは、文字盤に刻まれた目盛りと針の位置関係によって二通りの読み方ができる。けれども、分、時間、半日などは、どれも私たちの肉体や太陽がもっている自然のサイクルとは対応していない。したがって、子供に時計の読み方を教えても、なかなか理解することができない。時計がどうして二本の手をもっているのかと尋ねられたとき、四歳の子供は「神さまが、それがいいって思ったからだよ」と答えたという［文献17］。

　別の例を考えてみよう。交通信号も時間を測定する働きをもっているが、それは視覚的な突然の出来事と特徴のない待ち時間から構成されている。人びとは不意の転換を緊張しながら待っている。交通信号以外でも、一般に用いられている外部時間の信号は人間の知覚には不向きなものが多い。ベルやブザーは、ちょうど鐘が修道院の生活を秩序

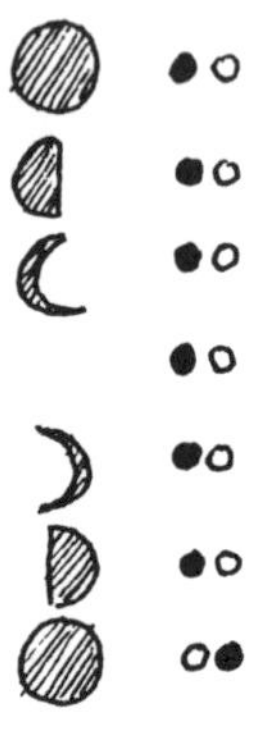

だてていたように、学校、工場、刑務所などのスケジュールを規則だてるために利用されている。これらの聴覚的信号はだしぬけで押しつけがましい。それらは、受信者にひとつ事前の警告を与えてくれないが、受信者は合図を聞きもらさないように注意していなければならない。これに対して、午砲、正午のサイレン、いりあいの鐘など折々の出来事は、それを合図にしてすぐに行動を開始しなければならないというのでなければ、私たちに共通の時間を思い起こさせる心地よい響きになる。また、ふとした物音が時間を告げてくれることも多い。大きくなったり小さくなったりする交通騒音、夜明けとともにさえずり始める小鳥の声、定時列車の通過音などがそれである。子供のころに丘の上から眺めた昼食時の町の情景を覚えている人もいるだろう。ドアがばたんと閉じられ、すべての音がとだえると、町全体が昼食のために〈着席〉したかのように静まりかえったものである。

ときどき、私たちは正確な時間を知りたいと思うことがある。デジタル時計は正確な時間を示してくれるが、時間の構造や時間の運行の感覚をほとんど与えてくれない。グリニッジ天文台の時報球は、デジタル時計よりもすぐれた方法である。そこでは、川に浮かぶ船に正確な観測時間を知らせるために、塔の上にある球体がゆっくり上昇し、正午になると落下する。

多くの場合、私たちは押しつけがましさのない環境的信号を望んでいる。そのような信号は、しだいに転換の時期が近づいたことを知らせる警告を前触れにして、一日のうちの重要な時間（正午、終了時刻など）に一定の外観を示し、さらにゆっくりとした段階的な背景変化によって、時間のおおまかな推移を表現する。だんだん少なくなっていく砂時計の砂は、短い時間しか測定できないという欠点をもっているが、生き生きした知覚装置になっている。太陽は条件にぴったりである。特に日の出と日の入りは理想的信号である。しかしながら、大多数の都市生活者にとって、太陽の方位角や高度を知るのは実質的に不可能なことが多い。日時計は太陽の位置のあいまいさを明瞭にすることができる。大規模な日時計には、劇的効果を期待することもできる。月は、その姿を夜ごとに変化させるので、太陽よりもいっそう生き生きしている。けれども、そのサイクルは私たちの生活とあまり深い関係をもっていない。また、月の位置から時間を知るためには、熟練した観察が必要とされる。

図23／グリニッジ王立天文台の時報球――下の川を航行している船に正確な時間を知らせるために，はじめポールに沿ってゆっくり上昇し，正午になると落下する。左手前の屋根は経度0度のグリニッジ経線を示している

私たちが望んでいる時間信号は、社会的時間を同調させるのに必要な情報を与えてくれると同時に、自然のサイクルと私たちの内的な時間感覚に調和し、私たちのものの感じ方にはっきりと適合するような信号であろう。そのような意味では、五分ごとに進む時計を考えてみるとおもしろい。実際の時間経過よりも早く進む時計を利用したり、私たちの注意力と努力の平均的な持続時間に対して、現在の時間単位よりも適合性のすぐれた新しい時間単位を採用してみてもよい。動機はまったく異なっているが、一九世紀の工場経営者の中には、昼休みの間だけ速く進む時計を使用する者がいたという。私たちは、もっとほかにも時間信号を考案することができるだろう。たとえば、線状の目盛りにそって動く針、ゆっくり方向を変えていって、一定の時間になると特定の形を示す物体、太陽のように移動する光などが考えられる。私たちは、中世末期の大がかりな公共時計の途方もない機械仕掛けの楽しさに、いまでも大きな魅力を感じている。日本の寺院で使われた匂いろうそくは、一定時間ごとに異なった香りをただよわせる。客観的時間を明快な信号として示すことが時代の要求であるとすれば、その信号を私たちのリズムと知覚様式に適合させる

ことは、もっと普遍的な人間の要求である。

屋内環境で生活する時間が長くなるにつれて、私たちは、月日や季節の移り変わりについて多くの自然の手がかりを喪失している。オフィスビル、工場、長い廊下、地下鉄などは、洞窟や深海と同じように時間の失われた環境になっている。そこでは、光も気候も情景もすべて変化することがない。私たちのリズムを維持してくれるような外部の揺れ動きがないと、私たちの時間割は変調をきたしてしまうかもしれない。屋内環境から足を踏み出すとき、私たちは突然の暑さや暗さに出会って衝撃を受ける。技術の進歩が私たちを自然の手がかりから引き離すにつれて、私たちは、巧妙な仮想現象を必要とするようになるかもしれない。しかし、カーテンで飾られたイミテーションの窓をつくって、その向こう側に風景を描き、単調な黄色い照明をあててみても、いっそう気をめいらせるだけである。それに比べれば、ラジオやテレビで外界の様子を放送するほうがましである。一日のサイクルに合わせて変化する光、熱、音、画面などは、時間のサインとして許容できるかもしれない。それらが廊下やロビーで時間を告げる働きをすれば、そこは人工世界の中の〈外界〉になるだろう。正常なリズムとの隔離が長期間にわたる場合には、こうした人工的環境のサイクルや速度を変化させることによって、時間を修正しようという試みがなされるかもしれない。

時間の手がかりを自然の中にみつけて、それを増幅したり、補足したりすることができれば、いっそう直接的で満足のいく結果が得られるだろう。それには、太陽光線を捉えて、太陽の運行につれて性格を変える壁面や、季節とともに姿を変える植物が考えられる。屋外の光や熱によって、自然の変化を補足したり、自然の変化との対比を生み出すこともできる。凍るように寒い日の温水プール、日没を強調する赤い照明、夜の深まりとともに薄暗くなっていく街灯（あるいは月の満ち欠けに応じて変化する街灯）などが、その例として考えられる。都市公園や都市庭園は、その植物と地面が季節の移り変わりを伝えてくれるという点でも、大きな価値をもっている。そこでは、木の葉がさらさらと音をたて、雪のマントが音を包み込む。しかし、自然の手がかりは私たちを裏切ることも多い。太陽は、しばしば灰色の雲に隠されてしまう。イギリスの春の訪れは、劇的な季節変化に慣れた人の目には、〈ゆっくり〉しすぎているように感じられるかもしれない。それに、私たちに与えられている手がかりは自然のものだけではない。大都市には、音、光、目に見えるアクティビティなどのリズムがある。それは、経験を積んだ観察者には、太陽と同じように生き生きと時間と季節を伝えてくれる。これらの手がかりを増幅したり、その感度を高めたりすることもできる。

一日や一年の時間を読みとることは、私たちが必要としている情報の一部にすぎない。私たちは、自分のアクティビティを他の人びとのアクティビティと時間的に同調させたいと望んでいる。客観的時間はそのためのひとつの手段である。いま店が開いているだろうか、人に会うまでにどれくらいの時間があるだろうか、いつ列車が出るだろうか——私たちはこれらの情報を求めている。私たちは、印刷された時刻表や予定を書き込んだ手帳を利用し、それと時計を見比べて行動する。けれども、視覚的な手がかりがあれば、私たちはいっそう心強く感じるだろう。ほんとうに、列車はいま駅に停車しているだろうか。人びとは劇場の前で開演を待っているだろうか。彼の自動車は外に出ているだろうか。バスの姿が見えてきただろうか。こうした具体的な手がかりは私たちに安心感を与えてくれる。満足すべき公共的環境は、一日のおおよその時間を人間味のある生き生きした方法で示し、必要に応じて正確な時間を知らせてくれるだろう。そればかりでなく、この環境は、公共的に利用されるアクティビティがいつ行われるかについても指摘してくれるだろう。私たちは、そこから店舗やレストランの営業時間、列車や観客の有無、ラッシュアワーの状態などについて情報を得ることができる。

私たちは、現在の時間もさることながら、それ以上にこれから起こる出来事の時間を知りたいと思っている。たとえば、このレストランはいつ閉店になるのか、列車はすぐに到着するのだろうか、私が着くころには駐車場が満車になっているのではないだろうか、パレードはいつ始まるのだろうかといったことである。経験豊かな都市観察者は、このような情報を引き出すために、かすかな手がかりを利用したり、長い経験に頼ったり、簡潔な表示やアナウンスに注意したりする。こうした情報を得るには時間がかかり、いく度も確認しなおさなければならないので、私たちは神経を集中させて待つことや、繰り返し質問することに慣れている。これらの事実をはっきりと、遠くからもわかるように表示してくれる環境は、それだけ快適なものになるだろう。バス停留所に、バス到着までの時間を告げる標示を備えることはできないだろうか。また、ハイウェイの標識がその日の混雑時間を予告することはできないだろうか。

さまざまな立場にいる異なった観察者は、時間の情報について、それぞれ異なった要求を抱いている。彼らの要求の中には、緊急を要するものも特に重要でないものもある。旅行者やよそ者は、他の人びとには自明であるような時間情報を切実に必要としている。私たちは、いろいろな人びとが必要としている場所の情報について研究に着手している。それと同じように、私たちは、人びとが都市の出来事に関して知りたいと望んでいる時間情報と、日常生活の中で人びとが時間の知覚を利用している方法についても学ばなければならない。

私たちは、都市について公共的な時間（および空間）モデルを作成すべきかもしれない。この都市モデルは、人間、活動、施設などの空間的立地に加えて、長期的変化（たとえば過去、現在、近い未来にわたっての人口や住宅ストックの変遷）と、短期的変動（出来事の時間や情報・交通システムにかかっている負荷）の両者を組み込んだモデルになるだろう。こうした時間的かつ空間的な情報の蓄積は、変化を表示する地図と模型、スライド、映画、コンピュータ・グラフィックス、分類されたデータ表などを用いることによって、さまざまな要求に応じることができるだろう。それは、観光客、民間研究者、公共機関、住宅を探している人、業務用地を探している人、仕事を探している人、娯楽を求めている人、医療施設を探している人、社会的なサービスを求めている人などはもとより、学童にも利用されるだろう。都市で〈何が起こっているか〉を表示するこのような情報板は、その気になれば、それを詳細に調べることも、関心のある点を掘り下げて調べることもできる。私がここで提案しているのは、平和目的のために利用される公共的作戦室の構想である。これは、[*1]パトリック・ゲデスの提唱した古い理念に現代的形態を与えたものである。この提案の小規模な実験は、すでにボストンで試みられて大きな成功をおさめている。

時間の配分

最近になるまで、環境デザインの対象は、建物、道路、敷地など、耐久性をもった物理的な人工物に限られていた。しかし、そういった人工物の間で繰り広げられている人間の活動も、場所の質にとっては人工物に劣らず——あるいばそれ以上に大きな重要性をもっている[文献24]。最近の環境デザインでは、このような点が配慮されて、領域が物理的デザインから空間的デザインへ拡大され、空間における行動と事物の形態を計画することにも目が向けられるようになった。だが、環境デザインが行動を扱うものであるのならば、それは空間のパターンだけでなく、時間のパターンをも考慮するものでなければならない。望ましい環境デザインは、事物の変化する形態と人間活動の一定したパターンを、空間と時間の両面から取り扱うものになるだろう。アクティビティは、相対的に変化の少ない空間的容器の中で不可逆的サイクルを描きながら推移していく。したがって、空間の用途をひとつのタイプの行動に限定してしまわないかぎり、空間的容器の形態が〈機能に従う〉ことはありえない。そして、ひとつの用途に対してひとつの空間を割り当てることは（今日ではその傾向が拡大しつつあるように思われるが）、結果的に効率の低下を招き、その空間を社会的に孤立させてしまうことが多い。ある場所の機能とスタイルをすぐれたものにするためには、行動と物理的介入の時間を定めることが、その立地を決定することに劣らぬ重要性をもっている。

一般的にいって、現状では時間の決定はきわめて不用意な扱いを受けている。計画と提案は、交通路線のピーク交通量への言及を除けば、望ましい時間や予期される時間についてほとんど触れることがない。アクティビティの時間は習慣によって固定されている。原則からすれば、アクティビティの時間を定める方が、立地を定めるよりも操作が自由なはずである。けれども実際には、時間の決定の方が、合理的コントロールを拒む傾向がはるかに強い。個人としての人間は、大衆操作に拘束されることはしだいに少なくなってきたが、依然として既成の強固な時間パターンに縛られている。いまでも私たちは、食事の時間、仕事の時間、通勤通学の時間、遊びの時間、睡眠の時間など、古くからの時間の網の目の中から脱出できないでいる。過剰と不足の問題が起こるのは、多くの人が同じものを欲するからだけでなく、多くの人が同時に同じものを欲するからである。

私たちがなんらかの選択をしようとすると、必ず時間の配分が問題になってくる。今日では、多くの人びとが余暇を手にすることができるようになっている。時間の習慣も大衆化して、絶対的なものではなくなってきた。時間はいっそう貴重なものになり、それと同時に、時間の再配分の機会も多くなってきた。私たちは、時間の選択と分配の技術を学ばなければならない。

はっきりしているのは、環境デザインには時間に対する最低限の配慮が必要不可欠だということである。それによって、空間的な施設の適切な規模と立地を決定することが可能になるだろう。また環境デザインには、アクティビティの流れを表示し、それを定量化するための方法が組み込まれていなければならない。このような方法を備えた環境デザインは、計画された環境を時間―空間的な全体像として認識し、判断することができるだろう。

ときに私たちは、計画的提案の一環として、出来事の時間をコントロールし、それに影響を与えようとするだろう。こうした操作を行う際には、ひとつづきの行動の流れ――あるいはひとまとまりの行動の起点と終点が重要になる。ひとつづきの行動の例としては、睡眠、会食、ゲーム、食料雑貨の買い物などが挙げられる。私たちは、すぐれた時間パターンをつくるための指針を求めている。

時間コントロールの最も身近な例は、建設工程のスケジュール作成にみることができる。そこでは、障害を取り除き、補足しあう作業を時間的に同調させ、資材と労働力を有効に利用し、工程全体の流れを維持することが目標になっている。また私たちは、乏しい空間の利用についてスケジュールを組んだり、公共サービスの時間を調整したりすることによっても、時間の決定にたずさわっている。前者の例としてはコンサートホールの利用があり、後者の例としては輸送機関の運転計画がある。そして二次的な結果として、私たちは、他の多くのアクティビティの時間にも影響を与えている。それは、ピュリタン的厳法や閉店時間の統制のように、一定の行動に対して時間的制約を加えるものであるかもしれない。あるいは私たちは、客の少ない時間の料金を割引きしたり、その時間帯に魅力のある目玉商品を用意したり、時差利用を強制したりして、アクティビティを時間的に分散させようとするかもしれない。さらに一方で、十分な需要をつくり出すために、特定のアクティビティを一定の時間に集中させようとするかもしれない。定期的に開かれる市はその例である。祭日、集会、祝典などの特別な行事に、とっておきの時間を割り当てるかもしれない。公共組織や公共団体が、時間外のサービスやアクティビティを導入することも考えられる。そうして、新しい時間パターンをつくり出すための先導的役割を果たすかもしれない。

時間の決定への介入や、それに対する配慮には、いくつかのよく知られた主題がある。私たちは、負荷を容量に合わせようとするかもしれない。補足しあうアクティビティを時間的に一致させ、矛盾するアクティビティを分離しようとするかもしれない。そのために私たちは、夜間トラックの積載量を制限している。私たちは、行動を適切な順序に配列して、先例の不足による頓挫を避けようとするかもしれない。多くのスケジュール作成では、この点が骨子になる。また私たちは、それぞれのアクティビティに十分な時間を割り当て、それぞれのアクティビティに目的に合った時間を割り当て、一群のアクティビティの時間の総計が割り当てられた時間（たとえば一日の周期や妥当な建設期間）を超過しないように配慮するかもしれない。それには、時間に対する相互に矛盾する要求について、その軋轢を調整することが必要になるだろう。

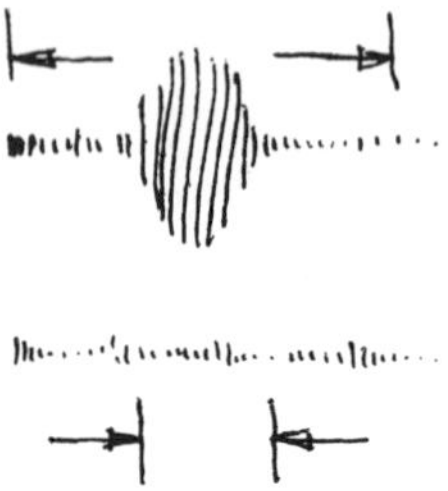

もちろん、アクティビティの同調、負荷の調整、時間の配分などの主題には、それに対応する空間的パターンの操作主題が存在している。けれども、いまはそれほど身近に感じられていない主題の中にも、同じくらい重要なものがあるかもしれない。肉体に固有のリズム（睡眠、排泄、食事、注意力、気分）についてもっと多くのことを知ることができれば、肉体のリズムとよりよく調和する時間配分をつくり上げるために、時間を整理しなおす必要が生じるかもしれない。そこでは、仕事の時間、勉強の時間、休息の時間、食事の用意、旅行の仕方、その他の多くのアクティビティなどが、肉体のリズムを支えるようにデザインされ、時間決定されなければならない。最終的に私たちは、時間や週のような人為的な時間分割を調整しなおすべきだという結論に達するかもしれない。このような時間再配分の可能性の多くは、緊急のものではなく、未来において問題になるものだろう。私たちは、未来には問題の解決に必要な

いっそう確実な知識を手にすることができると考えている。しかし、いくつかの機能については、現在の時点ですでに時間的修正を加えるべき機会が熟している。たとえば、食事の時間、学校の授業、会社や工場における交替勤務制などが思い浮かぶ。多くの場合、時間的修正は、それによってトイレの配置が変わるように、空間的影響をもたらすだろう。

私たちは、時間を調整して肉体的リズムに適合させる以外にも、時間の決定に介入することによって、選択の機会と多様性を拡大することができる。そうなれば、人びとはそれぞれの体質や境遇に従って、自分に適するように時間を編成することができる。日常生活に必要な基本的サービスと施設は、空間的にばかりでなく、時間的にももっと利用しやすくすることができるだろう。アクティビティの時間的配置に対する制約も、ずっと少なくすることができるだろう。商店の日曜休業や酒場の午後閉店を強制する必要はない。歴史に根ざした時間のパターンが盲腸のように残存している。習慣の足かせを取り払い、強固にからみあった行動の抑圧を軽減するために、さまざまな試みが可能である。いまでも多くの学校では、すべての生徒に同じ教材、同じ速度、同じ時間割で学習させようとしている。だが、いくつかの学校では、この絶対主義が根拠のないものであることを実地に証明している。オフィス業務の中にも、いままでの勤務時間の枠に拘束されない仕事が増えている。やがて、時間に制約されることの少ない企業では、個々の労働者は自分の希望する時間に働けるようになるだろう。そのときには、芸術家や自営職人だけに与えられていた満足のひとつが、大企業でも実現されることになる。

さらに、場所や一日の生活のシークエンスを強調するために、アクティビティの時間を操作することが考えられる。夏期キャンプの一日は体操で始まり歌声で終わる。この意味で、場所や一日の生活に望まれるものは、知覚することのできる出来事のリズムであり、鮮明なピークと静かな一刻であり、あるときには共時性をもち、あるときには自由で気楽な行動である。このような考え方は、一風変わった興味深いものだが、それと同時に多少の危険性をもっている。シークエンスの可能性は、これからの議論の主題になっていくが、その取り扱いは注意深く行わなければならない。私たちは、重要な経済機能や社会機能にとって時間の指定が欠かせないものである場合や、十分な選択の余地が残されている場合を除いて、人びとの生活時間を直接に拘束する指図には警戒を怠ってはならない。強制的な時間の押しつけは、戒厳令下の夜間外出禁止にみられるように、圧制手法のひとつになっている。

行動の時間を定めることは、常に集団や個人のスタイルを強力に表現することだった。世の中には、朝型の人もいれば夜型の人もいる。たっぷり時間をかけて社交的な晩餐をとる人もいれば、空腹になりしだい一人で食事をとる人もいる。ある人びとはいつも気楽に行動していて、必要のあるときだけ他人の時間との同調をはかる。また、別の人びとはがっちりとスケジュールに縛られていて、その時間どおりにものごとが運ばないのに苛立っている。私たちは、人びとがどのように時間を組織しているかという実情だけでなく、人びとがどのように時間を組織したいと望んでいるのかということや、人びとが未経験の新しい時間組織にどのように対応するのかということも考えなければならない。いくつかの学校では柔軟なスケジュールの実験が行われている。このスケジュールのもとでは、生徒たちは昔ながらの時間割から解放されて、勉強そのものの要求に従って勉強するように配慮されている。人びとには、それぞれ自分自身の時間秩序をつくり出すために、その機会と知識が与えられなければならない。自分の肉体の時間的構造を学びとり、その構造に調和した行動の時間的配分を見出すことを、人びとに奨励すべきである。

時間の選択範囲を拡大するのは大切なことだが、それだけで十分とはいえない。すぐれたパターンとは、安定性のある首尾一貫したパターンであり、他の人と共有することができ、外部のリズムや要求に適合するだけでなく、人びとの内部の構造にも適合するパターンである。それは偶然の産物ではない。時間のパターンは、大きなスケールの社会的同調の枠をはみ出すことはできないだろう。そして、その枠内で、考え方と境遇の似通った小さなグループの試行と体験の中から時間パターンが生み出されてくれば、それが最も望ましい。行動の時間決定を優雅で巧妙なものにするための才能は、天賦のものであると同時に生活の中で学びとることができるものである。私たちは、選択の余地を広げるだけでなく、いくつかの可能性を示すこともできる。

時間の梱包

私たちは、ちょうど願望、思い出、夢などの中でのように、外部の時間が主観的時間と歩調を合わせて進行する世界を思い描くことができる。そこでは、出来事を意のままに加速し、また減速することができる。その世界では、快楽の瞬間は引き伸ばされ、苦痛はすみやかに過ぎ去り、眠っている時間を短く、起きている時間を長くすることができる。しかし、社会的時間の同調はそれによって崩壊するだろう。人びとは、時間の手がかりを奪い去られることになるだろう。人びとには、自己の内部の感情を反映する手がかりだけが残される。個人的世界は、破局に向かって突き進むか、さもなければ停滞に向かって衰微する。洞窟や南極に隔離された人間の行動についての研究から、外部の時間をもたない環境が、不安定、歪曲、不和などの原因になることが明らかになっている。私たちの楽しい空想は一転して悪夢になってしまう。夢想にふけっているとき、私たちは時間を思いのままに操作している。けれども、外部の社会には絶えず注意を怠ってはならないし、そこに安定した時間構造がなければならない。それに、私たちの社会は高度にプログラム化された社会である。私たちの周囲には、いたるところに時計があり、ときには最低速度が指定されている。

時間の構造にはいくつかの次元が考えられる。

(a) 粒子——分割された時間の大きさと精度。
(b) 周期——出来事が循環を繰り返す時間の長さ。
(c) 振幅——ひとつのサイクルの中での変化の度合い。
(d) 速度——変化の起こる速さ。
(e) 共時性——サイクルや変化が位相を一致させる度合い、またはその起点と終点を一致させる度合い。
(f) 規則性——前述の各次元の安定度を示す度合い。
(g) 方向性（主体が人間である場合や主観性の強い場合）——注意の方向が過去、現在、未来のどちらを、どの程度に志向しているかを示す度合い。

私たちは、これらの次元が互いに厳密に結びついていると考えることが多い。粒子が細かく、周期が短く、振幅が大きく、速度が速く、共時性に富み、規則的で、近い未来を志向しているような時間構造——私たちは、そのような時間構造を〈自然〉な（そしてたぶん不快ではあるが必然的な）ものとして意識している。しかし、時間には他の構造も可能である。もしかすると、その方が長所をもっているかもしれない。たとえば、おおざっぱでも、共時性のすぐれた時間の枠組が有効かもしれない。時間構造の多様性を増すことによって、人びとの要求とさまざまな行動の要求を満足させることができるのではないだろうか。

地球や身体の本性と強固に結びついている二四時間のサイクルを変更するのと同じように、速度の操作は、時間構造の変化のうちで最も困難なものであると思われる。ある場所や集団のもっている変化の速度が、常に周囲よりも遅かったり、速かったりするときは、その場所や集団は周囲から孤立するか、周囲に押しつぶされるかするだろう。いまのところ、私たちにひとつの社会全体の変化速度を一貫して操作する能力があるかどうか、きわめて疑わしい。また、いまの私たちには、多くの速度の中から最適な速度を見出すだけの能力もない。変化を減速された地区も、限られた期間ならば生き残ることができるかもしれない。そこは、世間一般の変化の速度に順応できない人びとにとって、適当な避難場所になるかもしれない。ある種の宗教的共同体、古い住宅地、〈後進地域〉などは、こうした特性をもっている。もし、そのメンバーが自発的な人びとで、そこにいつでも周囲に追いつける仕組が備わっていれば、変化の減速された地区は貴重な存在になる。だが、実際にはそうでないことが多い。

ひとつの可能性として、ある地区の変化を系統的に遅らせることが考えられるかもしれない。そこでは、通常の変化は周囲の社会と同じ速度で進行するが、いくつかの変化を受け入れるかどうかについては、一定の猶予期間をおいてから検討が行われる。自動車の採用を二〇年間遅らせて、経験から得られた修正を加えて導入していれば、それはかなり深謀遠慮だったということができる。変化を相対的に遅らせることによって、緩やかな変化が実現されるだろう。それによって、望ましくないことが判明した変化を回避することが可能になるのは明らかな長所である。変化の速さは、情報の伝達を減速することによっても遅くすることができる。それには、日刊新聞を週刊新聞にする方法や、電話を郵便にする方法が考えられる。

逆の可能性としては、未来志向の地区が考えられる。そこでは、予測される変化をそれが一般に広まる前に実験し、新しい品物や新しい行動を試してみて、見込みのないものを切り捨てながら変化を促進していく。同じようにして、情報の循環を加速することもできる。ファッションの世界や中心都市の上流階級には、このような傾向が見られる。

変化を減速したり、加速したりする状態は、ともに人為的なもので、その状態を維持するにはそれなりの犠牲を払わなければならない。また、それを完全に徹底することは不可能である。変化を減速している地区でも、新しく開発されたガン予防薬を締め出すことは難しい。ただ、理屈のうえでは、そこの住民が自発的参加者であって、速度の変化による犠牲を進んで引き受けるのならば、変化の速度を変える操作は歓迎すべきものである。

気質的に現在を志向する人びとのために、特別な環境を考えることもできる。そこは、単刀直入な決定、豊富な祭日と行事、流動性、短い準備と迅速な結末、すみやかに要求をかなえてくれる機会、ハプニングと自然発生的な集会、時間構造の逆転、短期的な契約と協力、偶然の出会いと好機、流動的な社会パターンなどによって特徴づけられる小世界になるだろう。その世界では、思い出が集められたり記憶されたりすることは少ない。自由で不規則なグループの時間が、思いがけない喜びを与えてくれるだろう。密接ではあるが一時的にしかつづかない人間関係にも、それなりの長所がある。偶然に出会った初対面の相手が身の上話をするかもしれない。そこでは、長い交際をしなくても信頼と親交を手に入れることができる。

このような傾向は、休日の行楽地、〈クラッシュパッド〉[2]、〈インスタントコミュニティ〉[3]などにみることができる。それは、実存的行為が繰り広げられている場所にみられる特徴である。しかし、一時的なものでないかぎり、そこには新しい安定したパターンへの移行が伴うにちがいない。また、心理的な現在を引き伸ばし、それを過去と未来に結びつけようとする動きも生じてくるだろう。こうした特色は、今日の若者たちの実験的な生活スタイルの中に顕著に認められる。ドロップアウト[4]は、厳格な都市の時間パターンからの脱出であり、ターンオン[5]は、（架空の）永遠性の探求と現在のリズムへの没入である。

周期やサイクルを変更する実験を行うこともできるだろう。生物学的理由と気候的理由で、私たちは、一日のリズムと一年のリズムからは逃れられそうにない。だが、そのリズムの枠内でも、調和を損わない範囲でならば、サイクルを加速したり、減速したりすることができる。覚醒と注意力には、九〇分周期の自然のリズムがあることが、いくつかの証拠から明らかにされている[文献17]。一日のリズムや一年のリズムに比べると、週のリズムは完全に人為的なものである。それは歴史的ではあるが、いまでは不適切になってしまった宗教的根拠と経済的根拠を基礎にしている。私たち以外の文化の中では、まったく異なるスケジュールが使用されている。ローマ人は、[*6]イデュスとノナエからさかのぼって日を数えた。したがって、時間はイデュスとノナエに向かって流れているように感じられていた。このような考え方は、私たちの時間体系よりも大きな可能性を含んでいる。また、重要な時間に鮮明に焦点を合わせることができる。ザンビアの[*7]ルバール族は、一日ごとに移動する一一日間の周期を用いている。そこでは、今日を中心にして過去の四日間と未来の六日間がひとつの周期を構成している。

現実には、週のリズムに同調しているアクティビティがたくさんあるので、それを修正するのは困難だろう。けれども、ある人びとにとっては、もっと別の労働と休息のサイクル（あるいは無サイクル）の方が適しているのではないかと考えてみるのも興味深い。いまや、アメリカ合衆国では週休三日制も出現している。麻薬常用者更生の実験的グループであるシナノン・コミュニティでは、時間の組織化をはかる実験が行われている。そのひとつに、グループを二分して、半分が一日に一四時間の集中労働をするという実験がある。残りの半分は自由に考えたり、空想にふけったりすることができる。この割り当ては一定の周期で逆転することになっている。習慣的な時間よりも長い時間（あるいは短い時間）を集中的に学習や生産にあてれば、すぐれた効率を得られるかもしれない。もっとも、急激なスケジュール変化によって、肉体にストレスが加わるかもしれない。規則性には生物学的根拠があるのかもしれない。

時間を梱包するとき、いくつかの行動分野では綿密にそれを行う必要があるかもしれないが、多くの場合はおおざっぱであいまいでかまわない。一日を二四等分する時間だけが時間であると考えられるようになったのは、むしろ最近のことである。私たちは、精密に分割された時計の時間に従う態度をとっている。だが実際には、後めたさを感じながらも、必要に応じておおざっぱな時間単位を用いていることが多い。異なった活動は、それぞれに異なった周期で組織されている。それぞれ異なった周期の中では、時間もそれぞれに異なった価値をもち、時間の構成のされ方も異なっている。団体競技を例にとると、ホッケーの二〇分間のピリオド、フットボールの一五分間のクォーター、バスケットボールの一二分間のピリオド、野球の無制限なイニングなど、さまざまな周期がある。それぞれのゲームによって、試合全体のペース、その中のサイクル、活動の激しさが異なっている。梱包された時間の境界には、中立地帯——ちょっとした時間のボーナスが必ず用意されている。そこでは時間が〈むだ〉なく、ぜいたくに使われる。あいまいな時間が、綿密かつ明瞭に区分された特別な一刻によって、くっきりと浮きぼりにされている。

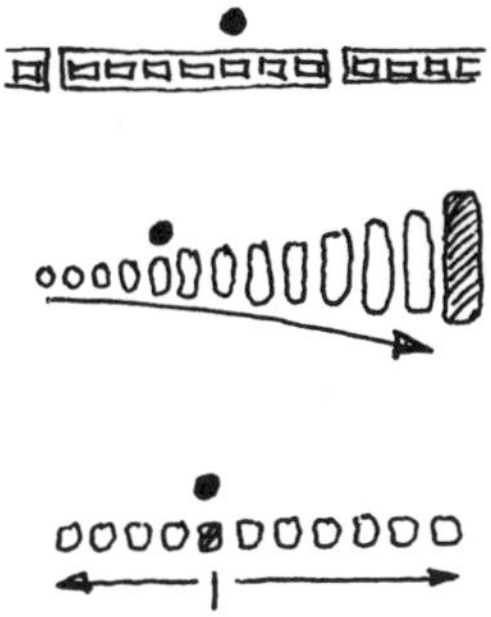

　現代社会に広く見受けられるストレスに共時性の問題がある。私たちの多くは、心から楽しんで共同作業をしているとき以外は、自分の時間を他人の時間と同調させることに心理的圧迫を感じている。モーリス・オサリバン[*8]は、アイルランドの海岸地方で過ごした少年時代の思い出の中で、ダブリンへの最初の旅行の際に、列車のダイヤにひどく悩まされたと述べている［文献83］。彼の生まれた島における共時性は、単純でおおざっぱなものだった。それを告げるのは日光の変化であり、必要なのは忍耐強い待機だけだった。

　共時性の問題は、しばしば重荷となって私たちにのしかかっている。ダンス、式典、音楽、リズミカルな肉体労働などでは、いっしょに行動するのは楽しいことかもしれない。けれども、行動が長びいてしまったり、リズムに乗れなかったり、他人の行動との調和がとれなかったりすると、外部の時間が心理的圧迫の原因になる。同じ時間に食事をとり、起床し、休息をとることは、長期にも短期にも、私たちの好みに合わないかもしれない。私たちの社会では、休暇にも時間の支配が及んでいる。そのため、時間からの解放感が、深夜パーティや早起きの楽しみのひとつになっている。個人的な芸術活動に専念する生活やジプシー風の生活では、〈気まま〉なスケジュールが利点のひとつになっている。しかし、その反面で社会的同調は共時性をその基礎にしている。なんらかの定まった時間がなければ、個人の行動も方向性を失ってしまう。

大都市では、大量のサービスと施設が必要とされるので、サービスと施設を時間的に多彩なものにすることができる。さらに、統計的に負荷の分布を予測したうえで、サービスと施設の二四時間利用をはかることもできる。そこでは、どの時間帯を選択しても、その時間帯を利用している人びとがたくさんいるので、容易に自分の行動を他人の行動と共時化させることができる。そして、ピーク時の負荷が平均化され、施設の利用が効率的になるという副次的利益を期待することもできる。都市デザイナーは、二四時間環境——すなわちいつでも活動を行っている環境を、一ヵ所に集中して設けるように提案することが多い。だが、それよりも、一定のアクティビティを常にどこかで利用できるようにすることの方が重要であるかもしれない。そうすれば、朝型と夜型の人が共存することが可能になる。また、本人の希望しだいで時間のパターンを切り換えることができる。

この点に関して、中世の都市は正反対の状態にあった。フィレンツェでは、夜は犯罪者だけが出歩くものと考えられていて、夜間の歩行者はそれだけの理由で逮捕された。ところが、今日では再び街路の安全性が損われて、行動時間の自由に制限が加えられる傾向がみられる。人びとが安心して屋外にいることができるのは、普通の時間帯、つまり周囲に多くの人びとがいて身の安全が保証されている間だけになりつつある。二四時間営業のレストランや一九三〇年代の大学周辺の街路の活気は、再び中世の夜の闇の中に消え去ろうとしているのかもしれない。

複合的スケジュールを公式に採用しようとする試みは、あまり成功することがなかった。初期のソビエト連邦では、物理的資源を効率的に利用するために五日周期の交替制が採用されたが、間もなく廃止されてしまった。その目的は効率であって自由ではなかった。人びとは、理論的には位相がずれていても、質的には差違のないサイクルの中に押し込められることになった。彼らは、位相のずれた人びととの間の共時性の欠如にも苦しまなければならなかった。現在のアメリカ合衆国では、通勤ラッシュの混雑を緩和するために、自然発生的な退社時間のずれが生じている。しかし、時差通勤を強制しようとする試みは抵抗に遭っている。夜間の交替勤務制や夜間と休日の特別サービスも、いまでは一般化している。大きな商店は日曜日にも営業している。このような変化は、サービスを受ける側だけでなく、労働者にとっても時間の選択性を広げるものとして歓迎される場合がある。だが、多くの場合、それは夜間労働者に生物学的負担と社会的負担を強制する結果を生み出していて、労働者の不評をかう結果になっている（もっとも、このような労働者側の不満は、夜間労働者にも昼間労働者と同じアクティビティとサービスが提供されるようになれば解決できるだろう）。いまや休暇は、昔ながらの期間に限定されずに、一年を通じて分布している。週休三日制が普及すれば、週末の交通渋滞が緩和されるかもしれない。共時性はしだいに力を失いつつあるのかもしれない。

行動の時間は本来きわめて個人的なものなので、共時性にしても、複合的スケジュールにしても、それを不必要に強制することがあってはならない。どうしても共時化が必要なときは、共時化への努力に対する共有意識を育てる知覚上の手がかりを用意して、その手がかりによって共時性を維持すべきである。共同して重いものを動かす必要が生じたときには、リズミカルな歌が作業ペースを一致させるのに利用される。グループで協議するときには、ちょっとした会食をすることによって、いっしょに考えるための雰囲気がつくり出される。生産上の要請から生み出された共時性は、他の領域にまで拡大すべきではない。これは重要な原則である。生産自体を修正することもできるのだということを忘れてはならない。生産に必要な労働力を配置したサイクルを用意し、それを互いに少しずつ重ね合わせて、残りの時間配分は随意に行うようにすれば、強制的な同調への拘束がかなり緩和されるかもしれない。西欧社会では、時間について必要以上に厳格な決定をする傾向がある。そこでは、生活の中の生産とは無関係な分野にまで、流れ作業から生み出された厳格な要求が無批判に取り入れられてきた。しかし現在では、生産工程の内部においても、機械がいっそう綿密な共時性をもつようになるにつれて、私たちはそれだけ共時化の要請から自由になりつつある。

基礎的サービスは、いつでも利用できることが望ましい。出来事の時間情報は、いつでも入手できるべきである。時間のスタイルについての新しい試みは、奨励されるか、少なくとも黙認されるべきである。スケジュールの位相がずれることによって、休息時間の騒音やプライバシーの欠如が私たちを悩ますようになるかもしれないが、それらは環境的防壁や行動ルールによって抑制すべきである。時間の一定していない利用者のためには、あらゆるサービスを好きなときに利用できる地区を設定できるだろう。そこでは、スケジュールや時間シグナルの強制を排除して、人びとが自由なリズムに従って行動できるようにする。この種の時間的な隠れ家は、短期的利用か、完成すべき仕事をかかえているときの利用に限定しておくことが望ましい。なぜなら、そうしなければ時間的規律の中断という意味が損われてしまうからである。これと正反対の時間的な隠れ家としては、アクティビティの時間を完全に固定した地区を考えることができる。そこには〈自由〉な時間〈むだ〉な時間もなく、選択の余地もまったく存在していない。夏期キャンプや修道院のように、すべての時間があらかじめ決定されている。このような環境は、時間決定の責任から逃れたいと願っている人びとを包み込んで、保護してくれるだろう。

時間の称揚

私たちは、単に時間を組織するだけでなく、時間を祝いたいと望んでいる。たくさんの労働者や互いに見知らぬ人びとの活動を同調させる必要がある場所では、どこでも抽象的時間に頼らなければならないだろう（コンピュータ・プログラマーは、このような科学的抽象概念を〈リアルタイム〉と呼んでいる）。また、ほかの場所では、背景のぼんやりした時間の持続や活気のないテンポから切り離された鮮やかな時間が求められるかもしれない。たとえば、もっと快適な徴候を伴った時間の推移、連続する顕著な出来事と盛り上がり、生きている充実感を与えてくれる瞬間などがそれである。

私たちは、特徴ある場所から満足を感じるのと同様に、特徴的性格をもった出来事にも満足を感じる。重要な時間は、知覚的にも人びとの注意を引くものでなければならない。そうすれば、時間の中でまごついたりしなくてすむ。場所と出来事は活気にあふれていて、そこで行われるアクティビティの知覚を高揚させる特性をもっているので、場所と出来事をうまくデザインすることによって、私たちの現在の意識を増幅することができる。パレード、謁見式、マーケットなどは、そこに参加している人びとを生き生きと引き立たせる。場所には、特定の時間に特定の表情を与えることもできる。公園の花壇ディスプレイを季節によって変化させたり、一日のうちにいろいろな花が一定の間隔で開閉するように庭園を設計することは、一九世紀にはごく一般的なことだった。花は観賞用に栽培されて、昆虫の活動に共時性を与える。それは自然がつくり上げた時計である。伝統ある祭日も、いまではそこに伝えられている風習が昔ほど特色のあるものではなくなってきた。だが、そこにはまだ独特の趣きが残されている。スーパーマーケットに並べられている食品には、もはや季節の反映を感じることができない。

公共行事は、命令によってつくり出されるものではない(父の日や読書週間を思い浮かべていただきたい)。しかし、既存または新設の公共行事を、慎重な調整や特別の舞台装置によって強化することはできるだろう。それには、特殊な照明と装飾、アクティビティの集中、公定の終業時間、特定の機会のために用意された特別な場所などが考えられる。あるいは、特別な日にだけ使われる空き地を設けることができるかもしれない。ある学生は、子供時代の思い出の中で、一年に一度だけ復活祭の飾り卵をもらいにいった〈復活祭の家〉が最も強く印象に残っていると述べている。その家は、実際は彼の祖父の屋敷で、広い敷地にたくさんの木が茂っていて、不思議なものがいっぱいあった。その場所の記憶は、興奮と探検の思い出に結びつき、一族の会合の思い出と一体になって、独特の色彩を帯びている。また、ガーナのボルタダムが完成して一族が住みなれた村を追われることになったとき、[*9]エウェ族の族長は次のように語ったという。

「彼は足下に視線を落として、ほとんど目を上げようとしなかった。……住みなれた村では……村人は、毎年この日になると、この〔特別の〕森を訪れて、部族の霊——すでにこの世を去った死者の霊や、これから生まれてくるであろう者たちの霊と語り合った。……過去、現在、未来にわたる一族の全員が、この特別な場所で、この特別な時間に一堂に会したものだ。……私たちはこの土地に属し、この土地は私たちに属していた。……私たちは祖先に属し、祖先は私たちに属していた。私たちはまだ生まれてこない子供たちに属し、まだ生まれてこない子供たちはその大地の中にいた。……〔いまは〕この古い風習もとだえてしまった。……もう、私たちのまわりには心を慰めてくれるものがなくなってしまった。……孫たちは遠い町で生まれ、誰も孫たちを見守っていない」。

いま私たちの都市で繰り広げられている時間の称揚を盛

り上げるためにも、特別な配慮をすることもできる。たとえば、キングズロードやサンセット大通りでの週末パレード、重要なコンサートやスポーツ行事、大学での年中行事、政治集会、コーヒーブレーク、戦争や暗殺の記念日、夏期休暇などであり、それらは私たちの時代の悲しみと喜びの中から生まれてきたものである。また、もっと小さなグループの行事を都市の中に刻みつけることもできるだろう。彼らの行事に必要な、特別の企画、食事、衣装などを準備することもできる。私たちは、生活の中で特別な出来事の密度を高めていかなければならない。現状のように、その密度を低下させてはならない。この点に関して、私たちの子供時代が現在より豊かであったように思えるのは、過去への郷愁のためばかりではない。

ときどき私たちは、刹那的な感覚にひたって楽しむことがある。音楽、ダンス、スポーツなど、全身を使ってする行為は、このような目的をかなえてくれる。創造的な仕事や知覚に強く訴える行為にも、同じような効果を期待することができる。こうした行為に専念しているとき、私たちは、過去への悔恨と未来への不安から解放されている。知覚と反応は、現在という一点に集中される。環境は、集中の妨げになるものを取り去るとともに、私たちの意識を生き生きと効果的に引きつけることによって、刹那的感覚への没入を助ける役目を果たすことができる。隠れた場所には、神聖さ、驚き、未知の情報、新しい美しさなどがある。

私たちは、夏の夕暮れを満ち足りた気持で思い起こす。それは、長い午後のあとに突然やってきて、ゆっくりと夜に移っていく。過渡期には、戸口に立って二つの空間の間の移行を一瞬ためらうときの楽しみにも似た、独特の感動がある。中西部の春の訪れ、日没、ニューイングランドの紅葉、初雪――これらは時間推移の感覚を高揚させる。ちょうど建築家が空間の転換を強調し、それを美しく潤色するように、環境も時間的にまったく変化しないものであったり、単調な時計の動きにあわせて変化するものであってはならないだろう。環境には、劇的な転換と、それにつづく緩やかな変遷が必要である。これからは新しい時間の儀式が生まれてくるかもしれない。夏至と冬至を祝い、引っ越しを演出し、誕生と死を記録することが考えられるかもしれない。私たちは、出来事の流れを理解するために、ものごとの発端と結末を記憶している。結婚、閉店時間、食事時間などのいくつかの変化を、社会的転機と一致させるこ

図 24／マーティン・ルーサー・キングの暗殺を悼んで週末のMIT キャンパスで開かれた追悼展示会

図 25／ダイナマイトの木箱を使ったおもちゃ――意味の対比によって現在の意識が生み出される

とも考えられる。一年という時間の経過は、ぼんやりとした時間の背景と、その中に浮きぼりにされたいくつかの特徴的な期間によって構成されるものになるかもしれない。標準時間と標準週は、私たちの文化の重要な成果だった。しかし今日では、もっと人間的な暦をつくることもできるのではないだろうか。

ルネサンス期には、野外劇、行列、大仕掛けな見せ物などのデザインが、重要な職業のひとつになっていた。イギリスの王朝時代には、酒宴のための役所が設置されていた。そこには専門のデザイナーが雇われていて、酒宴のために多額の費用が投じられていた。エリザベス女王の時代や、クロムウェル革命までのスチュアート王朝の仮装舞踏会は、〈光と動きのある絵画〉ともいうべき精巧な催し物だった[文献100]。雲が流れ、それが晴れると、いく層にも重なった舞台装置と大きな機械仕掛けが姿を現した。君主制が崩壊する直前には、これらの装置は途方もなく巨大なものになっていた（このような事実には警告が隠されているかもしれない）。

図26／凧揚げ大会は忘れがたい現在をつくり出す

同じような政治的混乱の時代に生きている現代の芸術家たちも、同じように現在という時間を生き生きしたものにすることに関心を抱いている。彼らは、即興芸術、観衆参加、即興音楽、ハプニング、感応性をもった彫刻、自己崩壊する彫刻、コンピュータ化された照明効果などに情熱を傾けている。建築家は、仮設建造物に関心を寄せるようになってきた。イタリアの過去の重圧に反発したサンテリア[*10]は、「いま私たちは、軽く、はかなく、急速なものを提案する。……私たちの住宅は、その居住者とともに生命を終えるものになるだろう。すべての世代が自分自身の都市を建設するようになるだろう」[文献38]と宣言している。今日では、紙の花嫁衣裳を買って、結婚式のあとで、それを台所のカーテンにつくり変えることもできる。

花火大会も同じような魅力をもっている。バレンシアでは、春になるとファラと呼ばれる大きな張り子の人形が街角に立てられ、祭りの夜を徹して燃やされる。ファラは、時局に題材をとった精巧な人形だが、その起源は中世の大工にまでさかのぼることができる。彼らは、冬の薄暗い現場での作業を助けるために、ロウソクを立てる粗末な木の足場をつくっていた。冬が過ぎると、彼らは春の光の訪れを祝ってこの足場に火をつけた。同じような気持から、キューバやソビエト連邦などの革命社会でも、その初期には解放と未来への希望を祝うための社会的祝典に多くのエネルギーが捧げられた。

無常には心を刺激するものがある。はかなさとは感動的なものだ。若者たちは、現在を生きているという実感を求め、自分たちの人生を称揚したいと望んでいる。彼らは、サンフランシスコ湾の干潟に、ごみを使って彫刻をつくり上げた。ロンドンの鉄道の上にかかる歩道橋には、チョークで、「人生とは死の先触れなのだろうか」と書かれている。リチャード・ノイトラが指摘しているように、反応と満足は時間的に層をなして積み重なっている［文献79］。それらは、あるときは突然の一回限りのものであり、あるときは着実に毎日繰り返されるものである。環境には短命な環境と永続的な環境があり、それぞれに異なった方法のデザインを必要としている。現在でも、特別な出来事を意識的にデザインすることは、夏祭りや政治集会でたびたび行われている。私たちの社会は、出張宴会業者、葬儀屋、宴会監督、牧師、プレイリーダーなど、儀式の運営に携わる人材には事欠いていない。しかし、彼らの運営する儀式は型にはまったもので、規格化された環境や千篇一律の小道具を用いている。これからのイベント・デザイナーは、状況に応じて場面を組み立て、環境をデザインし、細部の調整を行い、行動そのものの可能性を演出することを要求されるだろう。ダンス、芝居、歌、料理、映画、音響と照明の環境、花火、グラフィックデザイン、舞台デザイン、ゲーム、話術、音楽、儀式、スポーツなど、各種の伝達媒体に精通していなければならない。そして、出来事の時間配分と組織化に熟達し、人びとの参加をつのる才能にすぐれていなければならない。また、環境をつくり上げるための共同作業を立ち上げ、それを支援することができなければならない。このような資質を備えたとき、仮設環境のマネージャーとしての職業が確立されるだろう。そうすれば、必要に応じて契約を結び、そこで専門家としての名声を築き上げ、維持していくことができるだろう。あるいは、このような方法には自発性を損う危険性があるかもしれない。けれども、豊かな環境をもたらす大きな可能性もある。複雑な社会では、自発性に出会うことはめったにない。現実には、自発的だと考えられている人びとも、たいていは形式化された自発性のモデルに従っているにすぎない。したがって、計画されたモデルは、自発性を圧迫するより、むしろ自発性を引き出すものになるだろう（ただし仮設環境の創造の中には、その環境を除去する方法も含まれていなければならない。それには取り壊しの儀式を考えることができるかもしれない。仮設環境がいつまでもその姿をさらしていたら、ひどく気の抜けたものになってしまう）。

ときどき私たちは、生き生きした現在を他の人びとと共有したいと望むことがある。私たちは、人びとといっしょに期待し記憶することによって、現在を拡大しようとする。その可能性は、共通の抱負と歴史をもちうるかどうかに左右されるが、環境をうまく扱うことによって、その実現を助けることもできる。環境の形態が規格化されていて変化することがなければ、私たちは〈既視感〉[*11]を感じとる。そこでは、世界ははてしなく循環を繰り返している。一方、なにもかもが目新しいものであったら、私たちは不安を感じるだろう。そこでは〈未視感〉[*12]を経験する。私たちは、すでに目にしたことのあるものをなにひとつ見出すことができず、環境との結びつきを喪失してしまう。現在は、はなはだしく限定されたものになってしまう。ジプシーは、時間を堅苦しく組織しようとはしない。彼らは、形式的な時間に拘束された人びとを軽蔑している。ジプシーの生活は、自然発生的な祭りの連鎖であるように思われる。彼らの祭りは、放浪の旅の途中での偶然の出会いを祝って行われる。しかし、それと同時に、彼らの祭りのひとつひとつは郷愁の祝宴でもある。そこでは一族の祖先について、祭りに集まった人びとの共通の思い出が語られる。私たちは、現在という時間を拡大するために、過去と未来の時間を〈借用〉することができるかもしれない。それは、小さな場所を大きく感じさせるために、外部の空間を〈借用〉するのに似ている。

ちょうど、私たちが空間的縄張りをつくり上げてきたように、あるグループに対して、そのグループに固有の時間的縄張りを定めることも可能である。形態は、アクティビティを支えるだけでなく、それを生き生きと演出することができる。私たちは、自分自身の時間を他の人びとの時間や他の生き物の時間と調和させる方法を学ぶことができる。環境は、現在を生きているのだという意識と、人びとと共通の現在を生きているのだという意識を私たちに与えてくれる。私たちは、この共通の現在の中に出来事の流れを感じ、自分たちの希望と不安を結びつける。

私たちは現在の中で活動している。そして、未来のために環境を修正している。私たちは現在を呼び戻し、現在から学んでいる。つまり、未来の活動をもっと効果的にするために、自分自身を修正している。環境は、記憶と学習を促進することによって、私たちの生活の一刻一刻を長期の時間に結びつける役割を果たす。生きているということは、現在の中で目覚めていることである。それは、私たちの生命の持続力を信頼すると同時に、次々にやってくる新しいものに用心深く対処することである。私たちは、自分自身のリズムを感じとるとともに、そのリズムが大きな世界のリズムの一部であることを感じている。身近な時間と、身近な場所と、私たち自身とが確かなものであるとき、初めて挑戦、複雑性、広大な空間、はるかな未来に正面から立ち向かうことができる。

＊1　Patrick Geddes（一八五四〜一九三二）　スコットランドの生物学者・社会学者・都市計画家。社会学的調査に基づく都市計画の重要性を唱え、都市計画調査の基礎を確立

＊2　crash pad　一時的住居、マリファナを吸う場所、ヒッピーのキャンプ

＊3　instant community　特定の関心を共有する一時的共同体

＊4　drop out　社会体制からの離脱・逃避

＊5　turn on　マリファナや麻薬による陶酔（状態）

＊6　idus, nonae　古代ローマ暦でノナエは月の第五日（三月・五月・七月・一〇月は第七日）、イデュスは月の第一三日（三月・五月・七月・一〇月は第一五日）

＊7　Luvale　ザンビアとアンゴラに住むバンツー語系の部族。伝統的な呪術信仰を保持していることで知られる

＊8　Maurice O'Sullivan（一九〇四〜一九五〇）　アイルランドの作家。離島で生まれ育ち、そこでの素朴な生活を詩情豊かに描いた自伝的作品を発表。四〇代半ばで水死

＊9　Ewe　ガーナ南東部とトーゴに住む部族。エウェ族の族長は、日常世界と祖先の世界を仲立ちすると考えられている

＊10　Antonio Sant'Elia（一八八八〜一九一六）　イタリアの未来派建築家。一九一四年に『未来派建築宣言』を発表

＊11　déjà vu　実際には経験したことのない体験をすでに経験したことがあるように感じる錯覚

＊12　jamais vu　実際にはよく知っているものを初めて経験したように感じる錯覚

4 保存される未来 The Future Preserved

[*1]ミドルズブラの工業都市は、運河ぞいに成長した新しい工場群を中心に、一八四〇年代に猛烈な勢いで建設された。そこでは、住宅と製造工場の建設はすみやかだったが、公共施設や都市施設の整備は後回しにされていた。一八八一年に行われた五〇周年記念祭の演説者は、それは町の創設者たちが未来に信頼を寄せていたからだと述べている。

「蒸気エンジンは、私たちにとって未知のものでありました蒸気機関車も先例のないものでありました電信にいたっては、まさに未曾有のものでありました。……〔私は〕ラスキン氏の悲嘆にひそかに共感するものであります。……彼は言葉をつくして、消え去ろうとしている取り返しのつかない過去をいたんでおります。しかし現実の流れは、彼の主張に反した結果を生み出しているのであります」〔文献33〕。

人びとの未来を見る目は、それぞれ異なっている。明日のことやほんの一時間後のことを考えている人びとがいる一方で、一世代も先の出来事に心を奪われている人びとがいる。未来は、私たちの前方に横たわっていて、私たちが希望と努力をもって探究すべきものに思えるかもしれない。あるいは、私たちに向かって押し寄せてくる、私たちには制御することのできないものに思えるかもしれない。未来は、現在と過去の体験に結びついた現実的な期待であるかもしれない。あるいは、前後の脈絡のない願望と不安の幻想であるかもしれない。未来は忌避すべきものであるかもしれない。あるいは、約束の地であるかもしれない。困難な未来が現在の苦悩を倍加させるかもしれない。あるいは、その場の利害に心を奪われて、未来の困難にまで考えがまわらないかもしれない。現在の強烈な体験や疲労のために、未来に対する心的イメージの形成が妨げられることがある。反対に、未来のことばかりに心を奪われていると、現在を十分に味わうことができなくなる。また、このような未来に対する考え方そのものが、未来の出来事の方向を決定する要因になる〔文献4〕。

未来の概念は過去の経験に影響される。子供も大人も、短期的には現実性のある期待を抱くが、長期的には非現実的な期待を抱くことが多い。子供と大人という二つの年齢層の間の決定的相違は、中期的未来に対する期待にある。中期的未来は、現在の行動からある程度の影響を受けるが、その結果は必然的でもなければ、厳密に予測可能でもない。

人は、成長して過去の経験を広げるにつれて、中期的未来に対する期待に現実性を増すようになり、予測と願望の区別をはっきり認識するようになる。過去の経験が安定した秩序正しいものであって、予測可能な漸進的変化をもたらすときには、幅広い現実的な未来の概念がはぐくまれる。過去が混乱に満ちていたり、硬直していたりするときには、未来の時間に対するイメージは萎縮し、現在との結びつきを失ってしまう。逆に、未来が不可解に思われたり、退屈なものに思われたりすれば、過去も理解の範囲を越えた空虚なものに感じられるだろう。過去と未来のイメージは手を取りあって進行する。郷愁は希望の道づれである。

過去も未来も、現在という時点での概念である。それは現在の情報と心境に基づいて、同じようにしてつくり上げられる。したがって、過去と未来のイメージが共通点をもっていても驚くにあたらない。それらは心の中では同等の現実性をもち、類似した構造をもっている。しかし、そこで使われている情報は互いにまったく異なっている。過去は多くの経験によって形成されていて、制度、物質的環境、書き残された記録などが、絶えず私たちに過去を思い起こさせる。未来の概念は、過去に比べると貧弱な材料をもとにして形成されている。未来は、客観的に不確かであるばかりでなく（この点に関しては歴史家も渋々認めているように過去も同様に不確かである）、主観的にも確実性に乏しく、豊かさに欠けている。未完成の物語を想像力でおぎなって完成させるように求められたとき、それが過去を舞台にするものであれば、結末は豊かで興味深いものになることが多い。けれども、同じ物語の舞台を未来に移し換えると、つけ加えられる結末はおおまかで非現実的なものになってしまう。身近な例として、本章に使われている図版と2章に使われている図版を比較していただきたい。未来の概念の範囲と現実性を拡大しようとする努力は、この過去と未来の不均衡を克服することから出発しなければならない。

私たちの心的未来に対する創造力は、私たちが、次のような能力をもっているかどうかに依存している。つまり、現在の行為の遠い将来における結果に思いをめぐらす能力、行為と結果の新しい組み合わせをつくり出す能力、現在の感情と動機を将来の結果に結びつけて考える能力、未来の出来事から私たちの注意力をそらしてしまう危険性のある現在の刺激を抑制し、微弱化する能力などがそれである。

脳のロボトミー手術は、緊張と強迫観念を軽減してくれるが、それと同時に自制力と予測能力をも奪い去ってしまう。ロボトミー手術を受けた人にも、自分に向かって示された未来を理解する能力は残されている。だが、その未来は現在の感情とはなんの結びつきももっていない。注意力と行動は、その場の刺激によって不安定な動揺をくり返す。

もし未来のイメージが、前記のような私たちの内的能力——すなわち未来の結果に思いをめぐらし、それを現在に結びつける能力に依存しているのだとすれば、それは私たちの姿勢そのものによっても左右されることになる。そのような姿勢としては、独自の過去、現在、未来をもった強い自我意識、人生をある程度まで個人的にコントロールできるという信念、未来の結果によって現在の行為の妥当性が評価されるとする実践的見解などが挙げられる。したがって、現在の環境概念、過去の体験のイメージ、精神的な能力と姿勢などに応じて、未来は、その範囲、前後関係、情緒的色合いを変化させるかもしれない。

私たちは、自分の行動の有効性を高め、自我意識を強化し、周囲の世界との関係を堅固なものにするために、未来のイメージの範囲と現実性を拡大したいと考えている。特に中期的未来に対しては、その意識を鮮明にしたいと望んでいる。複雑なシステムでは、現在の活動状態の惰性が大きいので、近未来における挙動は必然的色彩を帯びてくることが多い。しかし、それより先の未来については、現在の状態に対する介入の結果を予測することによって、挙動に計画的な影響を及ぼすことができる。もっと遠い未来のことになると、現在の状態の結果と現在や未来における介入の結果を予測することが困難になるので、直接的操作を行うことは再び不可能になる。

現実には、予測の正確さより意識の高さのほうが重要である。未来のイメージを現在の変化に応じて調整する能力と、新しい未来を思い描き、それを検証する能力が必要である。私たちは、これから起こることについて都合のよい期待をもちたがるが、それは現実の状況に大きく支配されている。ただ、幸いなことに、状況もある程度は私たちの姿勢に左右されるところがある。自分には出来事を変化させる能力があると信じている人は、それだけ個人的なコントロールの影響力を発揮することができるだろう。一方、未来の可能性が悲惨な結果を暗示しているとき、その可能性が現実的なもので、どのようにしても私たちに可能性を変化させることができなければ、私たちは可能性から目をそむけることもできる。もし、サンフランシスコがいまにも地震に襲われそうだと予測されたら、まず私たちは、地震を避ける方法と地震の影響を最小限に食い止める方法を考えなければならない。しかし、そのどちらも不可能であることが明らかになったときは、私たちが現在を生きることに没頭したとしても、非難されることではないだろう。このような時間的柔軟性は貴重な天賦の才能である。

未来の境界

天文学的進化は魅力的な話題だが、私たちの指針にはなりえない。未来のイメージの範囲をむやみに拡張するのは道理にかなったことではない。私たちには、はるかな未来のことを配慮するだけの力はない。私たちにとって、現在に閉じ込められてしまうのは不幸なことかもしれないが、永遠性の中に閉じ込められてしまうのも同じように不幸なことだろう。私たちは、過去のイメージの範囲を拡大するだけでなく、未来のイメージの範囲をも拡大しなければならない。だが、その範囲は私たちの記憶と予測と制御の能力に即したものでなければならない。また、現在に対して広く開放された生活を可能にし、私たちの時間のイメージ全体の知的一貫性と感情的一貫性を維持するものでなければならない。中国の古い造園書には、「人間は一〇〇〇年後に残るものをつくることができる。しかし、一〇〇年後の人びとがどのような人びとであるか知ることのできる人は一人もいない。だから、いま楽しみと憩いを与えてくれる場所をつくり上げれば、それで十分である」［文献36］と記されている。一方、中世ヨーロッパの大聖堂の建設者たちは、しばしば一〇〇〇年後の未来にまで及ぶ建設計画を立案した。彼らは、未来への洞察と自分たちの作業の超越的重要性を確信していた。現実にも、大聖堂の建設は、断続的にではあったが数世紀にわたって計画どおりに行われた。行為の合理性は、計画と予測がどのような時間を対象にしているかによって、直接に影響される。ある行為は、短期的には狂気のさたでも、長期的には意味のあることかもしれない。別の行為は、短期的には意味があっても、長期的には狂気のさたであるかもしれない。短期的な狂気のさたと長期的な狂気のさたの、どちらが好ましいかなどということは観念的に判断できるものではない。

したがって、未来の領域の最適な境界は、外部環境の変化につれて変化するだけでなく、私たちが未来との知的・感情的結びつきを強めながら自分自身を変化させていく、その度合いによっても変化するだろう。私たちは、空間的領域での人間化の範囲を拡大していくのと同じようにして、時間的な大きな広がりを人間化する方法を少しずつ学んでいくことができるかもしれない。いまや私たちは、地球上の人間生活を数世代のうちに破壊し去ってしまうだけの力をもっている。それだけに私たちは、空間と時間の領域に対していっそうの配慮と注意を払うことを、もっと真剣に考えなければならない。殺人、汚染、遺伝子操作などの分野での技術発達によって、未来のイメージの範囲を修正することが急務になってきている。けれども、未来の範囲は無限に拡張しうるものではない。私たちは、状況と能力と想像力の三者の間の緊密な調和をつくり上げるように努力しなければならない。

どれほど合理的で十分な報酬が保証されていても、未来の報酬のために働くよりは、現在の時点で楽しそうに思われる仕事をする方が多くの満足を与えてくれる。楽しみながら椅子をつくる喜びは、完成した椅子に座ることを想像する喜びよりも大きい。このような現在の喜びに刺激されることによって、私たちは、よりよい椅子をつくることができる。また、それだけ堅実な仕事をすることができる。学問をする喜びのために学問をする方が、よい職につくためには学位が必要だという理由で学問をするよりも、動機としてはすぐれている。未来の世代のために地球の保全を考えるとき、それを効果的なものにするためには、保全プロセスそのものの中に努力しがいのある価値をつくり出さなければならない。つまり、私たちが子供や孫に現在の喜びを見出しているように、保全プロセスの中にも現在の喜びを見出すことができなければならない。

未来の結果が安定したものであるときには、象徴化された未来の結果より現在のプロセスに関心を向けた方がよい。ただ、現在の喜びを咀嚼するには時間と努力が必要である。また、未来の結果が好ましくないものになったときには、現在の喜びを断念しなければならないが、それにも同じくらいの努力が必要とされる。一方、未来の結果が不確かなときには、現在の喜びにふけるのは賢明な方法とはいえない。専門の都市計画家は、遠い未来のために複雑な計画を立案しているが、彼らがその仕事に喜びを感じていることは周知の事実である。彼らにそのような喜びがなかったら、都市計画という厄介な仕事に従事することは重荷になってしまうだろう。だが、このように自分の行動に自分で動機づけをしていくプロセスは非現実的な結果をもたらしたり、現実的であるはずの短期的決定を混乱させる危険性をもっている。もし、現在という時間の中で仕事をすることによって、当面の満足と未来の象徴的満足が同時に達成されるべきだとすれば、この二つの満足は論理的に矛盾することなく、感情的に一体のものでなければならない。プロセスと結果の結びつきが完全なものであるとき、私たちは、現在の喜びと未来への配慮を一致させることができる。

しばしば私たちは、未来を束縛することによって、時間イメージの範囲と安定性を拡大しようとしてきた。永遠のピラミッドの建設や、救世主再臨の教義はその例である。教義というものは、内容がどれほど非現実的であっても、その真実性を吟味できないように組み立てられている。救済の理論に従えば、いかに混沌とした存在でも、満足すべき結果に導かれるように感じられるだろう。しかし、救済の理論によって導かれるのは不合理な行為にすぎない。救済の理論が衰退したとき、信者たちは絶望の中に置き去りにされる。

精神的緊張を緩和するもうひとつの方法に、未来に対する黙示録的な見方がある。紀元一〇〇〇年に世界が終末を迎えると信じられていたころ、人びとは、世界の終わりに備えていろいろと奇妙な行動をとった。また、ずっと後世のことになるが、ボストンの有名な[*2]オールドハワード劇場を建設したある宗派の信者たちは、その新しい建物の中で、けっして現れることのない天使の降臨を待って、いく日もの間、確信に満ちて座りつづけていた。結局、やってきたのは地主だけで、彼は信者たちから新しい劇場を取り上げてしまった。今日では、同じような黙示録的風潮が再び広まる傾向をみせている。その結末は、これらの前例と大差のないものになるかもしれない。

私たちは、自分で制御できる中期的未来に対して、強固なイメージを築き上げるべきである。そのイメージは、現在の行為と現実的な結びつきをもっていなければならない。そして、なによりも空想を抑圧するものであってはならない。未来の空想は、それが空想であると認識されているかぎり、それだけで非常に楽しいものである。さらに、空想をはぐくむことは、未来の選択肢を探究し、新しい行動様式を開拓することにも役立つ。開放的な社会では、このような夢を生み出し、それを伝達するため、なんらかの手段が形成されるだろう。

未来の合図としての空間的環境

空間的環境を、はるかな未来の計画に従属させる必要はない。むしろ、現在をコントロールし、近い未来の目的のために行動し、遠い未来には選択の余地を残し、新しい可能性を探究し、変化に対応する能力を維持する方が理にかなっている。環境は、こういった心理的姿勢を支える教育装置として利用することができる。それは、未来のイメージを拡大するための一連の手がかりになるだろう。また、過去と未来の概念の間の情報の不均衡を緩和するものになるだろう。

空間的環境を媒介にすれば、予測と制御の可能な未来の出来事を明快な方法で一般の人びとに伝達することができるだろう。現実に進行しつつある環境変化は無数にあるが、目に見えないものも多い。私たちは、変化がすでに決定されていて、容易に取り返しがつかないような場合でも、変化が起こりつつあることに気づいていないことが多い。私たちの周囲では、新しい道路の路線が決定されて、その詳細計画が準備されているかもしれない。ビルの建設が開始されようとしているかもしれない。あるいは、公園の敷地が決定されているかもしれない。人びとは、近い未来を予測することができないで不安を感じている。もし、それぞれの事業計画が、その対象地区の環境の中にあらかじめ表示されれば、人びとは近い未来に対して適切な意識をもつことができるだろう。予定された出来事に反対するときや、それに修正を加えるときにも、事業計画があらかじめ示されていれば、私たちは、準備の機会を手にすることができる。そのような伝達を効果的に行うには、変化の予定されている場所で変化を表示するのが最もすぐれた方法である。すでに提案したように、そのために記号化された都市の時間モデルをつくることも考えられる。

未来の活動を視覚的に表示する、比較的費用のかからない方法を考えることもできる。たとえば、住宅開発が予定されている空き地にあらかじめ木を植えて、それによって人びとに計画を知らせることができるかもしれない。こうした〈即席〉変化や〈仮設的〉変化を利用して、重要な変化がさし迫ったものになっていることを表現し、その変化を促進することができるだろう。公園の清掃や植樹は、幅広いコミュニティ活動の具体的な第一歩になりうる。実在の事物を利用した未来の手がかりや、実在の事物にはっきり結びついている未来の手がかりは、言語による合図よりも大きな効果をもっている。廃墟と化したロンドンで、焼け跡の灰の中に街路を画定する杭を打つことは復興の重要な第一歩だった。

私たちは未来を伝達したいと望む一方で、それにまつわる過ちを避けたいと思っている。実際には欺瞞的な意図をもったものを、確実なものであるかのように公言してはならない。ときどき私たちは、雑草だらけの敷地に〈……建設予定地〉という標識が立てられているのを目にすることがある。サウスランカシャーの廃坑の外には、〈いまや炭鉱の未来は保証されている〉と書かれた看板が風雨にさらされて残っている。満たされることのない約束や、事実によって裏切られた願望の上には、不信と厭世観が成長する。変化の告知は、近い未来の結果に限定されるべきである。そこには、実現を裏づけるだけの決断と能力がなければならない。そうでない場合でも、少なくともその告知は決断と願望を区別したものでなければならない。

しかしながら、希望は社会的行動の原動力である。もし、期待がいつも控え目で安全を第一にしていたら、向上への動機がなくなってしまう。もし、なにひとつ約束されないとしたら、結果を期待して共同行動をとることが不可能になってしまう。なにも約束しないのは単に安全だというだけにすぎない。プランナーや革命家は、失敗の危険性を計算しながら、実現の困難な希望を慎重に育て上げている。彼らは、多くの人びとが熱心な関心を寄せるようになった機会を捉えて、約束の実現のために超人的な努力を傾ける。それは危険な仕事である。正しい均衡を保つには、正確な判断が要求される。正しい均衡とは、ひとつには適切な希望を伝達することを意味している。その希望は、現在の力の及ぶ限界を越えてはいるが、可能性を信じることのできるものでなければならない。そして、希望に誤算のあったときには、それが率直に公表されなければならない。

変化のプロセスがきわめて広い範囲に及んでいるときでも、それを環境の上に示すことは可能である。私たちは、近い未来に都市の郊外がどこまで拡張するか表示することができるだろう。また、未来の汚染度や交通量の予測値を示すこともできるだろう。このような予測は長期的には困難だが、短期的には難しいことではない。さし迫った都市

図 27 ／アテネ郊外の住宅——居住者自身が建設した住宅の上に突き出ている骨組だけの 2 階は，建設者が未来に対して抱いている意図をはっきり表明する信号になっている

図 28 ／ペルーの不法占拠者のキャンプ——建物はまだ仮設の小屋でしかないが，これから形成されていくコミュニティの形態と性格を予告している

図 29／ボストンの行政センターの新しいオフィスビル——近い未来に行われる増築の方向を表示することによって環境の予言性を高めている。しかし，遠い未来の予言は私たちを迷わせるだけかもしれない

“遠い未来の日に、おぼろげな時間の回廊のかなたで，この石に破壊の槌をふるうであろう歴史の子供たちに……”

成長に対する予測は、社会全体の財産として役立てられなければならない。それぞれの場所は、近い過去との連続性を感じさせると同時に、近い未来との連続性をも感じさせなければならない。すべての場所が、予測と意志に支えられた発展を感じさせるようになるべきである。

複雑で長期的な活動においても、そのデザインを工夫することによって、連続する段階のひとつひとつを視覚的に結びつけることができる。たとえば、一定の方向に沿った展開や、概念化の容易な規則的単位の付加を考えることができる。エリック・スベンソンは、ボストンの再開発に対する住民の反応を調査した結果、次のような傾向を指摘している。すなわち、実施プロセスが視覚化されていて理解しやすい変化の方が、現実には多くの破壊と損害をもたらすものであっても、理解しにくい変化より抵抗なく住民に受け入れられるというのである[文献101]。

良心的な広報担当顧問は、権力者に、意図を正確に公表するように（少なくとも表向きは）助言している。実際には無視されるにしても、その効用と実行は比較的明快である。それは、社会が指導者と被指導者とに自然に分類されているという通俗的図式にも合致する。しかし、変化を起こす人びとは秘密主義を好むことが多い。秘密主義は、迅速、安価な土地、非組織的な反対といった、短期的利益を彼らに与えてくれる。だが、このような利益は平等と民主主義に反するものであり、変化を起こす側にとっても、秘密主義はむしろ中期的な不利益をもたらす結果を招く。普通ならば広範な協力や無言の承認を期待できる計画に対しても、混乱と疑惑と冷淡な反応が投げつけられることになるだろう。秘密主義をとる政府機関の中には、自分たちの行動を意識的に神秘化しようとしているものもある。しかし、大部分は、計画の達成のためには意図の公表が重要だということを単に理解していないだけである。

未来の伝達は、利害関係者全員の対話の中で行われなければならない。この条件を満足させることは、いっそう難しい。場所を利用する人びとには、その意図と期待を表明する機会を与えなければならない。それは代替案であったり、視野の狭い意見であったりするだろう。しかし住民たちは、そこで住宅に対する希望を述べることができるかもしれない。あるいは、新しい道路をどこに建設してほしいか表明することができるかもしれない。交通機関の利用者は、待合いベンチの設置場所を提案したいと思っているかもしれない。いまのところ、これらの対話を取り扱う技術はまだほとんど開発されていない。対話は、しばしば混乱や無関心を招き、正反対の意見の衝突を引き起こすだろう。軋轢が表面化し、表面化した軋轢は私たちを不安にする。だが、それは隠された怒りよりましである。

　未来は、すぐ近くの未来を除けば、あやふやな雲に包まれている。そこには、私たちの予測の不確実さ、選択への疑問、あからさまな軋轢などがあるかもしれない。人びとは、そのような未来に対しても自分の目に映るものから情報を得ることができる。それは、こういう具合に成長していくのだろうか、それともああいう具合にだろうか。この学校を建設すべきだろうか、それともあの学校にすべきだろうか――そう人びとは考えるだろう。地域住民はここに道路を通したがっているが、州当局はあちらに建設したがっているということを、視覚情報として示すことができるだろう。もっとも、すべての環境上の可能性を表示することはできない。そのようなことをしても、すぐに表示が混乱して判読できなくなってしまうだろう。選択肢がたくさんある場合や可能性が不確かな場合も、表示をするのは適当でない。しかし私たちは、確実性の高い短期的変化を表示するだけでなく、自分たちの環境に対する意図の中にある中期的な選択肢と問題点についても、ある程度の情報を景観を媒介にして伝達すべきである。市民が自分に関係のある決定に参加し、現実的な未来のイメージを築き上げていく方法は、それ以外には考えられない。

　公共的環境に対して、その未来についてのコミュニケーションを成立させるには、すべての人びとに自分の意図を表現する機会を与え、変化を起こす側に素直さを求めるだけでは十分でない。情報を積極的に探し求め、組織化し、表示しなければならない。私たちは、そのための代弁機関を創設すべきかもしれない。それは新聞のようなものになるだろう。そして、読者が提供される情報に賛意を表したり、要求を示したりするだろう。環境の中にはっきり表示

できる未来の選択肢は、少数の基本的かつ大規模な選択肢に限定されるので、どの問題点が重要で、どの選択肢が最も可能性をもっているか、決定を下さなければならない。伝達される未来の選択は政治的行為である。総合的な選択案の表示は、必然的に有力な利益集団の影響を受けることになるだろう。けれども、それによって住民のささやかな希望と意図の表明が妨げられてはならない。子供たちの居住地、学校の選択、教会の増築計画――これらの希望と意図が自由に表明できなければならない。それは個人的歴史の痕跡と同じように、景観を人間的なものにする役割を果たすだろう。

予測

現在、未来の予測と対策を行うのに利用されている複雑な技術は、計画者と計画対象者の間の溝を拡大するものになっている。専門家は、未来の成長のためにこれこれの車線数の高速道路が必要であるという複雑な計算式を示す。地域住民は、その込み入った予測に反論する手段をもっていない。予測は、その複雑さ、親しみにくさ、洗練された形式などによって、重々しい権威をもつようになる。しかし、データ操作の新しい技術が最終的に情報の集中化に役立つのか、分散化に役立つのか、まだ誰にもわかっていない。コンピュータは、エリート計画家の新しい武器になるかもしれないが、一方で情報を必要としている人びとに情報を普及する道具として用いることもできる。

長期計画(と〈未来主義〉)は、民主的な住民参加をめざしている人びとからは、多かれ少なかれ嫌悪の目でみられてきた。小さな場所と近い未来に焦点を合わせた漸進的な変化と、私たちの力の及ばない中央機関の手になる長期的で大規模な計画との二者択一を求められたときには、確かに前者の方が好ましいにちがいない。だが困ったことに、私たちのかかえている問題の多くは、その解決に大規模で長期的な活動を必要としている。問題は、計画の時間的範囲と空間的範囲ではなく、制御と理解の普及である。そのためには、技巧的な予測技術から神秘性を取り除き、ときにはその実態を暴露する必要がある。予測技術を利用しやすいものにして、地域のグループがそれを使って独自の予測を行えるようにすることも必要である。

予測と未来主義は、しばしば未来の不確実性を最小にする方法であるとみなされている。多くの人が、それによって未来に〈実際に起こる〉ことを予言できると考えている。実際、予測が驚くほど正確に的中することもある。しかし、予測がはずれる場合の方がはるかに多い。けがの功名で予測が当たることもある。私は、人口予測を行って、それが現実と非常によく一致した経験をもっている。ところが、あとで調べてみると、ひどく不正確なデータをそのまま利用したのがかえって幸いしていたことが判明した。[*3]H・G・ウェルズが紀元二〇〇〇年のメトロポリスを想像して描いた未来図は、現在の都市の姿を薄気味悪いほど的確に予言している［文献107］。けれども、それは実体のない幻影にすぎない。そこには、現実に私たちが直面している社会問題もなければ、今日の都市生活の〈実感〉もない。彼の未来図は、予測と願望を混同した典型例で、頭の中でつくり上げた未来にありがちな空疎さをもっている。

大規模な社会システムと環境システムは、多くの人びとの願望と観念を原動力にして動いている。このようなシステムを考えるときには、予測の役割が未来の不確実性を減少させることにとどまるものではないということを強調しておくのが賢明かもしれない。新しい可能性を考えるための手段、新しい情報を入手するための手段、新しい価値観を開発するための手段などに、予測を利用することができるだろう。偽りの未来は危険だが、それにも虚構の歴史と同じように、心理的価値を認めることができるかもしれない。魔術による予測は、『易経』による予測と同じように、時間という織物の一部を垣間見せる働きをもっている。それは未来の可能性についても、隠された内面的感情を明らかに意識させてくれるだろう。

決定論によれば、世界は本質的に閉鎖的で、永久に不変で、予測可能なものである。決定論的世界のモデルとしては、ゲームの世界を挙げることができる。そこでは、ルールが決定されていて、結果の数も限定されている。起こりうる結果とその価値について私たちが不完全な知識しかもっていないこと、そしてたくさんの選択肢を考慮する能力に欠けていること——ゲームの世界での問題はそれだけである。選択肢は、ゲームの世界の外でつくり出される。すぐれた決定とは、〈正確〉で、しかも最少の時間と労力を使って達成される決定である。

しかし、私たちが現実に生活している世界は、もっと気まぐれに満ちている。人びとが、それぞれの思いつきに従って行動しているので、個人の決定を予測することは難しい。

行為と結果の脈絡は人それぞれに異なっている。大きな集団を対象にして短期的予測をする場合には、行動もいく分か機械的になり、個人の決定が全体に影響を及ぼすには時間が十分でないので、ある程度の予測が可能かもしれない。だが、それもすぐに限界に直面してしまう。未来の視覚化は、現在という時点での創作であって、〈未来〉の中にすでに存在している出来事を現在に転写するものではない。結末と確実性を探し求めるのはきわめて人間的なことだが、創造に喜びを感じ、突発事態を楽しむのも、同じように人間的なことである。

保全

未来の利益と損失を予測する合理的技術は、短期的問題を考える際には役立つかもしれない。短期的問題では、可能性の範囲が限られていて、選択肢もあまり多くない。したがって、効果的な選択をすることも不可能ではない。けれども長期的未来に対しては、もっと有効な未来のイメージを探す必要がある。私たちには、未来の資源の現在における価値を正確に算定することはできないが、なんらかの倫理的基準や審美的基準を見出すことはできるだろう。このような基準は、未来の資源を保存するために現在が負担しなければならない費用について、それを受け入れるかどうかの判断の根拠になるだろう。私たちは、「なぜ私たちが後世のために何かをしてやらなければならないのか。いったい、後世が私たちのために何かしてくれたとでもいうのだろうか」[文献45]と述べたボイル・ローチ[*4]の態度とは、正反対の立場をとろうとしている(ローチは「議長、憲法を維持するためにその一部を破棄する必要があるというのなら、いっそ全部を破棄すべきであると確信するものでありますます」という名文句を残したことでも知られている)。

保全が、系統だった公的努力目標になったのは、西洋ではそう古いことではない。中世ヨーロッパの森林法は例外的存在だが、それも第一の目的は王室の狩猟地を守ることと、どんぐり、肉、燃料、木材などの森の資源を独占することだったように思われる。ただ、この法律によって一般の人びとが森から締め出されたので、結果的に森林の保全が促進されることになった。イングランドでは、一時は国土の三分の一が王室の領地になっていた。有名なロビン・フッドは、この法律に対する反逆者だった。一般に、集中化された土地所有権は、土地に対する配慮を強化するもののように考えられていることが多い。しかし現実には、この集中化された所有権が、その後の急激な自然破壊を助長する役割を果たした。国王が現金を必要とするようになると、森の木々はたちまち根こそぎにされてしまった。

中国には、もっと古い保全の伝統がある。寺院の境内や王家の墓地などの聖域では、動植物の狩猟と採取が禁じられていた。王家の領地での収穫を管理するために、森と湖と川には見張り人がおかれていた。樹木の枝おろしが規制され、梁漁が禁止され、狩猟期が定められていた。また、真珠の漁場が保護され、流域の山林を保存するために、たき火や伐採が禁じられた。ある皇帝は、馬、牛、ラバ、犬、鶏などの殺生を禁止する布告を発している［文献91］。これらの布告の動機は宗教的なものだったが、実施の意図は、あまり宗教的なものではなかった。ここでも、布告の最大の目的は王家の狩猟地を保全し、王家の消費生活に必要な物資を未来にわたって確保することだった。したがって今日では、中国北部でも森林がほとんど姿を消している。そこでは大部分の土地が浸食され、野生種の動植物も絶滅してしまっている。

私たちは、西洋文化の伝統的な自然観が劇的逆転をとげつつあるのを目撃している。私たちは、制御不能な自然が人間を圧倒し、人間の築き上げたものを抹殺してしまうのではないかと恐れていた。その懸念がいま逆転しようとしている。かつて動物園は、動物の世界の一部を略奪してきて、それを見せ物にする場所だった。それが、いまでは絶滅しつつある種を保存するための場所になろうとしている。

保全とは、予測の困難な長期的未来に思いをめぐらして、そのような未来において重要性をもつと思われる資源を現在の時点で維持することである。そこでは、事象の変動に妥当な限界を設定して、物資の損失と低下を回避し、その連続的な利用を保証する努力が払われる。土壌の浸食、空気や水の不可逆的汚染、景観の貴重な美質の破壊、人間遺伝子の退化、人間以外の種の絶滅、人間の知識や芸術作品の損失――私たちは、このような過ちを予防しようとする。保全の対象を選択する際には、その資源が未来の世代にとっても重要な資源でありつづけそうだという判断と、ほどよく使用していれば枯渇することはないだろうという判断が決定の基準になる。私たちには、遠い未来を正確に予測することや、現在の時点での保全の価値を算定することはできない。けれども、こうした基準が満たされていれば、それらの資源を保存するために私たちが大きな犠牲を払うことを正当化できるだろう。

しかし、重要な資源の中には、鉱物資源やエネルギー資源のように、使用につれて減少してしまうものがある。もし、その資源が（シリコンのように）無尽蔵に近いというのでなければ、私たちは現在の使用量を調節して、枯渇を先延ばししなければならない。そのためには、資源に課税したり、その価格を上げたりして、消費を縮小することや、小型で寿命の長い製品の生産を促進することが必要になるかもしれない。だが、どの程度まで現在の使用量を調節すればよいのか決定するのは難しい。私たちは、一世代後か二世代後には代用できる資源が発見されるものと仮定して、それまでの間だけ資源が利用できるようにすればよいのかもしれない。あるいは、資源の消耗を地理的に限定すべきなのかもしれない。それには、廃棄物を再利用し、需要を抑制し、原料とエネルギーの輸入を縮小し、遠方の資源の侵食を抑えることのできる、そういった社会をつくらなければならない。そのような社会は、情報だけを大量に消費する社会になるだろう。情報は、いくら使用しても枯渇することのない資源である。

また、利用によっていったんは破壊されるが、取り返しのつかない影響が出ないかぎり回復可能な資源もある。樹木は、伐採によって土壌が損われなければ、植林によって再生が可能であるし、水質も汚染が限界を越えなければ、原状を回復することができる。このような資源の場合は、枯渇しにくい資源の場合と同じように、行動の根拠が比較的はっきりしている。そこで第一に優先されるのは、取り返しのつかない変化を予防することであり、第二に中期的未来の世代のために、これらの資源の再生をはかることが重視される。

同様に、未来の不幸の芽をたくわえておくことも、倫理的に許されるべきことではない。現在、私たちは二万七〇〇〇トンにのぼる神経ガスを貯蔵している。これだけの神経ガスがあれば、世界中の人間を一〇〇回以上も殺すことができる。いったい、この神経ガスで何をしようというのだろうか（これはまったく過剰な毒ガスである。どれだけの毒ガスがあれば〈有効〉で、どれだけを弾頭や地雷に使うというのだろうか）。これだけの毒ガスを化学的に処理するには莫大な費用がかかる。経済的に処理するには、毒ガスを密封して、地中か深海底に投棄する方法が考えられる。毒ガスを密封した容器は、相当な期間、毒ガスを安全に封じ込めておく役割を果たすだろう。しかし、もちろんそれは永久的なものではない。

これまで展開してきたのは、ごく一般的な保全問題についての議論である。同じ保全でも、はるかに評価の困難な活動がある。H・M・ロープは、初期の林学の発達を分析した小論をまとめているが、その中で、林学者たちがもっとも頭を悩ましたのは時間の問題だったと述べている［文献87］。彼らは、遠い未来のイメージを基礎にして経済計算を行っていたが、その未来のイメージはそれを支える保全活動と密接に結びついていた。森林の植樹と手入れは、未来の利潤を前提にして行われてきた。ところが今日では、十分に成長した樹木はもはや必要とされなくなっている。人間の知識が、樹木の成長より数倍も速く木材の使用法を変化させてしまった。そして、当初の計算から未来の木材供給によってもたらされる利潤が抜け落ちたとしたら、土地経営の形態はまったく異なったものになっていたかもしれない。

保全は、保守主義に陥りやすい危険性をもっている。保守主義はあらゆる現状の変更に反対する。現在の景観、現在の習慣、現在の生態系などが、日ごろ親しんでいるものだからという理由で固定化される。けれども、これらの状態はこれまでの絶え間ない変化の結果を示しているにすぎない。それは、これからも変化をつづけていくだろう。イギリスの農村にみられる生垣は、いまではそれを機械化された農業の侵略から守ることが強く叫ばれているが、実はそれ自体が一八世紀に起こった社会がひっくり返るほどの[*5]環境変化の産物なのである。今日のキューバや中国の景観は、一九世紀のアメリカ合衆国の景観と同じように、巨大な規模で変形を経験している。これらの変化が、悪い方向に向かっていると断定することはできない。ノーフォークの湖沼地帯は美しい水郷風景で知られているが、この土地は中世の泥炭堀りたちが放棄していった土地である。私たちは、現在の状態を変化させることに逡巡することが多い。それは、審美的理由や精神的理由によるのかもしれない。あるいは、変化によって引き起こされる社会的犠牲によるのかもしれない。だが、取り返しのつかない変化が予測される場合や、長期的未来にも重要であると思われる資源に恒久的損失が予測される場合でなければ、私たちは保全を旗じるしにして行動するわけにいかないだろう。

アメリカ合衆国では、ごく最近まで保全は上流中産階級の価値観だった。保全が特権を守るために用いられることも少なくなかった。それは、しばしば農民を森からしめ出し、キャンパーを私有海岸からしめ出し、下層階級を郊外住宅地からしめ出すことに利用された。保全と社会変革の間には、よく利害の衝突がみられる。イギリスの産業革命は、森林を破壊し国土を汚染した。世界中の人びとが北米大陸の物質的水準に到達することを望み、それを達成することになれば、世界のエネルギーと原料の枯渇とそれに伴って発生する環境汚染が、大きな問題になってくるだろう。しかし、汚染に対する国際的コントロールを確立しようとする試みは、発展途上国から、それらの国々の成長を牽制する企てとして警戒されている。それも理由のないことではない。合衆国でも、賃金労働者への所得配分をはなはだしく減少させたり、彼らの生活向上を妨げるような保全措置に対しては、激しい抵抗が予想される。それでは、不幸な結果を招かずに必要な社会転換をなしとげるには、どうすればよいのだろうか。貧しい国々にも資源を分配しようというのでなければ、富裕な国々の環境基準をそれらの国々に強制することはできない。工業を基礎にした西欧諸国の成長は、これからの発展モデルには適していない。先進諸国も、大規模な変化が必要な転機を迎えている。

最近では、生態学の原理が、環境上の決定に適切な指針を与えてくれるものとして引用されることが多い。生物どうしの広範な相互関係や、生物とその生息地との相互関係についての知識は、ある行為から予測される結果を評価するうえで、きわめて貴重な役割を果たすにちがいない。特にその行為によって生態系に予想外の広範な反応が引き起こされる場合に、生態学は警鐘を鳴らす役割を果たしてくれる。けれども、倫理的規範としては生態学にあまり多くを期待することはできない。成熟しきった生態系の概念は、多様性と安定性にいろどられたシステムで、そこからは最大限の有機物質とエネルギー変換が生み出される。それは、人間のいかなる理想郷とも調和することがない。そこにあるのは、蚊の大群、じめじめした植物の繁殖、不快な微気候、人間の食糧の欠乏などである。それに私たちは、安定を甘受するわけにはいかない。世界は、私たちのために変化するものでなければならない。

結局、正しい倫理的視点からは、人間は自然の一部として認識されるだろう。人間の役割は、他の種と共存していくこと――つまり他の種と互恵関係を保ち、他の種に配慮し、他の種と生態系全体が望ましい方向に変化・発展していくのを手助けすることでなければならない。だが、何を選択と相互関係の基礎にすべきかは、まだ明らかにされていない。現在のところ、私たちは人間志向的な保全を中心に考えていかなければならない。そこでは、私たちにとって長期的価値をもっている資源を保護し、取り返しのつかない過ちを用心深く避けることを重視すべきである。これは、環境に対する配慮を欠かさなければ、それが突発的な行為をなめらかに吸収するはずみ車になって、社会変化に伴う動揺を抑制する役割を果たすだろうということを示唆している。しかし、世界を現状のままにしておくべきだということを意味するものではない。私たちの最終的な倫理観がどのようなものになるにしても、保全の原理が、世界の物理的特性だけから導かれるものでないことは明らかである。それは、人間の希望や価値観とも関係をもつものでなければならない。そして、先進諸国における環境の実態に目を向けると、私たちの望む社会変化が、北米大陸の価値観と水準を世界中に波及させるものであってはならないという確信に到達する。

適応性

環境の適応性も、未来を開放的に保っておくひとつの方法である。ある状態を達成しようとするとき、それまでに積み重ねられてきた発展が達成の障害になる例がよく見られる。もちろん、既存の環境がそれ以後の変化を完全に妨害することはほとんどない。しかし、既存の環境によって変化の費用が高いものについたり、変化が望ましくない方向にそれたりすることは少なくない。ハバナは、資本主義社会のために建設されたので、社会主義の目的に適応させようとするといろいろな困難が生じている。大火後のロンドンは、テムズ川の河岸に通じる街路の拡幅に力を注いだが、実際には荷船による輸送よりも荷馬車による輸送の方が多かったので、陸路の城門に通じる拡幅されていない狭い街路がたちまち荷馬車でいっぱいになってしまった。『七破風の家』の主人公は（あとで発言を取り消しているが）永遠性に対する理想に攻撃を加えて、次のように述べている。

「私は、誰ひとりとして子孫のために家を建てたりしない、そういう日がやってくると信じている。……彼なら、丈夫な布地で洋服をつくるように注文するかもしれない。……

そうなると、彼の曾孫も彼とまったく同じ背格好をしていなければならないわけだ。……私にとっては、公共建築も……それほど永久的な材料でつくる必要はないように思える。……二〇年かそこらごとに公共建築を取り壊して、その建築が象徴していた制度を改革するきっかけにした方がはるかに良策ではないか」[文献59]。

もし、私たちにこれからの変化を正確に予測することができれば、現時点でその変化に備えることは単なる技術的問題にすぎない。それは、発展に対する操作をどれだけ体系的なスケジュールに組むことができるかという問題とほぼ同じものになるだろう。だが、未来の障害を予測することができないときに、ともかく障害の影響を減少させる対策を立てたいとしたらどうだろうか。この種の一般化された適応性は、評価も検証も不可能なので、厳密な意味ではそれを実現することはできない。しかし、大雑把な方法でよければ、未来に対する適応性を求めることも不可能ではない。たとえば、未来の変化が過去の変化に似通ったものになるにちがいないと仮定して、変化を容易にする条件を歴史の中から探してくることができるだろう[文献75]。このような条件は、余分の空間、太すぎるパイプ、過大な構造物、巨大な基礎などのように、最初に十分すぎる容量が用意されていた場合であることが多い。マサチューセッツ中部にあるクァビン貯水池は〈愚かしい〉ほど大きすぎると考えられていた。けれども結果的には、この貯水池のおかげで、ここ数十年の間、ボストンはアメリカでは数少ない水問題のない大都市のひとつになっている。ニューヘブンの街区は最初はひどく低密度だったが、そこに残されていた空き地を埋めることによって都市の成長が可能になった。大きすぎる容量は、現在の費用が割高になることを意味するが、あとになってみるとそれによって得られた適応性が長期的費用を割安にしているかもしれない。特に大きすぎる容量が低い密度や過大な空間である場合には、いっそうこの傾向が大きい。

適応性を実現する第二の手段としては、豊富な交通施設を用意することが考えられる。それによって、人間、物資、廃棄物、知識などの移動と流通を迅速にすることができる。大きすぎる容量の場合とは異なって、十分な交通施設は、時間とともに使い果たされることがない。それは、現在の時点でもはっきりした長所をもっているかもしれない。

豊かな交通網を備えた大都市は、きわめて大きな弾力性をもっている。ロンドンが大火から急速に復興できたのは、この都市が海路網や陸路網と密接に結びついていたからでもあった。

第三の手段としては、空間的に変化しやすい要素を、変化しにくい要素から分離する方法が考えられる。たとえば柱間の大きい建築で、柱が非耐力壁と分離されて広い空間を構成している場合や、都市内で比較的安定している住宅と変化しやすい商業建築が分離されている場合などがそれである。この方法の有効性は、私たちが変化しやすい要素と安定した要素を区別する能力をもっているかどうかに左右される。適応性の名のもとに、道路を巨大な構造物にし、そこに建物を取り付けたり取り外したりする理想都市の計画があるが、この提案は、交通が都市の技術の中でも特に変化の速い技術のひとつであることを忘れている。交通そのものは長い寿命をもつだろうが、特定のタイプの道路の寿命はそれほど永続性をもつように思えない。このデザイナーは誤った要素を分離して、固定してしまったのかもしれない。長い耐用年数をもつのは、むしろ住居ユニットの方ではないだろうか。変化しやすい要素と持続性のある要素を区別する別の方法としては、できるだけ要素が独立して成長できるようにデザインすることが考えられる。そこでは、通常の開発に用いられるユニットをできるだけ独立性の高いものにしておく。こうした意味では、共同住宅よりも戸建て住宅のほうが改造しやすいといえるだろう。

第四の戦略は〈成長形〉である。これは、それぞれの領域の端部、側面、内部などに、成長のための空間を残しておくものである。その際、仮設エレメント、可動エレメント、付加的構造物、モデュラー構造物、汎用形態などを利用することができる。ただし、仮設エレメントの利用は、それを使った施設の用途が明らかに短期的なものであると予測されていて、さらに仮設形態（たとえば住宅の代用になるテント）の方が著しく安価であるというのでなければ適切な方法ではない。多くの場合、私たちの気に入るような仮設環境は、常設環境に比べてけっして安価なものにはならない。モデュラー構造物や可動構造物が効果的なのは、用いられているモデュラーユニットや可動ユニットそれ自体が永続的な有効性をもっている場合に限定される。いろいろな形態（部屋の規模、柱間、敷地配置など）を新しい用途に合わせて改造する際の難易度を算定したり、歴史的にどの形態が適応性に富んでいたか判断したりすることは可能かもしれないが、汎用形態を定義するのはきわめて難しい。ピーター・コーワンが行ったイギリスの病院建築史の研究によれば、用途の変更に対して最も適応性に富んでいるという部屋が、一二〇〜一五〇平方フィートの大きさの部屋[文献43]。それより小さい部屋では、限られた用途以外への改造が困難になり、それより大きな部屋でも、部屋の面積の増加の割には新しいアクティビティを期待することができない。

高度な適応性をもつ環境は、経済的負担だけでなく心理的負担の原因になるかもしれない。形態の不確実性と中立性は、行動と環境イメージを混乱させる可能性をもっている。このような混乱を防止したり、適応性に富んだ環境の中で快適に生活する方法を学ぶためには、特別な手段が必要とされる。教会、岩、老木などの安定した象徴的焦点は、不安定な光景を〈把握〉する手がかりになる。近づきつつある（したがって比較的確実な）未来との視覚的結びつきも、人びとに安心感をもたらすことができる。人びとは、ある程度まで可能性と意外性に喜びを見出すことができるようになるだろう。

物理的適応性は、どれほど望ましいものでも、実際にそれを用意しようとすると必ずなんらかの困難な問題が引き起こされる。物理的な破壊と改造の技術を効率の高いものにしていくことが、確かに重要かもしれない。だが、制御と決定のプロセスを改善することが、それに劣らず、あるいはそれ以上に重要な意味をもっている。環境は、この制御と決定のプロセスによって絶えず計画しなおされている。刺激から反応に移る時間の短縮、迅速で効果的な監視と制御の確立、不測事態に即応した計画の立案、情報処理決定権の最適部署への分散、実験・検証可能な選択肢の開発――これらの方策の方が、適応性にとっては、適応すべき事物そのものの物理的特性より効果が大きいかもしれない（もちろん事物の物理的特性を無視することはできない）。私たちは、再計画の戦略を議論すべきかもしれない。そこでは、再び変化を考える際の心の習性が大きな関わりをもってくる。

私たちは、建造物の建設と管理を行う際に、はっきり再生への準備をしておくことができるだろう。たとえば、建造物を解体や改造がしやすいようにデザインしておくことが考えられる。あるいは、土地を利用しやすく生態学的に

図30／古い樹木は，周囲の変化しつつある居住環境に連続感を与えてくれる

も安定な状態に修復するために、その基金を償却プロセスの正規の一部として義務づけることも考えられる。後者の手法は、露天掘りによる環境の悪化など、大規模な環境破壊に対処する手段として利用されつつある。イギリスでは鉄鉱石の採掘に重量税がかけられていて、鉄鉱石が掘りつくされたあとの地表面を再生するために、この税金で基金がつくられている。このような方法は、もっと広い範囲にも適用することができるだろう。しかし、基金をつくる際には、未来の復元コストを合理的に評価する基準が必要である。

廃棄の失敗というと、すぐに産業廃棄物の山と廃墟と化した都市の建物が頭に浮かんでくる。しかし、もっと多いのは、荒れはてた農地と旧軍用地である。戦争と戦争準備がもたらす大きな浪費のひとつは土地の汚染である。戦争は大地から緑を奪い、毒物や爆発物をまき散らし、砲弾と爆弾の着弾地、戦車演習場、古い要塞などの広い土地を不毛にしてしまう。合衆国内の広大な軍用地(二〇〇〇万エーカー、国土の一パーセント、主要都市域のほぼ一〇パーセント)は、ポルトガル程度の小国の国土面積に匹敵する土地が荒廃させられていることを意味している[文献97]。イギリスでは、国防省の管轄下にある土地は、鉱工業によって荒廃したと公表されている土地の五倍以上にのぼる［文献29］。

廃物や廃車のような廃棄された環境も、一種の汚染である。それを処理する費用は利用者が負担すべきもので、汚染された環境を引き継ぐ人びとにつけを回すべきではない。利用後の敷地を取り片づけて再構成するために、なんらかの方法を確立しなければならない。なぜなら、土地の集約的利用を行っているのは、中小の事業者や個人が多いからである。ひとつの方法として、北米諸都市の郊外成長地区のように新しい住宅開発の条件が揃っている地区を、定期的に国有化することが考えられるかもしれない。また、長期的な借地権を設定して、コミュニティの手に土地の所有権を戻したり、総合的再開発の意志と資本をもった大きな機関や地主の手に所有権を戻す方法が考えられる。少なくとも、いくつかの特定の地区では、土地の所有権を永久化しないで、コミュニティが個人に生涯不動産として土地を貸与する方法を実施してみるべきである。そこでは、人びとがコミュニティに地代や地税を支払って土地を借りうけ、その死後は土地も建物もコミュニティの手に返却される。扶養家族や建物の最低償却期間についての規定も必要である。私たちには、自動終了する制度と同じように、自動終了する環境も必要である。

有効な適応性は、永遠の中立性をもった柔軟性ではない。それは、変化に対応する持続的能力を維持して、変化しつづける目的の達成を助けるものでなければならない。適応性を評価するには、現状の環境要素を未来の用途に転換するのに必要な費用と、まったく新しい敷地にそのような未来の用途を準備するのに必要な費用を比較するとよいかもしれない。この指標はどの時点でも比較可能だが、費用と未来の用途が変動するので、絶えず変化するだろう。ある地区の指標を向上させるのに必要な費用や、新しい地区に望ましい指標を実現するのに必要な費用を算定することは可能である。それに基づいて、測定可能な判断基準を費用便益の分析に導入することもできる。

適応性と保全は、倫理的基盤だけでなく心理的支持も必要としている。未来の確定されていない変化は、私たちがそれを自然で快適なものであると認めるようにならないかぎり、私たちを脅かしつづけるだろう。必要なのは熱望と連続感である。もし、過ぎ去った遠い過去に希望と結びつきを見出すことができないとすれば、私たちは遠い未来にもそれらを求めるべきではない。遠い未来は、私たちの行く手にありながら、けっして到達することのできない永遠のゴールに似ている。連続感と希望は、現前しつつある現在と、その現在が進行しつつある方向の中に見出される。すなわち、絶えず更新されている方向性をもった流れの中にある。ロワラ族[*6]ジプシーは〈道も目的地のうち〉という格言をもっている。死、消耗、衰退——これらは、現在の流れの中で欠かすことのできない一部分を構成している。したがって、私たちは死をおおい隠すべきではない。ゴミの山にしても、汚点として隠蔽すればよいというわけではない。新しいものの贈呈ときらびやかな包装だけでなく、新しい形式の死の儀式や廃棄物処理の儀式が必要である。新しいものと古いものは時間の流れの中のエピソードである。私たちは時間の流れとともに進みながら、期待と喜びを胸に抱いて未来を見つめる。

プロトタイプ

私たちが未来に対応する方法は、未来のために事物を保護し、未来に適応することだけではない。私たちは未来を創造することによって、未来に対応することもできる。私たちは未来の計画を作成することに精通しているようにみえるが、それらの計画の多くは、外から与えられた予測とその予測への順応の混合物であるにすぎない。新しい空間が計画の対象になっても、結局、それは平凡な目的のために組織されてしまうことが多い。私たちが、まったく新しい可能性を探り当てることはほとんどない。まれに新しい可能性が見出されることがあっても、それは偶然や特殊な圧力によるものだったり、小さな製品のデザインにおいてだったりする。

ユートピア的未来図が抱えている問題点は、その薄っぺらで静的な画一性ばかりではない。そこには多くの不完全さが含まれている。ユートピアが、快適な生活を送れる場所ではなさそうだということには、誰もがすぐに気づくだろう。想像上の地獄の方が、はるかに豊かで生き生きしている（ダンテ[*7]の『神曲』でも地獄と過去の方が生き生きと描写されている）。典型的ユートピアは、現在との明確な結びつきをもっていない。ユーピアによって表現されている価値観は、範囲の限定された視野の狭いものでしかない。それは、少数の人びとの願望を現実の世界に投影したものにすぎない。それが、歴史に影響を与えたことはほとんどないが、いまでも私たちは、こうした未来の夢がもっている潜在的な予言機能に魅力を感じつづけている。今日では、ユートピア的な理念とその実験的試みが再び流行している。しかし、どのような姿をとって現れようと、ユートピア思想が私たちの想像力に訴えるためには、その未来図をもっと生気のある複雑なものにして、人びとにとって身近な生活実体を盛り込まなければならない。それは現在の中から生まれるものでなければならない。そして、それ自体が生命力をもっていなければならない。

　中期的未来に対して、もっと現実的な探究を企てることは不可能だろうか。選択の可能ないくつかの生活方法を考案し、検討し、その結果を伝達するため、特別な組織をつくることはできないだろうか。それは、未来についてのプロトタイプ生成器になるだろう。そこにはいくつかの問題が横たわっている。プロトタイプ生成器を実際につくり上げるには、なんらかの予見的デザインや未来の創作が必要とされる。つまり、新しい共同生活の方法を模索するための開かれた研究所が必要になる。現在を方向性をもった流れとしてイメージすることは、未来に対する積極的姿勢につながっている。それと同様に、調査と評価は、未来を開放的な状態に保っておくための積極的方法である。これらは、長期的な費用便益の〈客観的〉算定に役立つだけでなく、環境適応性の保全と維持という消極的手段を補足する役割をも果たすことができる。また、望ましい未来の可能性が明らかにされ、それらと現在との関連が浮きぼりにされるので、私たちは、いま何をすべきか学ぶことができる。少なくとも、未来から望ましい機会が失われてしまうのを防ぐために、何をしなければならないか知ることができる。技術的には、それは一般的適応性の維持というより直接的分析に近いものになるだろう。

無関係な未来

未来を開放的状態に保っておくといっても、未来をいっぱいに開放しておく必要はない。つまり、未来をありとあらゆる変化ができる状態に保っておく必要はない。そのような目標は、はなはだしく高価で、分析的に不可能であるばかりではない。不確実な未来のもたらす心理的重圧によって、人びととの緊張は耐えがたいものになるだろう。私たちの目標は、もっと控え目なものでなければならない。それは、（生活やコミュニティが）良好な状態で存続できるように保証することと、選択の余地を明快で望ましいいくつかの選択肢に絞っておくことである。無限の可能性の中からの選択は、誰にとっても困難が大きすぎる。たくさんの選択を処理することのできる人もいないではないが、それも大変な努力を必要とする。人びとは、生活様式とそれに結びついた行動様式を選択し、それをしっかり守ろうとする。彼らは、生活様式という大きな決断を下すことによって、厄介な多くの選択を免れるわけである。私たちは、重要な（明快で望ましい特徴を備えた）選択肢をいくつか用意して、選択をその範囲に限定したいと思っている。そのためには、いったい何が望ましいものなのか、多少とも考えてみなければならない。私たちには、変化の速さや細かい特徴を予測し、それを制御することはできない。また、けっして終着地に到達することはできない。けれども、未来の進む方向に、私たちなりの希望を抱くことはできる。私たちは、〈望ましい〉という言葉で、人間的な成長と発達、開放性、公正さ、心を引きつける魅力などへの志向を表現している。しかし、それらの志向を環境に結びつけ、操作できるようにしようとすると、広い合理的配慮と倫理的配慮が必要になる。

不確実性と数多い選択は、私たちにとって苦痛に感じられることが多い。そこで、未来の確実性を押しつけようとすることがある。契約と法律は、この役割を果たすことができる。環境も安定装置の役目を果たすことができる。新しい交通路線によってコミュニティセンターを定着させたり、新しい公園によって〈永遠の野生〉をつくり出したりすることができる。このような環境上の決定は、未来を開放するかわりに、慎重に未来を閉鎖する働きをもっている。未来の閉鎖性が、不足の予想される資源を保全し、不利益を招く可能性を除去し、不確実性と多様性を理解可能な次元にまで引き下げ、（一定の幅の環境を維持することによって逆説的に）選択性を保護するものである場合には、その閉鎖性は望ましいものである。人口の安定とそれに伴う年齢配分を実現することができれば、私たちの精神風土にも、それに対応する変化が起こるかもしれない。そこでは、革新はあまり強調されず、連続性と予測の安定性が重視されるようになるだろう。

しかし、未来は多くの意外性に満ちている。それをひとつの型にはめ込もうとする企ては、とんでもないひずみを生み出すかもしれない。交通路線は無用の長物になるかもしれない。公園を根城して、新しい犯罪組織が生まれるかもしれない。未来に対する私たちの最も重要な責任は、未来を抑圧することではなく、未来に配慮することである。基本的資源を保全し、望ましい未来の可能性をつくり出し、それを開放的な状態に保ち、現在の変化に対応する私たち自身の能力を維持していくことが重視されなければならない。

私たちは、これらの行動を倫理的にも審美的にも自分自身のものにし、内面化しなければならない。そうすれば、それらは現在の時点で努力を傾けるに値するものになるだろう。これと類似していて、方向性だけが異なった行動は、現在でも広く行われている。それは歴史保存と呼ばれている。したがって、未来に対する配慮を、一括して〈未来保存〉と呼ぶことができるだろう。歴史保存が、現在と無関係な過去の廃棄を必要としているように、未来保存も、無関係な未来の排除を必要とするだろう。たとえば、混乱した選択、現在の行動によっては制御できない出来事、重要でない可能性や意味のない可能性、恣意的な確信、どのような観点からも望ましくない非人間的状態などを除去しなければならない。私たちは、変化と共存するだけでなく、変化を楽しむことを学ばなければならない。すなわち、いく種類かの未来をつくり出し、それを選択することを学ばなければならない。若者たちは、未来を可能性として考える習慣を身につけることができるだろう。そうすれば、予測を分析し、未来の生活を小説や映画にし、彼ら自身の未来を自叙伝に書くこともできる[文献21]。それによって現在はいっそう豊かになる。世界は突然に変化を開始したわけではない。世界はいままで絶えず変化しつづけてきた。たぶん、昨日の変化より今日の変化の方が急速だということはないだろう。だが今日では、変化に対する私たちの姿勢が変化しつつある。私たちは、変化しつづける世界を理解し、受け入れるようになってきている。また私たちは、社会の変化、家族の変化、人間の心と体の変化、私たちを取りまく生物界と非生物界の変化など、厄介な変化の可能性も予見できるようになった。すべての人びとの行く手になんらかの出来事があるという意味では、すべての人びとが未来をもっている。ただ、人びとは首尾一貫した精神的視野を見失うことがある。これがないと、出来事の可能性を理解して、それを現在に結びつけることができなくなる。このような視野の喪失は自己を喪失することなので、人びとはそれに苦痛を感じる。

未来のイメージを確立するには、それに先立って多くの政治的変化と社会的変化が必要になるだろう。その場合、口でとやかく言うことは無益であるが、環境にはある程度の役割を期待することができる。そこでは、現在の変化を明瞭なものにすることができる。過去の変化を〈牧歌的な〈昔々あるところに〉ではなく〉きちんと説明することができる。近い未来との結びつきを視覚的に表現することができる。保全と適応性を現在の満足として内面化することができる。そして、実地体験と〈未来博物館〉によって、未来の選択の幅を広げることができる。空間的環境と時間的環境は、未来志向の姿勢を形成する手段として利用することができる。未来を志向する姿勢は、世界を変化させる鍵になる。

＊1　Middlesbrough　英国ノースヨークシャー州北部、ティーズ川河口の都市

＊2　Old Howard Theatre　ボストンのスコレイ広場にあった劇場。一八四四年にキリスト再臨派の会館として建設された。この宗派は同年一〇月に世界が終末を迎えると信じていた。予言がはずれて売却された建物は、翌年、劇場として再開。古典劇やコメディ、ボードビルショーで人気を博したが、第二次世界大戦後、地区の衰退とともにさびれ、一九五三年に閉館

＊3　H.G.Wells（一八六六～一九四六）　イギリスの小説家・文明批評家。自然科学の知識をもとに独特の想像力を活かし、『タイムマシン』『透明人間』『宇宙戦争』などの空想科学小説を発表

＊4　Boyle Roche（一七三六～一八〇七）アイルランドの政治家・下院議員。政策より奔放な発言で名高い

＊5　一八世紀半ばから一九世紀初めにかけて起こった第二次エンクロージャーを指す。エンクロージャーは、耕地と共同地を垣根で囲い込み、私有地化すること。農業の資本主義化と農民の賃金労働者化を促進した

＊6　Lowara Gypsies　オーストリアに多く住み、主に馬の行商を生業としていたロマの部族

＊7　Dante Alighieri（一二六五～一三二一）　イタリアの詩人。『神曲』は、詩人が地獄、煉獄、天国をめぐり、最後に至高天に達する叙事詩。世俗の罪から信仰にいたる遍歴を描く

5

内部の時間

The Time Inside

これまでは、どのようにすれば環境の中に過去、現在、未来を表現することができるか、あるいは表現する可能性を生み出すことができるか考えてきた。このような考察は、私たちの肉体と精神がどのように時間を体験するか検討することによって、いっそう体系的なかたちに整理することができるだろう。ここでは、時間がどのようにして私たちの内部に組み立てられていくかということと、私たち自身がどのようにして時間をつくり上げてきたかということに焦点があてられる。本書のテーマは、この内部の時間と私たちの外部にある時間を調和させることである。

現代の生物学は、再び生活のリズムの重要性を強調するようになっている［文献10］。私たちの周囲の世界は大小のサイクルで脈動している。私たちは時間情報の流れの中を泳いでいる。これらのサイクルの中には、明暗の交代、寒暖の交代、騒音と静寂の交代、毎日の太陽の運行、月の満ち欠けなどのように、私たちの感覚ではっきり捉えられるものがある。また、重力の変動、気圧の変動、目にみえない放射線の変動などのように、私たちに影響を与えているが、私たちの知覚では捉えられないサイクルもある。それに、私たち自身も変化している。私たちは、眠り、目覚め、空腹を感じ、満腹し、緊張し、弛緩し、喜び、悲しみ、生まれ、成長し、死んでいく。私たちの内部のリズムは、宇宙のリズムに応答しているように思われる。私たちは、そのような外部の変化を、私たち自身の生活プロセスを調整するのに利用している。内部のサイクルを示す徴候はたくさんある。たとえば、体温、排泄、頭脳活動、心臓の鼓動、呼吸、眼球の動き、月経、夢、成長、緊張、ホルモン分泌などを挙げることができる。

これらのリズムにはさまざまな周期があるが、人間の場合は、二四時間のサイクル[*1]（サーカディアン・サイクル）が支配的な位置を占めている。私たちの肉体のリズムは、眠りと目覚めの交代もその他の肉体的サイクルも、それに付随した周期をもっている。このサイクルは、肉体の振幅として私たちの体に先天的に備わっているらしい。自然な状態、すなわち〈自由走行〉状態に放置したときの周期の長さには個人差がみられるが、その周期の変動幅はほぼ二三～二八時間の間におさまっている（この変動の中央値は太陰日の二四・八時間に近似している。地球の自転によってもたらされるサイクルは、私たちの肉体が〈自然〉に選ぶ周期よりわずかに短い周期をもつことになる）。肉体の周期は、明暗のサイクルの変化、磁場、社会的誘導などの影響を受ける。しかし、外部から強制されないのに周期が通常の範囲から大きく逸脱したり、不規則になったり、突然に変化するようなことがあれば、それは病気の徴候だと考えて間違いない。一方、勤務時間が交代したり、日付変更線を越えて飛行したりというように、このリズムが外部から強制的に変えられた場合、私たちは、疲労、肉体的混乱、精神的緊張などの犠牲を払わなければならない。ときには、永久的損傷をこうむることさえある。〈洗脳〉を行う際には、一日の時間の知覚を混乱させることが挫折と屈伏を促進する重要な手段になっている。また、極地の冬のように、一日の脈動を示す外部の手がかりを見出せないところでは、多くの人びとが抑鬱感と不眠症を訴えている。

もっとも、サーカディアン・リズムが支配的だとはいっても、それ以外にも重要なリズムがある。月経の周期はよく知られているが、今日では、男性もほぼ同じような周期の感情的サイクルと化学的サイクルを経験することが明らかにされている。精神病にも同じような周期性がみられる。精神活動は、春と秋に頂点を迎えるようである。さらに、二二・三年という太陽黒点のサイクルと位相が一致するような、もっと長いサイクル（たとえば病気の）についても、まだ確認されていないが、その存在を示すいくつかの根拠が見出されている。

短い周期をもつサイクルでは、九〇〜一〇〇分のサイクルが明らかにされている。このサイクルは、睡眠と夢の研究の中で発見されたものだが、いまでは、覚醒時もこの周期が基調をなしていることが認められている。それは、注意力、精力、情報処理能力などが高まったり弱まったりする、その自然のリズムなのだろう。幼児の場合、このサイクルの周期はもっと短くて、五〇〜六〇分であることが多い。もし、このサイクルが覚醒時の基本的リズムだとすれば、六〇分を一時間にしている現行の単位は、少なくとも大人に関するかぎり非人間的な単位だということになるかもしれない。もともと、それは六〇や二四という数字が因数分解しやすい数字だったからにすぎない。

このような脈動はあらゆる生き物にみられる現象で、そこには二つの主要な機能があるように思われる。その機能のひとつは有機体を外部の環境と同調させて、有機体の行動が適切な時間に行われるようにすることであり、他のひとつは内部の生物学的プロセスの流れを同調させて、肉体という複雑な機械の動きを調和をさせることである。これらのリズムの共時性に破綻が起きると、肉体という機械は混乱をきたし、有機体は厳しいストレスを受ける。

病気、老化、恐怖などは、肉体の内部の非共時性を伴うことが多い。内部のリズムの外部変化への適応には、時間的なずれがみられる。そのため、肉体的な非共時性は、外部環境の非共時性や外部環境の位相変化によっても引き起こされる。逆に、外部の照明法や社会的コミュニケーションによって、集団のリズムを共時化することができる。周期的な照明は、不規則な月経周期を矯正することにも利用されている。人間は、自然のもっている外的サイクルへの従属から自由になるにつれて、自分たちでつくり上げた多様な社会的サイクルに依存することが多くなってきているが、それは人間の内的混乱の危険を増大させるものになっている。

小さな子供たちは、リズミカルな行動がとても好きである。そのような行動は、子供たちが自分の周囲の世界に適応していく重要な手段である。リズムは精神の健康に結びついている。それは、学習と記憶、恐怖と安心などとも密接な関係をもっている。しかし、人びとの内的な時間構造には個人差がある。内的な時間構造の規則性、脅威にさらされたときの安定性、〈自由走行〉させたときの基本的周期、内的サイクルどうしの同調の度合い、肉体的変化の振幅――これらが人によって異なっていることを忘れてはならない。

私たちの環境は、私たちを影響力の大きなリズムに従属させる。今日では、そのリズムの多くは人間がつくり出したもので、位相がずれていたり、偶然に体験されるものであったりする。私たちは、相互にばらばらな時間の間を飛び回っている。だらだらと長びく会合は、私たちの注意力を減退させる。私たちの社会には昼寝の習慣がないが、私たちは昼食後にひどく眠くなることが多い。私たちは、春先のものうい気分を追い払おうとするが、気を張りつめているときには、かえって精力的に行動することができない。寝る時間に頭が冴えていて、朝になると頭がぼんやりしてしまうこともある。季節が変わっても、私たちは昼と夜の同じスケジュールに従って行動している。私たちの健康は複合的な内部の時間構造に依存しているが、その時間構造は外部の周期性と密接に結びついている。おそらく私たちは、自分自身の肉体に固有の時間構造を読みとることができるようになるだろう。子供たちは、時計を見て〈時間を知る〉ことだけでなく、内部のリズムに注意を払うことや、それを予測することを教えられるかもしれない。彼らは、食事、睡眠、排泄、仕事、遊びなどに際して、内部のリズムと調和を保ちながら行動できるようになるだろう。私たちが外部の世界を意識的に制御できるようになれば、環境の時間を調整して、私たち自身の人間的構造との調和をはかることができるだろう。もちろん、そこでは個人的多様性も十分に許容されるだろう。

時間の観念

リズム、物体、出来事、これらは実在している。しかし、時間と空間は人間が発明したものである。過去、現在、未来は、ひとりひとりによって新しくつくり上げられていく。一般に、子供は一八ヵ月になると〈いま〉という言葉を覚え、二歳で〈まもなく〉、三歳で〈明日〉〈昨日〉という言葉を覚える。子供の時間的視界は閉じられた地平線をもっていて、それより外側の時間は空間的連続と混同されている。子供には、連続して起こる出来事をつなぎ合わせることができない。時間は、非連続的で、とくに印象の深い出来事と結びついている。子供たちは、誕生日がくると突然ひとつ歳をとる。七歳か八歳になると、子供の時間に対する意識は大きな飛躍を示す。彼らの中で連続の観念が持続の観念と結びつき、さまざまな連鎖が共通の〈時間〉の中に組み込まれる［文献17］。

時間は、出来事に秩序を与えようとする知的発明である。それによって出来事は、共存するもの、あるいは連続するものとして識別される。瞬間は単独では存在しない。それは出来事の極小的な集合で、その中では出来事の前後関係はとくに区別されない。私たちは、連続性と同時性を認識する能力にすぐれている。このことは聴覚において著しい。これに対して、月日と持続期間を認識する能力は貧弱である。私たちの内部には生物学的な時計が備わっているが、それは不正確で変動しやすく、読みとることが難しい。しかし、私たちの頭脳構造は、時間という社会的仮説を使いこなせるようにできている。私たちは、それを学習し、思い出し、予告し、つくり出すことができる。私たちは、現在の中で効果的に活動できるように、時間という仮説を用いて、私たち自身と環境を修正している。

未来の観念は、目的と努力と結果を区別するところから生まれてくる。それは、当面のささいな利益よりも将来の満足を求めるような、そういった行動を生み出す概念上の基礎になる。小さな子供の心の中では、未来の観念の方が過去の観念よりもいくらか早い時期に形成されるらしい。また、最終的に獲得される比較的幅広い時間の領域は、人類のきわだった特徴になっている[文献66]。将来性の概念は、未来に対する単なる願望の投影から出発して、過ぎ去った出来事の規則性をもとにして未来の出来事を予測するようになる。さらに成長すると未来は創造的なものになる。そこでは、新しい出来事の連鎖（妥当性のある出来事と妥当性のない出来事の両方が含まれている）が構築されて、現在の行動を導くようになる。一般には、青春期の成長の中で、可能性をもった未来の領域はいっそう拡大されて、それと同時に現在の拘束との理性的結びつきを深めていく。だが、その段階でも空想と白日夢が、ちょうど過去の伝説と神話のように、それなりの意味をもって残存している。これらは、未来の創造法を学ぶ肩のこらないやり方に思える。実際、そこに現在の抑圧からの解放が感じられるかぎり、空想と白日夢は有効な役割を失うことはない。人びとはそれによって、解放感と気まぐれを満たしながら、未来を探究することができる。

過去の観念は、ごく近い過去の行動を心の中に記憶することから生まれてくる。それは、経験によって現在の行動を活気づけるという独自の機能をもっている。過去の観念が成長すると、断片的な連鎖が内的連想によって結びつけられ、記憶が形成される。また、肩のこらない一連の寓話が生み出される。そして最終的には、思いがけない結びつきが時間的に整理され、歴史の意識が形成される。

私たちは、短期的思い出と長期的思い出をもっている[文献7]。短期的思い出においては、現在の出来事のイメージが活発な反復プロセスに従って蓄積されていく。これに対して、長期的思い出は私たちの心に永続的修正をもたらす。心の中で出来事の選択が行われ、それがパターン化される。したがって、個人的歴史の全体を繰り返さなくても、出来事を再生できるようになる。思い出を役立つものにするには、それを圧縮し、再構成することが必要なので、長期的思い出では、意識の記憶装置から不要な情報を排除することが重要になってくる。私たちは、目にしたもののうち、わずかしか取り込まないし、取り込んだもののうち、ほんのわずかしか記憶しない。

過去と未来は、選ばれた出来事を用いてつくられた想像の創作物である。私たちは、それらを拡大する方法を学ぶことができる。一方、子供、老人、酔っぱらい、精神病患者などは、過去と未来をつくり出せないことがある。ある精神状態のもとでは〈現在を固定〉できなくなることが認められている。そのような状態に陥った人は、すでにでき上がっている古い思い出を用いることはできても、数秒前に体験した出来事を記憶することができない。そして、時間と空間の中で道に迷い、事態を見失い、それを思い出すことができない。彼は、当初の目的を記憶していることができないので、持続的な仕事を行うことができない。ある老婦人は、子供時代の村のことを〈まるで昨日のことのように〉覚えていた。確かに、それを見たのは昨日のことなのだが、彼女は、それがずっと昔の昨日だったことを忘れてしまっていた。[2]マーク・トウェインの『ミシシッピの生活』に登場する水先案内人ブラウンは、これとは正反対の症状を示している。ブラウンは、これまでに体験したことをすべて記憶しているかのようだった。彼の頭の中では、あらゆる思い出が他の思い出に結びついていて、無限の連鎖を構成していた。彼の話は何時間にもわたってつづき、それでも終わることがなかった。そのようなわけで、他の水先案内人たちは彼を避けていた。[3]ホルヘ・ルイス・ボルヘスは『記憶の人・フネス』という幻想的作品の中で、同じ現象を極端なかたちで描いている。

はっきり定められているように見える現在も、やはり精神的構築物である。私たちは、目の前の出来事と行動を自分自身に対して復唱し、〈いま私は何をしているのか〉という問いかけに絶えず新しい回答を与えている。睡眠中であると覚醒時であるとを問わず、私たちが現在をまったくもっていないことがよくある。心理学上の現在は、哲学的な大きさのない瞬間とは異なる。それは実在の持続時間をもった空間を意味している。持続時間の長さは五秒までだが、たいていは二秒以下のことが多い。その時間内でも、出来事の連続性や変化速度を知覚することはできるが、その時間内に起こった出来事はすべて現在のものであると感じられる。過去と未来はもっと遠くの出来事を意味する言葉だが、実際には、それらもこの短い直前の時間の中にのみ存在している。過去と未来は、回想や予想という現在のプロセスとして、現在の中にある。私たちは、現在の中に生きているのであって、他のいかなる時間の中にも生きることはできない。私たちの過去、現在、未来は、聖アウグスティヌス[*4]が書いているように、〈過去のものごとの現在、現在のものごとの現在、未来のものごとの現在〉なのである［文献90］。

心理学上の現在とは、知覚した出来事をただちに秩序づけることにほかならない。それは、ちょうど視覚的刺激をただちに（すなわち見かけ上は〈リアル〉かつ確定的なものとして）空間的に秩序づけることに似ている。それは、知覚上の出来事の間につくり出される時間的関係であるといってもよい。そこでは、連続的であるとか、同時的であるとか、安定しているとか、急速または緩慢に変化しているとか、いろいろに理解される出来事が、〈いま起こっているもの〉として一括して把握される［文献4］。時間の知覚は、空間の知覚と同じ構造をもっている。それは印象を分類し対比する。また、空間の知覚と同じように、六つか七つの刺激を組織化するのが限度のように思われる。現在は、そこに向けられる配慮しだいで、〈短く〉も、〈長く〉もなる。うまく組織化することができれば、現在は、もっと長い時間の中にもっと多くの刺激をつめ込むことができる。空間の概念は、時間の概念よりも早くから形成され、形成に際しての困難も少ない。しかし、二つの構成概念は密接に結びついている。子供のうちは、空間と時間が混同されている。もっと成長してからも、空間と時間は互換性をもって用いられ、相互の評価と象徴化がよく行われている。映画には、こうした心理的習性がよく利用されている。精神病にかかると、空間と時間の統合が妨げられることが多い。

心の中の過去と未来には、いろいろな出来事が含まれている。それは、現在の行動を効果的なものにしようとする際に、注意深い考慮を払わなければならない重要な出来事かもしれない。個人的な意義をもった出来事かもしれない。そのような強い結びつきや個人的関係ではなく、知性によって現在に結びつけられている出来事かもしれない。あるいは、あまりにも遠く離れていて、現在とはまったく結びつきがないように思われる出来事かもしれない。私たちは、空間認知の大きな枠組をもっていて、個々の場所の当座の知覚をそこにはめ込んでいく。時間の場は、この枠組に類似している。

しかし、空間の構成概念とちがって、時間の構成概念は直接の知覚によって確かめることが難しい。時間の構造は、それだけ内部の状態や外部の誘導によって修正を受けることが多い。時間の中に自己の位置を設定するのに利用できる材料は、場所の意識に利用できる材料よりはるかに少ない。時間に関する外部の手がかりを豊富にしていこうとする意識的試みは、このような事実が動機になっているのかもしれない。時間の長さについての評価は、著しく主観的なものになる。過去は、それが現在に近ければ近いほど、あるいはそこに顕著な出来事が多ければ多いほど、長く感じられる。老人になると、若いときよりも時間が〈速く過ぎ去る〉ようになる。熱中しているときや空想にふけっているときのように、内部のプロセスが加速すると、逆に外部の出来事がゆっくり起こっているように感じられる。私たちが活発に行動しているとき、活動が首尾よく進んでいるとき、強い動機をもって活動しているとき、知覚できる変化がうまく組織化されているときには、私たちの注意が時間に向けられることが少なくなるので、見かけ上の時間が短くなる。長さの尺度を頭に思い浮かべるよりも、時間の尺度を思い浮かべることの方がはるかに困難が大きい。また、実際に体験した時間の長さを、このような頭の中の尺度に照合することもきわめて困難である。

　思い出を時間的に組織化するためには、外部の小道具が利用される。たとえば、空間的な手がかり、原因と結果の関係、他の人びととの思い出と物語、周期性をもった環境上の出来事、レコードやカレンダーのような特別の装置などが利用できるだろう。記憶は、内部の文脈と外部の文脈の双方に依存している。環境は、そこでものごとを学ぶための場所であるが、同時に学習の対象の中に組み込まれていく。記憶の名人は、学習の対象を、生き生きした知覚イメージと結びつけて記憶する。S・V・シェレシェフスキーは、ほとんど無限といってもよいほどの単語や数値を記憶することができたが、彼はこれらの項目を具体的形態に結びつけて、それをゴーリキー通りの街なみにそって配列していた［文献7］。彼の記憶がまちがったとしたら、それは「街灯が暗くて、よく見えなかったので気がつかなかった」というように、イメージをうまく思い浮かべられないことが原因だった。

　*5ガブリエル・ガルシア＝マルケスは、その幻想的な物語の中で、マコンドという孤立した町を襲った不眠症の大流行のことを書いている［文献55］。この不眠症は、奇妙な集団記憶喪失を引き起こした。人びとは、自分の周囲にあるものの名前を忘れ、さらに日用品の使い方まで忘れてしまっ

た。このような窮状を逃れるために、マコンドの人びとはあらゆるものに札を貼って、そこにその名称と用途を記入しなければならなかった。また、現在の中に閉じ込められて孤立してしまわないように、彼らは占い師を訪ねて、カード占いで自分たちの過去を教えてもらった。物理的環境は、行動を安定させる働きをもっている。それは、単に物理的環境が行為を拘束するからだけでなく、物理的環境によって、過去の行動、出来事、感情が象徴化されるからでもある。

「この根なし草の文明は、個人的関係にこれまでになかった重圧をかけている。……かつては（木々や牧場や山々が）人格に影響してそれを引き締める役割を果たしていたのを、いまでは愛が一手に引き受けなければならない。愛がその仕事に負けませんように」［文献53］。

過去、現在、未来は、同時に形成され、互いに影響を与えあう。その範囲と内容は、過去の体験の安定性と〈できばえ〉、知覚される環境の象徴的安全性、現在の圧力、未来への期待の合理性など、外的要因の影響を受ける。しかし、それだけでなく、それは内的な心の習慣、象徴的才能、自我の意識、動機の強さなどにも左右される。未来の見通しが、私たちの知覚した過去によって影響されることは、当然のように思われる。だが、その逆もまた真実であるということは意外である。現在に対する認識は、過去と未来によって強く影響されているが、一方では、逆に記憶と予測に影響を及ぼしている。

「現在は、指揮者が演奏者たちを指揮するように、過去を指揮している。指揮者は一定の音を要求し、それ以外の音を排除する。私たちには、過去が非常に長く感じられるときと、非常に短く感じられるときがある。過去はあるときは響きわたり、あるときは沈黙する。照明をあてたり、あいまいにしたりする必要のある過去は、現在にこだまする過去だけである」［文献102］。

思い出は、プルースト[*6]が論証してみせたように、自我意識の基盤を構成している。人びとは、自我によって時間的出来事を組織化する。

ここに述べられているのは、私たちがよく経験する内的な時間体験である。それは、断続的現在の中を流れる伸縮自在な流れで、私たちには半分くらいしか知覚することのできない生物学的リズムに従って、あるときは急激に、あるときは緩慢に流れていく。それは、選択性が強く、歪曲され、価値観が混入し、変化しやすい――そういった未来と過去である。そこでは、さまざまな連想の相互浸透が厳格な時間秩序を分断していて、頂点と谷間、リズム、時代区分、境界領域などが入り込んでいる。肉体の健康と自我意識は、このようなプロセスの首尾一貫性を基盤にしている。私たちには、自我と現在に対して無意識になる時間がある一方で、意識がとくに高揚する時がある。たとえば、わくわくするような仕事、楽しい仲間、宗教的歓喜、審美的瞑想などである。神秘的体験には、超時間的感覚や静止感覚があるようには思えない。むしろ、それは生命と流動のきわめて鮮明な感動であり、そこには拡大されて連続的に知覚される現在があるように思われる。内部の時間は、文学の中で称揚されている時間にほかならない[文献12]。それは、抽象的時間の論理的概念と真っ向から対立している。抽象的時間は、無限で空虚な媒体である。その流れは平坦で、逆行することも不可能ではない。抽象的時間の中の瞬間は、ひとつひとつが完全に等しい無次元の点である。そこでは、時間の長さが正確で安定していて、それぞれの時間の長さを厳密に比較して測定することができる。抽象的時間は、人間が生きているのだという、その感覚を排除している。

集団の時間

思い出、期待、現在の意識、これらは必ずしも個人の占有物ではない。これらの時間的な組織と、そこから得られる自我意識は、社会的な裏づけをもっている。最も直接的で単純な例は、小さな集団に見ることができる。そこでは、出来事の体験が共有されていて、絶え間ないコミュニケーションと補強によって、集団の過去と未来がつくられ、選択され、説明され、記憶され、修正されている[文献6]。その集団は家族であるかもしれない。あるいは、学校のクラス、職場のチーム、一時的な集まりであるかもしれない。それらの集団の寿命は、そのメンバーの寿命を超えることはない。一方、もっと大きくて永続的な集団も存在する。そこでの過去は、共通の体験というより、むしろ象徴的意味合いをもっている。古代中国には、正史の編纂にたずさわる官職がおかれていて、そこで記録すべき出来事―

――すなわち未来の世代に伝えるだけの価値をもった出来事が選択されていた。[*7]マンディンゴ族の語り部は、これと同じ機能を果たしている。「私たちは物語の器である。……私たちは人類の思い出である。……私たちは、私たちが伝えたいと思ったことを民衆に伝授する。なぜなら、マリの一二の扉の鍵を握っているのは私たちなのだから……」［文献81］。集団の思い出は、安定した環境によって維持される。そのような環境は〈時間の空間的紋章〉になる。集団の意識は、現在の共有感を活気づける儀式によって、いっそう確かなものにすることができる。

イサク・ディネセンは、アフリカの農園を売却しなければならなくなった。その結果、そこに住んでいた[*8]キクユ族は居住地を追われることになった。そのとき、彼らは集団で移住することを希望した。彼女は、その理由を次のように説明している。

「あなたがたが奪い去るのは彼らの土地だけではない。……同時に、彼らの過去、伝統の源、心のよりどころを奪おうとしている。彼らが自分たちの土地を離れるときには、その土地のことを知っている人びとといっしょでなければならない。……そうすれば、これからの年月も、この農園の地形や歴史を語りあうことができる。また、自分が忘れたことでも他の人が覚えていてくれるだろう。共同体絶滅の運命がふりかかるのを、彼らは恥辱に感じている」［文献48］。

社会的行動を同調させるためには、集団の思い出のさまざまな流れに共通の枠組を与えなければならない。それには、時間を記録し構造づける共通の方法、共通の歴史と神話、共通の儀式などが必要である。古い社会では、産業社会に比べて時間が緩やかに構造化されている。それは、生物学的リズムと密接に結びつき、気候、経済、文化など、そのコミュニティに特有な出来事と緊密な関係を保っている［文献30、70、82］。その時間は具体的で、世代、季節、月日など、人びとの目につきやすい自然や人間の出来事と結びついている。それは、規則正しく連続的に分割されてはいない。むしろ非連続的で、名前のついた時間、日没、乾季、市の立つ日などによって区分されている。この意味深い非連続性は、儀式によって強化されることもある。期間という概念は絶対的なものではない。その概念は、短いものであれば、タバコを一服する時間や毎日の散歩に結びつけられている。また、長いものであれば、満月、睡眠、冬などの周期の繰り返しを数えることによって期間が測定される。これらの周期は互いに無関係であるように思われる。そして、一連の出来事の間に区切りをつけることは難しい。一年の気候の循環はぼんやりしていて、その天文学上の周期を観測するには高度の正確さが必要なので、一月という期間の方が一年という期間よりも早く認識される。過去は、一連の重要な出来事の連鎖として記憶され、そのまわりに派生的な出来事が結びつけられる。四、五年以上前のことは、人生の一時期のこととして記憶される。これらの生活がまとめられて、ひとつの時代の傾向として考えられるようになる。そして、一世代より昔のことになると、時間は、期間を超越した系図や時間を超えた神話の中に消え去っていく。時間の計算、細分割、正確な周期は、このような時間よりも歴史的に新しい。それは、シュメールやマヤの魔術的な算術遊びの中から生み出された。彼らの遊びの目的は宗教的なもので、たぶん無意識のうちに審美的なものだった。

抽象的な時間

社会が複雑で雑多になってくると、高度に非人格的な同調が要求されるようになり、時間の組織は厳密で抽象的な分割をもつようになった。私たちに馴染みの深い標準年、標準週、標準日、標準時、標準分、標準秒、標準マイクロ秒などがそれである。ルイス・マンフォード[*9]によれば、機械時計はキリスト教の修道院で生まれたという。修道院では、永遠の霊魂の救済のために規則正しい祈禱が必要とされていた。時計は「時間を人間的な出来事から切り離し、数学的に測定することのできる独立した世界に対する信仰を助長した。……産業時代の扉を開いたのは蒸気機関ではない。その扉は時計によって開かれた」[文献78]。修道院では、自然のプロセスが厳格で煩瑣な〈規律〉の中に押し込められていたが、後世になると修道院的な時間編成が労働の場に持ち込まれ、さらに生活のあらゆる局面に拡張された。パンチ時計が工場の出勤を記録し、娯楽場に閉店時間が強制され、鉄道が地方の時間を中央標準時間に従属させ、暦にも部分的な調整が加えられた。時間のコントロールは、生産と社会行動に対する階級支配の手段になっている。一八五一年に開かれたクリスタルパレスの博覧会には、目覚しベッドが展示された。このベッドは、まず起床時刻を知らせるベルを鳴らし、次に寝具をはぎ、最後にがんこに寝ている人を床に投げ出すように設計されていた。[*10]『モダン・タイムス』のチャプリンは、なめらかに進行する流れ作業に遅れまいと発作的な努力を繰り返す。彼は警察から逃げるときでさえ、自分のタイムカードにパンチするために立ち止まる。一方、ラブレー[*11]の理想社会であるテレームの僧院には、時計も壁も規則もない。

祭日や季節はしだいに特色を失って、週末や休暇などの標準化された余暇期間と一緒に分類されるようになっている。集団活動は時計の時間によって調整されている。特徴のない海上で、航海者が抽象的な空間位置を示す道具を携行しているように、たいていの大人は時間を示す小道具を持ち歩いている。時計を見るために手首をすばやく突き出す動作は、そうしないと時計が遠慮がちに隠れているからであるが、食事をしたり、タバコをすったり、腰をかけたりするのと同じような、ありふれた動作になっている。私たちは、ベル、ブザー、アラームなど、押しつけがましい時間信号に従属している。このような強制的時間は、集団活動を調整するために必要かもしれないが、それが私たちの重荷になることは否定できない。私たちは、できれば時間から逃げ出したいと願ったり、時間を〈浪費〉しているという罪悪感を感じたりする。

今日では、時間を商品であるとする考え方が広まっている。それも、いろいろな品物と同じように、不足がちな商品であると考えられている。時間は、つけ加えたり、さし引いたりすることができる。あるいは、分割し、節約し、浪費し、補充し、抹殺し、盗むことができる。個人の役割が複雑になったので、活動に共時性をもたせることが困難になり、時間の境界はいっそう厳密で細かく分割されるようになってきた。そこでは、速度（たとえば仕事や運転の速度）は、あらかじめ規定されている一定の幅を越えたり、それ以下であったりしてはならないとされている。スポーツの勝利と記録は、正確な時間によって示される。子供たちは、きちんとしたスケジュールを必然的なものとして受け入れるように教えられる（けれども肉体の時間を告げる方法や、近い過去と未来の中に現在を位置づける方法については、なにひとつ教えてもらえない）。私たちがうとうとしていると、時を刻む時計の音が耳についてなかなか眠れないことがある。目を覚ますと、今日は何日だろうかと

図 31／機械仕掛けの時間が競走を指図している。全員が走らなければならない。しかも，いっしょに走らなければならない

か、朝の何時だろうかと考える。職場と学校でつくられた時間の規律が社会全体に浸透している（学校は単なる職業訓練所のように考えられていることが多い）。しかし、すでに述べたように、工場に適するように編成された時間は、私たちの内部の時間構造と位相がずれているばかりでなく、工場以外の時間と場所には不向きかもしれない。また工場においても、かつては機械と労働者の双方に時間的正確さが要求されていたが、いまでは時間的厳密さが要求されるのは機械だけになりつつある。

都市の時間は過密状態にあるように思われるが、時間が不足していることは、それほど重大な問題ではない。いっそう激しい緊張が、時間の秩序づけによってもたらされる。たとえば、時と速度の共時化、主観的時間と抽象的時間の不整合、首尾一貫性と〈意味〉の欠如、さまざまな集団の時間どうしの軋轢などである［文献77］。ロマン派の詩人は、自由な空間を時間からの脱出のイメージとして用いていた。新しいコミューン[*12]の試みの中には、一様化された秩序づけからの離脱を意図しているものがある。一方、一日、一年、家族、生と死などの大きなサイクルは、常に信頼に値する不変の定数だった。これらを軽視しはじめたとき、私たちは自由と混乱を同時に手にしたのかもしれない。

文化の時間構造は、集団の時間構造の幅広い多様性を許容するように、十分にゆったりしたものでなければならない。そのためには、人びとに広く知られている行事を、文化の時間構造の要にすることが必要である。そのような行事は、重要な変化を示す目印や社会的団結を示すシンボルになりうるだろう。時間の構造に、技術的機能面から要求される厳密な時間への余地を残しながら、こうした枠組をつくり上げようとするのは容易な仕事ではない。これに対して空間の組織においては、共通の枠組を実現するのはそれほど困難ではない。

時間宇宙のイメージ

それぞれの文化は、包括的な時間の枠組について、それぞれ異なった概念をもっている。すべての人びとは、その枠組の中に生まれてくると考えられている。ミルチア・エリアーデ[*13]は、原始的な社会の〈永遠の現在〉について述べている［文献3］。そこでは、神々と先祖の英雄的な過去が、その行為を儀式的に再現することによって不朽のものにされている。神話の中の瞬間が再び姿を現し、人びとは彼らの原型を模倣することによって〈実在〉の自己になり、ほんとうの自己になることができる。この神聖な時間の中で、人びとは儀式ばって厳格にふるまったり、仮面をつけて日常とあべこべにふるまったりする。不可逆的な時間の概念は捨て去られ、宇宙は絶え間ない改造によって保存される。一方、このような神秘的瞬間の外側では、人びとは世俗の時間の中に戻って生活している。世俗の時間は、挿話的で経験的であり、本質的には無意味なものだと考えられている。絶対的時間への原始的願望は、絶対的で神聖な空間への原始的願望になぞらえることができるかもしれない。神聖な空間は、雑多な世俗の空間とは異なって、志向性の定まった安定した中心をもっている。

別の文化では、人びとはもっと悲観的な考え方をしているかもしれない。そこでは時間が飛ぶように過ぎ去っていき、未来は不意にやってくる忘却(思い出の喪失、希望の喪失、自己の喪失)であるかもしれない。私たちは、つかの間のはかない現在に生き、その現在を享受することしかできない。また別の文化では、時間の流れの意識が、周期的循環の概念によって和らげられているかもしれない。この概念は、人びとの目にうつる宇宙や有機体のサイクルから借りてこられたものである。出来事は、次から次へと永遠に連続しているが、宇宙の不変性は、それが規則的に繰り返されることによって維持されていく。さらに、もっと〈進んだ〉文化では、時間の循環は永遠に繰り返すが、一方で、美徳、罪悪、魔法などによって、その循環からぬけ出すことが可能だと考えられている。人びとは時間を抜け出して、天国、地獄、涅槃など、超時間的な境地に足を踏み入れることができる。

歴史は、神話の黄金時代以来の長い衰退であると考えられるかもしれない。あるいは、高度で複雑な形態に向かって進んでいる必然的進歩であると考えられるかもしれない。前者の場合、時間は破壊者であり、後者では創造者である。変化と時間の流れを受け入れるとき、人びとは、そこに明確な起源と黙示録的終末(永遠性への跳躍)を認めようとするかもしれない。このような黙示録的な未来観は、今日、再び流行する徴候をみせはじめている。あるいは、時間には始めも終わりもなく、直線的で、制御することのできない非人格的なものだと考えられるかもしれない。人びとは、麻薬、神秘主義、美的瞑想の中に超時間的なものを求めようとするかもしれない。

私たちは、拡張されて移動しつつある時間帯を選択して、そこに焦点をあてようとするかもしれない。時間帯の前後の領域は、時間帯とともに移動していくが、その境界は闇に溶け込んでいる。ジプシーは、こうした拡大された現在の中に生活している。彼らのもっている最も古い思い出は、彼らが実際に生活をともにしたことのある先祖の思い出である［文献23］。彼らの生活には、救世主の思想も象徴的な遠く離れた歴史的過去も存在していない。彼らは死者の持ちものを燃やし、一定の期間喪に服したあと、「（残された人びとの）悲しみから死者を解放」してやる。死者の霊魂はしだいに弱まり、死者の生前を知っていた最後の人が死ぬことによって、二度目の死を迎える。「生とは流れであり対話である。そして、死とは孤立であり隔離である」。

ホピ族[*14]は、私たちがもっているような時間と空間の区分をもっていない［文献108］。彼らの世界は〈明らかなもの〉と〈明らかでないもの〉によって構成されている。〈明らかなもの〉は、すでに起こった現実といま起こりつつある現実を指している。それらは実体的で、明白に認識することができる。〈明らかでないもの〉は、内的な本質とさまざまな希望や願望を指している。それらは、まだ実在性をもっていないが、精神的努力によって〈明らかなもの〉の仲間にはいることができる。彼らにとって、遠く離れていることと遠い過去は同じ意味をもっている。それらは、ともに〈明らかなもの〉に属している。これに対して、未来と内部はともに〈明らかでないもの〉に属している。このような概念は、時間的（そして空間的）な出来事から納得のいく秩序をつくり上げようとする試みである。それは、人間的な時間観念と共存していこうとする人間的努力である。これらのイメージは、アイデンティティを確立するために重要な役割を果たしている。人びとは、これらのイメージをしっかり保持しているので、それを修正しようとする企てには激しい抵抗が待ち受けている。

魔術、必然的進歩、永遠の実在などに対する信頼の喪失、科学によって開拓された時間と空間の果てしない展望、歴史を首尾一貫したプロセスとして理解する能力の欠如——これらのすべてが私たちの時間イメージに重苦しい圧迫を加え、個人を疎外し、目的のない現在の中に閉じ込めている。私たちは、未来に目を向けても過去に目を向けても、もはや安らかな気持になれなくなってしまった。主観的時間と社会的時間の間には鋭い差異が存在している。自我も時間も、その価値が刻々と変動する商品にすぎなくなってしまった。

時間の志向性

ひとつの社会をとってみても、そこには、個人や小さなグループの時間概念の間にさまざまな差異が存在している。過去、現在、未来のイメージ範囲と首尾一貫性に違いがあるばかりでなく、(過去、現在、未来のうち、どれを強調するのかといった)基本的な志向性にも食い違いがみられる。時間の視界は、若者と老人、下層階級と中産階級、病人と健康人などの間で、大きく異なっている。ひとりの人間でも、異なった種類の行動——たとえばゲームをしているときと保険の契約をするときでは、時間の見通しが違ってくる。時間に対する固定的で偏屈な視野は、学問、協調的行動、持続的行動、安定した自尊心などを妨げる。現在を強く志向する生活様式は、私たちに、当面の世界を楽しく受け入れ、それを称揚することを教えてくれる。しかし、それが集団行動に応用されると、長期的には危険な影響を及ぼすことになる。

私たちの個人的生活における変化の回数と激しさは、その変化が原因になって引き起こされる病気との間に相関関係をもっているように思われる。個人的生活での変化には、配偶者の死もあれば、ちょっとした引っ越しもあるだろう。同様に、大きな歴史的変化の衝撃に対処しなければならない人びとには、現在が過去や未来から切り離されたものに感じられる。日本の若い急進的知識人たちは、未来をなにか素晴らしい畏怖すべきもの、そして時間的に無限なものと考えている。それは、言葉に表すことのできないユートピアとして期待されている。彼らは、現在を破壊し、近い過去を切り離し、まだ知られていない永遠の未来に向かって道を切り開くことが、自分たちの使命だと感じている。一方、日本の若い伝統主義者たちは、無限の可能性を秘めたユートピア的な過去を振り返って、その中に再び未来を移し換えたいと望んでいる[文献73]。双方のグループに共通しているのは、どちらもが現在と近い過去の混乱を軽蔑していることである。彼らは、ともに時間から脱出することにあこがれている。彼らは、遠く離れた子供時代の過去に対する郷愁を共有している。急進的な未来主義者のひとりは次のように回想している。

「私たちの村には大きな川が流れていた。……私の脳裏には、その流れが岩にあたって砕け散る様子が浮かんでくる。それは、私たちが日ごろ目にしている川とはまったく別の、ほんとうの川の姿を感じさせてくれる。……昔は水がたいへん豊富だった。……しかし、いまではそのような光景を見ることはできない。……水量もめっきり減ってしまった」。

精神的打撃を受けた人びと、恐ろしい未来が目の前に迫っている人びと、未来に対して現実的予測をすることができない人びと――このような時間の根を失った人びとは、狭い現在の中に閉じこもろうとする。多忙で実利的な人も、E・M・フォースター[*15]が描いたウィルコックスのように、刹那的な現在の中に埋没してしまう。ウィルコックス氏にとって、「過去はばね仕掛けのブラインドのように巻き上がり、最後の五分間だけが巻き取られずに残っていた」[文献53]。また神経症の患者は、過去や未来に心を奪われていて、現在の中で効果的に行動することができないが、それ以外にも時間的空想の中に逃避する人びとがいる。

ユージン・ミンコフスキー[*16]は、精神病が時間イメージの混乱と密接な関係をもっていることを指摘して、時間の混乱を示すいくつかのカテゴリーを記述している[文献14]。ある鬱病患者は、「私は過去の強迫観念にとりつかれています。……私は現在に生きることができないのです。……私には、ものごとの結果がまえもって見えているのです。……私は、次に起こることになっている動きの観念に囚われて、その中で動いているにすぎないのです」と訴えている。また、時間の経過に病的な反応を示す患者もいる。彼は、「水滴が私を狂暴にするのです。なぜなら、水滴の落ちる音を耳にすると〈いま一秒が過ぎた……また一秒が過ぎた〉と考えなければならないからです。……水滴の落ちる間隔がだんだん短くなっていくと、事態がいっそう悪化するのです」と述べている。一方、躁病患者の意識は刹那的刺激に翻弄されている。彼の意識は、その場かぎりの刺激によって目的もなく引き回される。躁病患者は、秩序だった現在をつくり出すことができない。彼は、ひとつの感覚や連想から次の感覚や連想へと無意味に移動していく。ある老婦人は、次々に起こる出来事を即座に忘れてしまうことによって、永遠の現在の中に生きている。彼女は未来に対してもまったく関心をもっていない。しかし、穏やかに落ち着いて、自分の置かれた瞬間的状況に慎しみ深く適応している。精神分裂症の患者は、時間を凍結して、世界を不動で完全なものにしようと努力する。「外部のものごとは進行しつづけている。木の枝に実った果実も揺れ動いている。……けれども、私にとって時間は静止したものなのです」。「私は不変のものを愛しています。……私は、生まれたときと同じ感動を抱きながら死んでみようと……つまり生命の循環運動を行おうとしているのです」。「私は、走っているけれど動いていない自動車のようだ」。このように彼は訴えている。老人性痴呆症の場合も、精神活動の最後の痕跡は時間とかかわりをもっている。切れ切れの文章のいたるところに、時間が顔を出している。

一九六〇年代に、B・S・アーロンソンはいくつかの魅力的実験を行ってみせた［文献1］。その実験は、ロールプレイング[*17]や催眠術を用いて、被験者の過去、現在、未来のイメージを一時的に取り換えるように誘導するものだった。まず、ひとりの被験者に対して、過去、現在、未来の三つの時間の区分のうちのひとつを消去すること――あるいは拡張することが要求された。次に、二種類の時間の組み合わせ（全部で一二通りの操作が可能）について同じことが要求された。こうした行動によってもたらされる影響は、さまざまで、新鮮な驚きと多くの示唆に富んでいた。現在を抹殺することに対しては、最も激しい抵抗がみられた。また、現在を意味のあるものにするためには、少なくとも過去と未来のどちらか一方が必要なので、過去と未来の両方を抹殺することにも強い抵抗が観察された。このような場合、被験者は強力に抵抗するか、茫然自失状態に陥るかのどちらかだった。現在という時間を喪失することとは死や発狂に等しい。一方、現在を拡張したり、現在と未来の両方を拡張すると、大きな喜びと活力がもたらされた。未来を過去よりも長くすると、現在への愛着が増大し

f f ・ ・
・ ・ ・ p
p ・ p ・

f F F F f f F
P P p P p P p
p p p p P P P

た。これに対して、過去を比較的長くすると被験者は解放感を味わうことができた。過去と未来の両方を現在よりも長くすると、被験者は行動の世界を離れて、白日夢や強迫観念に囚われてしまうようだった。未来の見通しが短すぎると、現在が無意味なものになってしまうが、長すぎても同じ結果がもたらされるようだ。巨大な時間は、巨大な空間と同じように耐えがたいところをもっている。それを使いこなすには、かなりの熟練が必要とされる。そのような時間は、現在の行動の指針として、貧弱な役割しか果たすことができない。

　私たちは、時間についての社会的イメージを探し求めている。そのイメージは、過去や未来との重要な結びつきを深めると同時に、現在を拡大し、称揚し、活気づけるものでなければならない。ボエティウス[*18]の言葉を借りれば、私たちは「いま、この一瞬に、過去、現在、未来の全生活を……把握する」ことを求めている。私たちが求めているイメージは、私たちが世界の中から客観的に見出すことができるものと調和していなければならない。だが、それと同時に、私たちに固有の人間的な思考と知覚の方法や有機的機能とも調和していなければならない。それは現在の行動の指針になり、調和と多様性を許容するものになる。そればかりでなく、それは個人と人間の存在に意味を与える基盤にもなる。本書の意図は、この目的に対して控え目に関係している。外部環境の形態が、どのようにして現在を拡大する柔軟な時間イメージを強化することができるだろうか。その知識が、環境変化の取り扱いを改善するうえで、どのように利用できるだろうか。環境的時間の意識が、社会や心理の変化となんらかの関連をもっているだろうか。これらを論じることが本書のねらいである。

＊1　circadian cycle　ほぼ二四時間の周期をもつ生物学的サイクル

＊2　Mark Twain（一八三五～一九一〇）アメリカの小説家。口語を駆使し、フロンティア精神とユーモアあふれる作品を発表。『トム・ソーヤーの冒険』『ハックルベリー・フィンの冒険』などが代表作。『ミシシッピの生活』は一八八三年の作品

＊3　Jorge Luis Borges（一八九九～一九八六）アルゼンチンの作家。空想と現実が混交した短編を数多く発表。「記憶の人・フネス」は『伝奇集』（一九四四年）に収録された短編作品

＊4　Sanctus Aurelius Augustinus（三五四～四三〇）初期キリスト教会の指導者。古代の思想を集大成して中世への道を開いた。『告白』は自伝的著作

＊5　Gabriel García　Márquez（一九二八～）コロンビアの作家。魔術的リ

アリズムの旗手として多くの作家に影響を与える。一九八二年にノーベル文学賞受賞

＊6　Marcel Proust（一八七一～一九二二）　フランスの作家。『失われた時を求めて』において、無意識の記憶によって喚起される人間の深奥にひそむ複雑な構造を緻密に描く

＊7　Mandingo　アフリカ西部ニジェール川上流地域を中心に広い地域に分布する民族集団。一三世紀にこの地を支配したマリ帝国の子孫。グリオと呼ばれる世襲の語り部階級が部族の口述伝承をつかさどる

＊8　Kikuyu　ケニアで最大の人口をもつ農耕民族。早くから白人入植者に土地を奪われ、労働に徴用された

＊9　Lewis Mumford（一八九五～一九九〇）　アメリカの都市学者。『技術と文明』（一九三四年）以来、一貫して機械文明の危機を鋭く指摘

＊10　Modern Times　チャールズ・チャプリン（一八八九～一九七七）監督・主演、一九三六年作品

＊11　François Rabelais（一四九四?～一五五三）　フランスの作家。『ガルガンチュア＝パンタグリュエル物語』はフランス・ルネサンス最盛期を代表する傑作とされる。〈テレームの僧院〉は『第一之書ガルガンチュア』に描かれたユートピアで、「欲するところを行え」が生活原理

＊12　commune　一九六〇年代、ヒッピーなどがつくった生活共同体。反体制文化（counter culture）の拠点になった

＊13　Mircea Eliade（一九〇七～一九八六）　ルーマニアの宗教学者・作家。シャーマニズム、ヨーガ、宇宙論的神話などを研究し、宗教的象徴の解釈に新局面を開く

＊14　Hopi　米国アリゾナ州北部に住むプエブロインディアンの部族

＊15　Edward M. Forster（一八七九～一九七〇）　イギリスの小説家・評論家。ウィルコックス氏は、異なる価値観をもつ者どうしの軋轢と理解を描いた『ハワーズ・エンド』に登場する実業家

＊16　Eugène Minkowski（一八八五～一九七二）　フランスの精神医学者。〈生きられる時間〉の概念を提示し、時間の知覚と関連づけて精神病理を研究

＊17　role playing　台本のない劇のような形式をとって各自に自分の役割を自由に演じさせることで、「役割演技」ともいう。心理的障害の治療や人間関係の改善に利用される

＊18　Anicius Manlius Severinus Boethius（四八〇?～五二五?）　ローマの哲学者・政治家。ギリシア哲学に精通した最初のスコラ哲学者

6　ボストンの時間　Boston Time

図 32

これまでに述べてきた問題を特定の実例に即して展開することによって、私たちの主題をもっと明確に把握することができるだろう。ボストンのダウンタウンでは、いまでも目抜き通りとして賑わっているワシントン・ストリートに沿って、たくさんの時間のサインを見出すことができる。ワシントン・ストリートは、かつてはボストンの中心部から郊外に向かって延びていて、狭い地峡を通って半島上の都市と本土を結びつけていた。今日でも、ボストンから八マイルのところにある古い石碑がその関係を物語っている。しかし、実はこの石碑も後世に改作されたものである［図32］。

いま、この古い通りの北端は新しい市庁舎によって閉鎖されている。その南端も、一時的にではあるがニューイングランド医療センターの建設工事のために通行止めになっている。この通りに沿って歩きながら脇道に目をやると、時間のシグナルが、誰の目にも止まるように掲げられている。

ワシントン・ストリートの北端近くでは、旧州会議事堂が、二〇世紀初期に建てられたオフィスビルに囲まれて小さくなっている［図33］。さらに、そのオフィスビルも最近建てられた超高層ビル群の中で小さくなっている。けれども私たちは、この歴史的建造物が十分にその価値を保証されているのを見て安心する。

この建物は、実際は最初の上陸後かなりたってから建てられたものだが、多くの人びとはこれがボストン最古の建物だと思っている［図34］。

旧州会議事堂から北側のワシントン・ストリート[*1]を眺めると、新市庁舎がのぞいている。新市庁舎は、古いスコレイ広場を再開発してつくられた新しい広場に面している。スコレイ広場にまつわる罪深い思い出は、いまも学生や観光客の郷愁をかき立てている［図35］。

しかし、実はスコレイ広場自体が、一六八〇年に建てられた〈古い羽毛店〉（すなわち正真正銘のボストン最古の建物）を取り壊してつくられたものだった［図36］。

現在のワシントン・ストリートでは、州会議事堂のすぐ南にデジタル時計があって、一日の一四四〇分の一の精度で

図 33

OLD STATE HOUSE
HAS BEEN DESIGNATED A
REGISTERED NATIONAL
HISTORIC LANDMARK
UNDER THE PROVISIONS OF THE
HISTORIC SITES ACT OF AUGUST 21,1935
THIS SITE POSSESSES EXCEPTIONAL VALUE
IN COMMEMORATING AND ILLUSTRATING
THE HISTORY OF THE UNITED STATES
U.S. DEPARTMENT OF THE INTERIOR
NATIONAL PARK SERVICE
1963

図 34

図 35

図 36

私たちに時間を告げている［図37］。公共の場所にある時計は絶えず人目を引きつけている。にせものの時計でも私たちの注意を引きつける［図38］。

ビジネス街には、いなかで見掛けるような時間のシグナルはないかもしれないが、その代わり、人びとの周期的な活動が豊富に見られる。街路には時間を暗示する標識がたくさんある。朝と夕方には交通ラッシュが起こり、昼休みにはレストランが満員になる。交通信号はなかなか緑にならないが、パーキングメーターはあっという間に時間になってしまう［図39、40］。

人びとは、太陽の位置、人混みの状態、群衆の身なり、騒音の程度、商店の閉店などによって時間を知ることができる［図41］。

デジタル時計から数歩離れたところには根元だけ残った柱が立っていて、ここが駐車場になる以前の建物を追悼している［図42］。そのすぐそばでは、取り払われた紋章が石の壁に痕跡をとどめている［図43］。

左手にスプリング・レーンが分岐していて、その狭い歩道を入っていくと、町の最初の水源になった〈ボストンの泉〉を記念する銅板が飾られている。その隣には時計修理店があって、現在の時間を維持補修している［図44］。

スプリング・レーンの裏側にあたるスクール・ストリートの街角には、一八九〇年代に繁盛していたオールドコーナー書店がこぎれいな姿に改装されて残っている［図45、46］。

同じ街角に面してオールドサウス教会が建っている。そこには新しい銀行の建物も建っている［図47］。

オールドサウス教会が残っているのは、この教会が当時の再開発計画に激しく抵抗して、それを撤回させたからである［図48］。

図 37

図 38

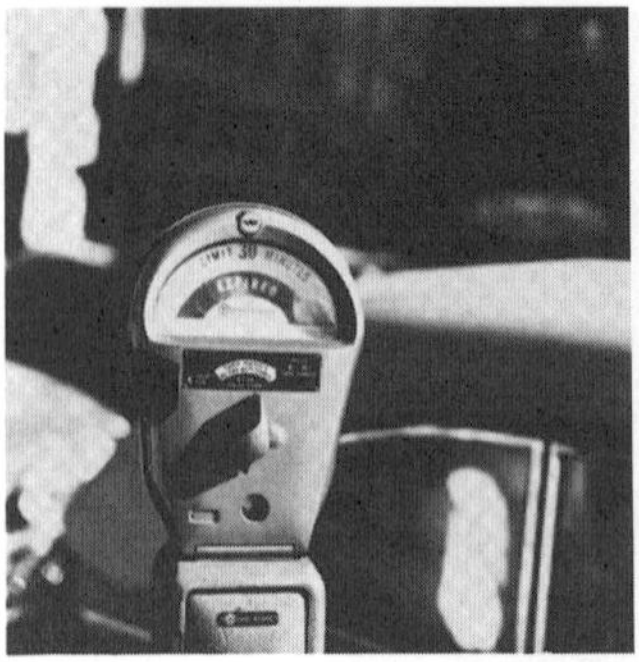
図 40

図 39

図 41

図 42

図 43

Established 1880
Fine WATCH & CLOCK
REPAIRING
APPRAISING
State Street
Jeweller
GREAT SPRING
WHICH
FOR MORE THAN
TWO CENTURIES

図 44

W.J. DOBINSON
ENGRAVING Co.
ENTRANCE 277
LOANS
ENGLISH

図 45

図 46

図 47

図 48／壁の垂れ幕に次のように書かれている。

“ナポレオンは，シーザーにゆかりのある一本の木を救うために，彼の偉大なシンプロン街道を迂回させた。あなたがたは，子供たちが先祖の人となりを思い出すよすがとして道路を迂回させ，4分の1エーカーの土地を残しておこうとはしないのだろうか。”

“歴史上に，みずからの記念碑を自分自身の手で破壊するほど愚劣な国民が存在したことはなかった。また，先祖の記念碑を粗略に扱うほど非愛国的な国家が存在したこともなかった。”

“アダムズが，ウォレンが，そしてオティスが人間の自由のために神に奉納したものを，人間の貪欲や街路拡幅によって冒瀆すべきではない。”

“この壁に手を触れる前にもう一度よく考えなさい。”

歴史保存の精神は、ボストンの人びとの心の中に深く根づいている。いまでは、コモン[*2]、ビーコンヒル、古い教会などを破壊しようとする人はいないだろう。次の街角はフランクリン・ストリートとの交差点で、角から二軒目の黒ずんだ建物は、玄関の上の小さな胸像によってフランクリン生誕の地を示している。その隣の建物には〈トランスクリプト〉という看板がかかっている[図49]。古い市民にとって、その看板はもっと強い個人的な思い出につながっている。それは、いまでは廃刊になっているが、古い市民なら誰もが知っている新聞の名前である。この建物は、ここがかつて〈新聞社街〉だったことを人びとに思い出させてくれる。そこでは、街路沿いの掲示板に最新版の新聞が張り出されたものだった。

ボストンのダウンタウンに誕生日を記録されているのは歴史的な人物ばかりではない[図50]。

記念の標示板がワシントン・ストリートの古い名前を教えてくれる[図51]。

もっと最近の歴史が歩道の上に刻まれている。そこには歩道工事の請負業者の名前がはめ込まれている[図52]。ボストンの地面を注意深く眺めたことのある人は、この名前に見覚えがあるだろう。

その近くには、名もない人びとがもっと個人的な記録を残している[図53]。

ここでは建物が解体されている[図54]。周囲の建物の壁には、この建物の影響の痕跡が残っている。一方、看板が未来を宣言している。

このショーウィンドーは二つの行事を予告している。その隣のレンガ壁には非公式の声明がなぐり書きされている[図55、56]。

中心街の街角では、一般に時間の経過が他の場所より早く感じられる[図57]。

しかし、日曜日の朝はまったく感じがちがっている[図58]。

図 49

図 50

図 51

W.A. MURTFELDT
COMPANY
ARTIFICIAL STONE
WALKS
192 DEVONSHIRE ST. BOSTON
図 52

図 53

THERE IS A BETTER PARK COMING

図 54

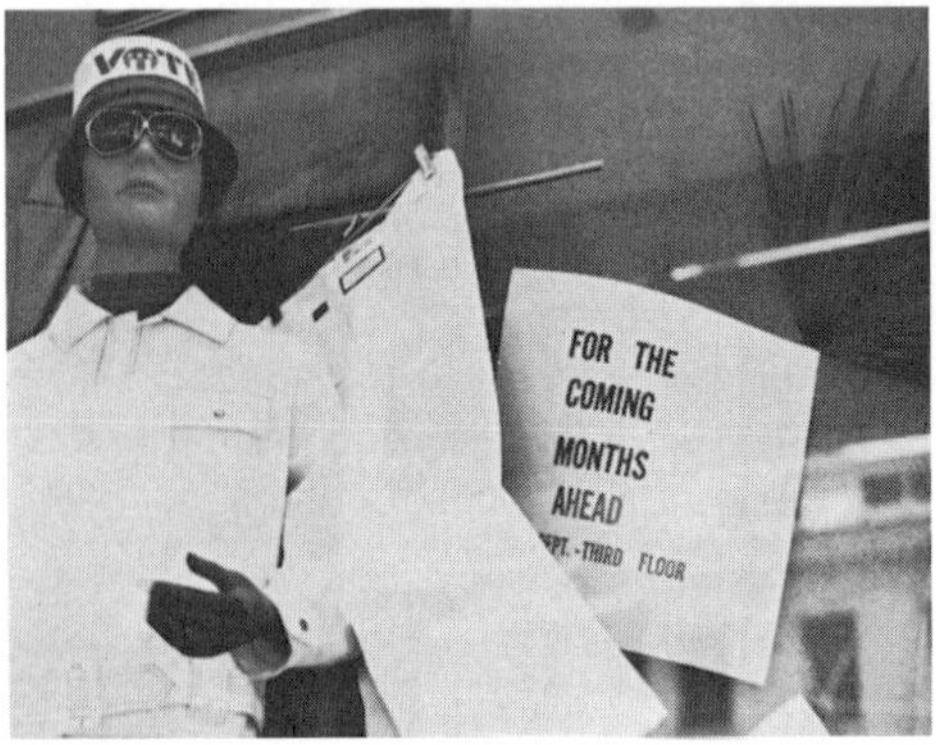
FOR THE
COMING
MONTHS
AHEAD
THIRD FLOOR

図 56

WOMEN
APRIL 17
COPLEY SQ
PLAZA
NOON

図 55

BENEFICIAL
LOANS
BENEFICIAL
LOANS
ROGERS
9

図 57

BENEFICIAL
LOANS
BENEFICIAL
LOANS
9
ROGERS
KRESGE
Albert's

図 58

街路の下では人びとが地下鉄を待っている［図59］。そこでは、時計だけが空虚な時間経過を測定している。

一街区離れたコモンでも、時間はゆっくり過ぎていく。しかし、ここの時間は空虚であったり、遅滞したりすることはなく、静かな流れのように経過していく。コモンがデモの大群衆で埋めつくされるときには、時間もまったく異なった様相を呈するが、ふだんは四季を通じて人びととのくつろぎの場所になっている。人びとの服装と活動が、一年の移り変わりを示すサインになっている［図60］。

樹木は季節の時計である。とくに春と秋には正確な時間を示す［図61］。

夕方になると窓や広告に灯がともって、都市は変身する［図62］。それは、多くの人びとにとって楽しい一刻である。

買い物の時間、地下鉄の時間、教会の時間、劇場の時間、駐車場の時間などを告げるサインがある。古い墓地にも定められた時間がある［図63、64、65、66］。

通りを下って少し行くと、商店街の並びにぽっかり穴があいていて、商業における推移の跡を示している。取り壊された建物に付属していた地下鉄の入口が閉鎖されて、仮設の露店の商品陳列台になっている［図67］。

通りのちょうど反対側には、まだオープンしていない新しい地下鉄の入口がある。シートをかけられた地下鉄の標識が期待のシンボルになっている［図68］。

ビジネス街は、利用者からも利用者の思い出からも、ゆっくり遠ざかりつつあるようだ。買い物客の人混み、専門店、地下の特売場などは、ワシントン・ストリートを歩く人びとの共通体験の一部であり、彼らの父親や母親の生活の一部でもあった。けれども、いまや小さな商店と適度な大きさの建物は姿を消しつつある。

いまでは中心街の大部分を占めるようになった新しいオフィス群は、情緒的によそよそしい表情をもっている［図69］。これらの建物の新しい外観に個人的結びつきを感じる人はほとんどいない。一方、小さな露店市場は過去の思い出を

図59

図60

図 61

図 62

ARLINGTON
THIS ENTRANCE WILL BE OPEN 6A.M.-9:30P.M. MON.-SAT.
ARLINGTON ST. ENTRANCES OPEN 5:15A.M.-1A.M. MON.-SUN.

図 63

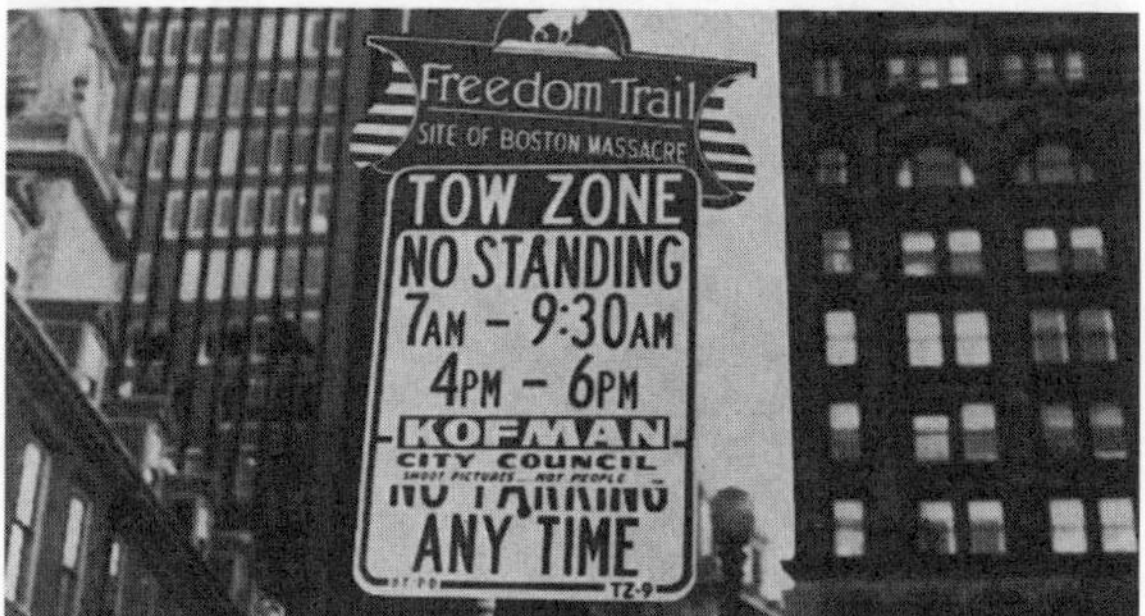
Freedom Trail
SITE OF BOSTON MASSACRE
TOW ZONE
NO STANDING
7AM – 9:30AM
4PM – 6PM
KOFMAN
CITY COUNCIL
ANY TIME
TZ-9

図 64

CHURCH
NEXT SERVICE
12:10 PM

図 65

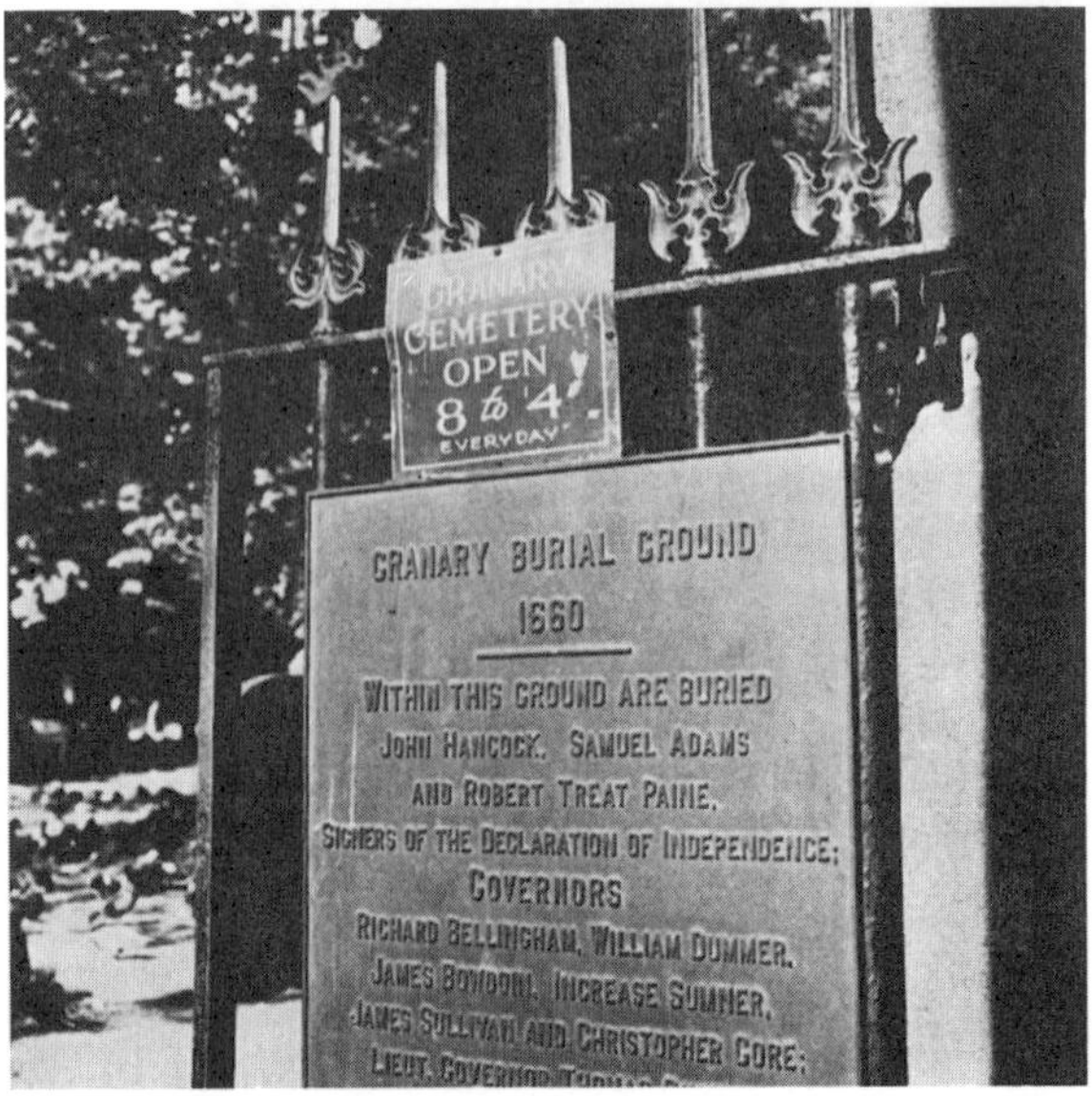
GRANARY CEMETERY
OPEN
8 to 4
EVERYDAY
GRANARY BURIAL GROUND
1660
WITHIN THIS GROUND ARE BURIED
JOHN HANCOCK, SAMUEL ADAMS
AND ROBERT TREAT PAINE,
SIGNERS OF THE DECLARATION OF INDEPENDENCE;
GOVERNORS
RICHARD BELLINGHAM, WILLIAM DUMMER,
JAMES BOWDOIN, INCREASE SUMNER,
JAMES SULLIVAN AND CHRISTOPHER GORE;

図 66

図 67

図 68

呼び覚ます。ボストンの中心部には、個人的な未来について語ってくれるものはあまりない。いたるところで、新しい高層オフィスビル、駐車場ビル、銀行、旅行代理店などを目にするが、多くの人びとは、郊外の住宅、田園、他の都市などに思いをはせている。

露店の市場を過ぎると、通りは〈コンバットゾーン〉[*3]に入る。この地区はビーコンヒルの裏側から移動してきて、一時的にここに居をかまえている。ここで行われている活動は正式に認可されていないものばかりだが、皮肉なことに、広告看板に囲まれた壁面に〈自由の樹〉が残されている［図70］。クラブは深夜営業を告げている。成人映画の上映館はあなたに年齢を問いかける［図71、72］。

絶え間ない物価変動を示すサインや、新旧の政治活動が層をなしたサインがある［図73、74］。

街路の名称が昔の半島の海岸線を示している（地面をよくみると昔の海岸の輪郭をたどることができる）［図75］。

この標識は、あなたが中華街のはずれにいることも教えてくれる。そこでは、昔ながらの独特の行事が行われている［図76］。

（反対側にあたる通りの北のはずれには、まったく異なるイタリア系住民の祭りがある）［図77］。

現在、ワシントン・ストリートの南端部は建設中の新しい医療センターの建物でふさがれている［図78］。

ここが、ワシントン・ストリートの成長しつつある先端になっている。中心部の機能は、北から南へ――すなわちスコレイ広場からバックベイ[*4]に向かって、古い建物とアクティビティを押しつぶしながらゆっくり拡大している。

近くでは、古い海岸通りが寿命を迎え、建物が姿を消しつつある［図79、80］。

鉄道は、全盛時代にたくさんのドックと帆船を無慈悲に駆逐して敷設されたが、今度は自分が葬り去られる番になった［図81］。

実際、現在のボストン中心部は、急速な変化と混乱と興奮の特異な雰囲気に包まれている。このような雰囲気は、一九世紀以来、久しく見られなかったものである。一九世紀のボストンは、その限られた土地の上で活発に再建を進めていた［図82］。

今日では、高層ビルが次々にバックベイの上空にそびえ立っている。それらは巨大な日時計のように長い影を落とし、古い建物をミラーガラスの壁面に映し出している［図83、84］。新しい病院の空間が、古い病院の上に直接継ぎ木されている。火災にあった教会が保存され、その遺構が新しいホールの一部に活かされている［図85、86］。いたるところに時間のサインがある［図87、88］。

図69

...you can be sure there's none better
famous Quality
KEMP'S
OF AMERICA
Hamburgers
DENTISTS
LIBERTY
CENTER
FOR
ERVICEMEN
ND. FLOOR
-AIR-
CONDITIONED
Olympia BILLIARD
PARLOR
Coca-Cola
OPEN SUNDAYS
図 70

ADULTS ONLY
NO ONE under 18
ADMITTED
Proper I.D. Required
図 71

DANCING
2·O·CLOCK Lounge
TWO OCLOCK
図 72

OUT NOW
NO MORE
OUT OF
SE ASIA
NOW!
OCT. 13 NOON
図 74

FRESH
DRINKS
a
GLASS
図 73

ONE WAY
必珠街
BEACH ST
TOW ZONE
NO STANDING
7AM - 6PM
EXCEPT SUNDAYS
NO PARKING
ANY TIME
図 75

図 76

図 77

図 78

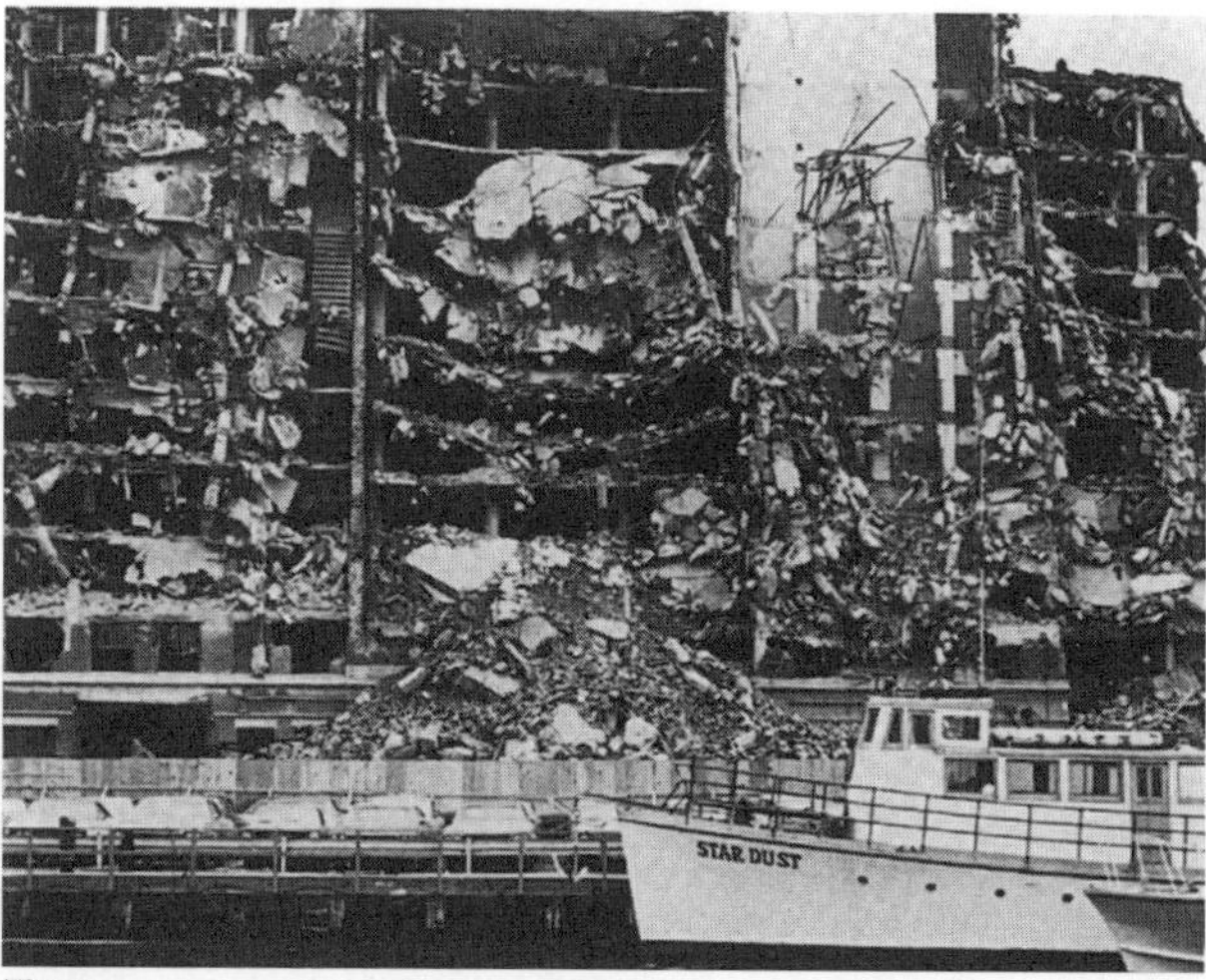

図 79

AFTER 60 YEARS
WE HAVE MOVED TO
145 NORTHERN AVE
(617) 423-3296 BOSTON
PIER FISH CO.
図 80

図 81

図 82

図 83

図 84

図 85

図 86

It's
time
wor
George M
Govern
WELRY
PAIRED
LVER
PLATED
RAVING

図 87

図 88

＊1　Scollay Square　ボストンの古い広場で、一九世紀にはホテルや劇場が建ちならぶ繁華街だった。「罪深い思い出」とは、再開発前ここに古いストリップ劇場や売春街があったことを指すらしい
＊2　Common　古いボストンの中心にあった市民共有の放牧地で、いまは都市公園になっている。Beacon Hill はその北側に隣接する丘で、歴史的な街並が残る高級住宅地
＊3　Combat Zone　ボイルストン・ストリートからニーランド・ストリートにかけてのワシントン・ストリート沿道にあった成人向け歓楽街。ビーコンヒル北側のウェストエンド地区が再開発された結果、そこにあったストリップ劇場、クラブ、ポルノショップなどが一九六〇年代初めに移転してきて形成された。その後、環境浄化運動が起こり、これらの店は姿を消した。〈自由の樹 Liberty Tree〉は、独立戦争当時コモンの近くにあった楡の木で、自由と抵抗のシンボル。ここでは壁の浮彫りを指す
＊4　Back Bay　昔は半島の首の部分にあたる沼沢地だったが、一九世紀に埋め立てられて基盤目状の町割が行われた

7 変化の視覚化 Change Made Visible

私たちは、自分自身の感覚から得た情報をもとにして世界のイメージを築き上げる。芸術的な創作は、これらの情報を新鮮なパターンに従って提示することによって、私たちの感性を変化させる。それは私たちの視野を変化させ、世界に対する理解を変化させ、世界に対する見方を変化させる。ここでは、この一般的事例のうちの特定の側面——すなわち環境に対する時間的操作の新しい方法について論じたいと思う。この方法は、私たちに喜びを与えてくれるだけでなく、私たちの時間イメージに生気を吹き込み、時間の抽象的な知的概念と情緒的感性の食い違いを埋める役割を果たすだろう。

景観における時間表現の可能性はほとんど開発されていない。その原理もまだ明らかにされていない。そこで思索の手がかりとして、これまで時間を扱ううえで多くの経験をつんできた他の芸術分野に目を向けてみたい。

文学は、あらゆる芸術分野のうちで最も長い時間を組織化することができる。なぜなら、文学は長期にわたる時間を描写することができると同時に、せいぜい数日から数週間の間に読んだり聴いたりすることができるからである。文学は時間に対するイメージを重要なテーマのひとつにしているので、想像力に富んだ文学からは、人間の時間イメージに関する豊かな情報を汲みとることができる。しかし、文学上の技法そのものは、ごく一般的なものを除けば、私たちの目的と深い関係をもっていない。景観が詩情を呼び起こしたり、詩によって表現されることはあっても、それ自体が凍れる詩（あるいは凍れる音楽）ではない。一方、文学以外の時間芸術——たとえば、ダンス、音楽、演劇などの持続時間は、長くても数時間を超えることはない。これらの芸術における時間的持続は、私たちの環境体験にかなり似通っている。けれども、その手法をそのまま応用するのは賢明ではない。これらの芸術の手法が有効なのは、そこに人びとの注意が計画的に集中させられるような、急激な変化に応用された場合に限られている。

画家や彫刻家は、ときとして動的イメージの表現に興味をもつことがある。ターナー[*]はその例である。また未来派の芸術家たちは、生物であると無生物であるとを問わず、あらゆる事物の内面的な生命を描き出し、それと環境の結びつきを示そうとした［文献38］。そのための手法として、彼らは歪曲、相互浸透、力線、極端なコントラストなどを用いた。また、事物の輪郭を切り開き、それを連続した運動として示した。ちょうど、立体派の芸術家が異なる視点を重ね合わせて観察者の動きを表現したように、彼らは異なる瞬間の位置と姿勢をひとつのイメージの上に重ね合わせた。彼らは、一連の眺めや変化する姿をひとつの場面に合成することによって、刻々と変化する現実の行動を表現しようとした。このような手法は、私たちにとってむしろ自然に感じられる。真実の瞬間を捉えた写真は現実の動きを凍らせてしまうので、かえって不自然に感じられる。私たちは、現実の動きよりも、芸術的に選択されて〈偽造〉された瞬間的行動の中に示される動きのほうに鋭く感応することが少なくない。

時間は、どちらかといえば静的な印象を与える芸術作品の中にも表現されている。エティエンヌ・スーリオ[*2]は、プーサン[*3]の穏やかな〈アルカディアの牧人〉の中に、生と死のリズムや過去への回帰と未来への胎動が表現されていると指摘している[文献96]。

「交響曲、映画、バレーなどは……時間の地層の上に繰り広げられるが……（造形芸術家は）よりいっそう巧妙な魔術を用いて無形の時間を支配する達人である。……彼らの宇宙では、時間の次元が絶えず不思議な伸縮をつづけている。短くはかない瞬間に輝かしい完璧な生命が吹き込まれ、宇宙に永遠の広がりが与えられる」。

スーリオは、〈空間芸術〉と〈時間芸術〉という誤った対比の横行をカント[*4]の責任であるとしている。カントの目的は、この区分によって音楽と詩を至高芸術の座につけることだった。彼は、音楽と詩だけが人間独自の時間領域を代表していると考えた。カントとは対照的に、現代の芸術家の多くは、現在の瞬間とその生き生きした流れを称揚することに関心を抱いている。その結果、造形芸術は豊かな時間のテーマを　もつようになった。だが、その特殊な手法を環境デザインに応用しようとすると、やはり特定の場合に限定されることになる。

あらゆる芸術のうちで、映画は視覚的変化を実質的基盤にしているだけに、おそらく私たちにとって最も有益な示唆に富んでいるにちがいない[文献98]。映画がスペクタクルとして人気を博しているだけでなく、まじめな若い映像作家にも創造的媒体として高く評価されていることは、それが私たちの求めている新しい世界観と密接な関係をもっ

図89／ジャコモ・バラの“職人の一日”（1904）——イタリアの未来派画家であったバラは，一日の労働の時間的リズムを表現しようとした

ていることを示している。映画は、時間的動きと空間的動きの両者を包含することができる。観客は映画とともに移動し、変化する。映画の中では、時間の加速、減速、逆転、停滞、過去や未来への跳躍などを思いのままに駆使することができる。こうした時間の歪曲は、どれもが観客に強い感動を与える力をもっている。文学と異なり、映画には明白な時制や時間的接続がない。このような特性は混乱を引き起こす原因になるかもしれないが、一方で大きな自由と直接性を約束している。環境デザインの面で、映画は潜在的に豊かで複雑な広がりをもっている。私たちは、色彩、光、形態、運動、話術、音響、対話などについて、映画から多くを学ぶことができる。映画は筋書をもっていることが多いが、基本的には、情景や場面の連鎖によってつくり出される注目のリズムがその構造をかたちづくっている。このリズムは、観客の知覚的期待に沿ったものでなければならない。

情景の並置は、観客の心の中に連想イメージをつくり出す。いくつかの異なった時間を、ひとつの短い時間の中に圧縮することができる。情緒面でのさまざまな知覚を、空間的位置や時間的状態に結びつけることができる。空間的

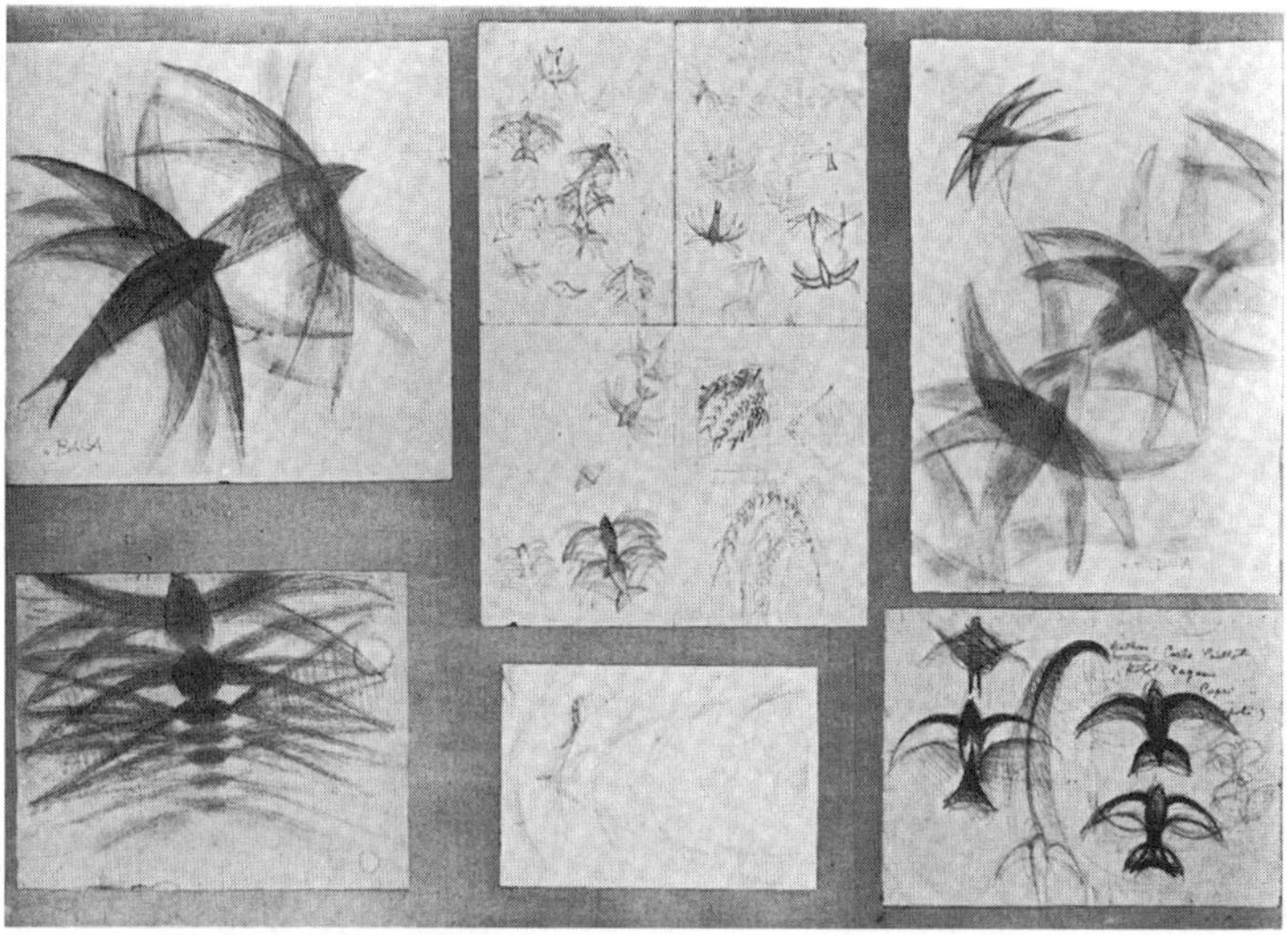

図 90／バラの“雨燕の飛行”（1913）のための習作——その後の彼は，事物の動的変化を把握することに没頭した

図 91／エティエンヌ・ジュール・マレーの飛翔するカモメの模型（1890）——このブロンズ像は，空中を飛行するカモメの体と翼の連続的状態を再現している。彼は，模型の作成にあたって，カモメの飛行を上下左右から高速度露出の写真におさめて資料として利用した。それによって躍動的運動の正確で生き生きした（連続的とは言いがたいが）4 次元的な時間—空間模型が作成された

位置とは、上下、前後、遠近、広狭などの位置関係であり、時間的状態とは、過去、未来、遅速、中断、衝撃などの状態である。空間と時間は互いに修正しあう。空間の観念が情景の時間的連鎖によってつくり上げられ、時間が空間的体験を挿入されることによって豊かなものになる。カメラは、この二つの次元の間を動き回って、一方を他方に変換したり、両者を情緒的につなぎ合わせたりする。私たちは、このような手法のいたるところに環境デザインに有効な類似点を見出すことができる。しかし、そこには決定的な違いもある。環境においては、通常、注目をそれほど長引かせたり、あらかじめ決定しておいたりすることはできない。また、景観の内容を制御したり、形態を容易に素早く操作したりすることも難しい。

時間は、過去の環境デザインの中でもそれなりの役割を果たしてきた。しかし、それは補助的役割や付随的役割であることが多かった。例外的に、神殿、王宮、墳墓などの正面入口には行列のための背景が設けられていることがあるが、それ以外の建築にみられる時間効果は大部分が偶然の産物にすぎない。一方、造園設計の分野では、大規模な景観を対照的な光景の連続として演出する手法が開発されてきた。日本の回遊式庭園やイギリスのロマン主義庭園はその代表例である。これらの庭園は、生きている素材を使っているので、そこでは庭園が時間とともに成長し、衰退していく様子も見ることができる。もちろん、このような変化は意図的にデザインされたものではない。庭園は、未来のある時点において、設計者の意図した望ましい状態を実現するように計画されていた。それは数世代後のことだったかもしれないが、少なくともそれ以後の変化は設計者の意図とは別のものである。だが、それでもなお古い庭園は独特の魅力をもっていることが多い。それは成熟からくるものかもしれないし、荒廃と衰退からくるものかもしれない。

これらは示唆に富む前例である。環境デザインを時間の中に組織づけられたもの、または時間を象徴するものとして考えるならば、そこに私たちにも利用できる一般的方法を数多く見出すことができる。たとえば、過去の出来事の痕跡を視覚的に拡大して、歴史的時間の奥行を明らかにすることができる。周期性をもった正反対の状態を表示して、現在の状態を思い出の中にある状態や願望の中にある状態と対比させ、人びとに時間のリズムを気づかせる方法もある。情景の変形や観客の視点移動を利用して、変化を現在の体験によって知覚できるようにすることが可能な場合には、環境変化を直接表示することもできる。さらに、緩慢でありすぎたり、急激でありすぎたりして知覚不可能な変化については、その速度を象徴的に加速したり減速したりして、変化を私たちの知覚領域の中に収める方法が見出せるかもしれない。このような方法はそれぞれ特色をもっているが、いまのところ、それを体系的に応用する試みはなされていない。そこで、本章ではその可能性を探ってみたい。

時間のコラージュ

私たちの周囲には、たくさんの歴史的な出来事が目に見えるかたちで累積されている。新旧の出来事の並置は時間の推移を物語る。ときには、そのコントラストが雄弁な表現力をもっていることもある。セリヌンテ[*5]の古代ギリシア神殿が、いま開花したばかりの野生の花の咲き乱れる中に建っている。ルッカ[*6]にあるローマ時代の円形闘技場は、楕円形の広場をとりまく環状の住宅になっている。エイブベリー[*7]の村は新石器時代の土塁の中にあって、そこでは住宅と羊の群が砂岩でできた古代遺跡と肩をならべている。しかし、とりわけ豊かな時間の宝庫は大聖堂である。カンタベリー[*8]大聖堂は、美しいというより畏敬の念を感じさせる。それは、いく世紀にもわたって使用され、増築されてきた聖なる場所の特性である。その大建築の北側はすでに廃墟と化しつつある。シラクサ[*9]の大聖堂では、ドリス式の骨組が中世の外壁を突き破って飛び出している。このような時間の対比は、意図的に保存されることはあるかもしれないが、もともとは偶然によって生み出された例外的な効果である。

学術的復元では、純粋な遺跡と新しい建造物が注意深く区別され、遺跡の時代考証に従って、できるだけ〈本物〉の環境と造作を再現する努力が払われる（象徴的なものは永遠に不変だと考えられているが、実用的な道具はたやすく捨て去られてしまう）。どうしても必要な新しい建造物には、古いものとの〈調和〉が要求される。そのために、あからさまな模倣、あるいはスケール、材質、形態面でのなんらかの共通性の維持が利用される。けれども私たちは、内心では古いものと新しいものの混合にも魅力を感じている。

古い事物は、次のような文脈の中にあるとき、ひときわ

図92／イギリスのエイブベリーの村――中世に起源をもつこの村では，先史時代の環状の土塁と巨大な砂岩の礎石に囲まれて生活が営まれている。後方には新石器時代のシルベリーヒルの古墳がある

深い感銘を与えるように思われる。ひとつは、人里離れた荒れはてた場所にひっそり埋もれている、または孤立してそそり立っている場合であり、他のひとつは、現代生活の渦中にあって人びとの生活と密接に結びついている場合である。私たちの周囲には、古い骨組を現在の用途に向くように改造している魅力的な建造物も少なくない。そこでは、思いがけない形態の対比によって美的効果が生み出されている。このような建物は、全体としてみた場合、もとの建物をそのまま保存したり、完全に建て換えたりしたものより、はるかに感動的である。ハンガリーでは、第二次世界大戦でブダの旧市街が部分的に破壊され、中世の骨組が姿を現した。このときには幸いにも、それを中世の町、あるいはバロックの都市として再建しようという提案は行われなかった。各時代の断片が保存され、それと同時に、古い時代の遺跡を組み込んで近代的スタイルの新築や増築を行うことも許可された。一九世紀の建造物の一部が再建され、一部が改造された。建物の壁に〈のぞき穴〉が設けられ、壁の中に隠された古い時代の遺構を見ることができるようになっていた。

遺跡の改造については、視覚的形態の改造だけでなく、歴史的意味を選択し、対比させる改造を考えることもできる。ある場所の歴史は、もはや歴史的な教養の手引きではなくなる。そこでは、一連の出来事が新しい建造物の中に視覚的に展示されて、対位法的なコントラストを生み出し、その場所の歴史を構成するようになる。ひところ、フィレンツェ[*10]のバッソ要塞を公共の遊園地として再利用する提案があった。この提案は、要塞から公園への変身という目覚ましい歴史的転換の意味をもっていただけでなく、新しい庭園の形態と古い多角形の防壁との視覚的対比という点でも興味深いものだったが、残念なことに明瞭なかたちで計画されるにいたらなかった。もともと要塞はメディチ家が市民を服従させるために建設したもので、フィレンツェにとっては異質な侵入物だった。それは静かで不吉で閉鎖的な姿をしている。この建造物を公共のレクリエーションに開放することは、その歴史的役割を完全に逆転させることになる。こうした逆転は、要塞の壁を破壊することによって、さらに明快に表示できるかもしれない。

　このような方法は、歴史に対する配慮を含んではいるものの、保存とはまったく別のものである。少なくとも、それによって修正が加えられることは否定できないし、ときには破壊を意味するかもしれない。それを実行するには歴史の解釈が必要になってくるが、その解釈は誤っているかもしれないし、時代によって変化するかもしれない。多くの遺跡の中から視覚的に増幅すべき遺跡を選択するには、この解釈を基準にしなければならない。各時代の重複する痕跡を美的に表現するには、〈積層法〉を計画的手法として利用することができるだろう。それは、さまざまな時代の痕跡を視覚的に重ね合わせた一種の時間のコラージュで、その中の痕跡は互いに修正しあい、新しくつけ加えられた痕跡によって修正されていく。古い都市がもっている奥行の感覚には、特に興味深いものがある。そこでは、表面に姿を見せた遺跡がその下に隠された歴史の層を暗示している。一八世紀のバースの町の下には、ローマ時代の浴場と湯脈がいまも残っている。カンタベリー大聖堂では、先史時代の古墳が姿を変えて、中世の壁に沿った築山になっている。

　この考えが適用されると、過去に加えられた変形は一部が維持され、それ以外は除去されることになる。過去の変形が除去されたところでは、いっそう古い時代の痕跡が掘り起こされて姿を現す。新しい時代を示すものは、形態

面でも連想面でも、最も効果的な共鳴を呼び起こす場所に配置される。全体の構成は複雑で自由なものになるだろう。それは意外性に満ちていて、あいまいなことも少なくないだろう。この手法は、新しい時代の層を収容する余地が必要だということを示唆している。さらに、現在の時点で解釈された未来のサインを時間のコラージュの中に含めることも提案している。コラージュの素材は、汚れ方や風化の仕方を考慮して選択しなければならない。柔らかい灰色の屋根石や緑色になった銅板はなじみ深いものだが、すり減った階段やすすが積って下から照明をあてたように見える深い浮彫りも、捨てがたい魅力をもっている。[*11]ロバート・スミッソンは、「鉄について考えれば考えるほど……鉄にとってさびは重要な特性であると思われてくる」[文献93]と述べている。「技術的観点からすれば、さびは無用の長物、不活発、エントロピー、荒廃などの危惧を与えるものにすぎない。さびよりも鉄が貴重だと考えるのは科学技術の価値観である。芸術的価値観は別の見方をもっている」。古いものと新しいもののコントラストには芸術的配慮が必要である。たとえば、[*12]フリントのいつまでも変わらない暗い硬さと暖かい色調のレンガの柔らかさを対比させるように。近い未来に対する希望と不安を、現在の表層に刻み込んでおかなければならない。ベネツィアは沈みつつあるように見えるべきである。苗木には、成長した木のスケッチを添えておくべきかもしれない。過去と未来のサインは、審美的な対比と統一の素材として利用することができる。[*13]イェーツは、輪廻の回帰を期待してバリリーの塔を再建し、そこに次のようにしたためた[文献113]。

「……すべてが再び廃墟に帰すときも
これらの性の残らんことを」

小さな部屋を大きく見せるために外部空間を視覚的に〈借用〉することができるように、時間も現在を拡大するために〈借用〉することができる。また私たちは、ある場所のアクティビティを強化し多様化するように、その場所の時間の意識を、同じように強化し多様化することを提案したい。このような時間の並置によって、私たちは、過去、現在、未来のつかの間ではあるが神秘的な共存を感じることができる。

このような手法にはそれなりの危険性がある。それは、見た目にきれいな断片を並べた無意味な対比に陥るかもしれない。また、歴史の断片の意図的なでっち上げが行われることも考えられる。私たちは、歴史的な由来にこじつけて新しくつけられた街路名や、実際には流れ作業でつくられている気泡入りのガラス器を知っている（もっとも、それがまったく意味をもたないと断言してしまうことはできない。通りがかりの旅行者は、でっち上げられた歴史から一時的満足を得ることができるかもしれない。それは彼らの楽しみのひとつかもしれない）。今日の歴史は明日になれば偽りと誤りになってしまうのが普通なので、時間のコラージュは永久的ではありえない。しかし、そうした変化そのものが時間を表現している。したがって、時間のコラージュはかなり高度なデザインである。それを理解するには豊富な知識が必要とされる。それは、広い範囲に応用するより重要な建物と環境に適用した方が効果的である。多くの場所では、象徴的奥行と視覚的共鳴を確保しようとする場合、過去と未来の痕跡の単純な保存の方が確かである。

時間のコラージュは古いものと新しいものの単純な混合ではない。それは審美的判断から生み出される作品である。そこでは、一見ばらばらな要素を慎重に並置することによって、全体の一貫性を保ちながら、それぞれの要素の形態と意味を増幅することが意図されている。広義に解釈すれば、コラージュを大きな環境のデザインに利用することができるかもしれない。いろいろな時代の断面を保存して対比する方法、それらを移動や活動の連鎖で結びつける方法、古い環境の中に対照的意味をもった新しいアクティビティを挿入する方法などが考えられる。[*14] ストウの庭園の素晴らしい景観は、いろいろな趣味をもったデザイナーとパトロンたちによって一〇〇年以上の歳月をかけて形成されたものだが、その成長プロセスは時間のコラージュにきわめて似通っている[文献64]。そこでは、それぞれの新しいデザインがそれまでに積み重ねられた古いデザインの意味を利用し、それに応答して計画されてきた。

エピソードの対比

時間のコラージュが、時間進行と歴史変化を表すものになれば、その周期的反復によって時間に対する直観的洞察を強化することができるだろう。私たちの周囲で起こっている変化には時間的効果をもったエピソードがたくさんある。そのような変化が周期的で時間的に身近なものであるときには、その変化がどのようにして起こったか、またどのようにして起こるだろうかというイメージをはぐくむことによって、現在のイメージを高揚することができる。形態は連続性を内在させている。それが陽光を浴びているとき、冬になったとき、人っ子ひとりいなくなったときなど、それぞれの時間に応じて新しい様相を呈する。こうしたエピソードは時間を超越した基本的形態に結びついているが、その特徴的光景は急激な転換によって日常の姿から分離されている。私たちは不連続的に循環する変化を好むところがあって、しばしば現実世界の推移をそのようなモデルに押し込めようとする。私たちは、循環する変化を視覚的にとぎすますことによって、素朴な時間感覚を育てていく。変化のプロセスは芸術的効果の一部ではなく、エピソードの対比がもっている独特の性質である。私たちはエピソードの対比を味わい、そこに喜びを見出す。そのようなエピソードは私たちの身近な体験に結びついたもので、私たちの個人的な思い出の範囲外にあるものではない。そこでは、未来も私たちといっしょに存在している。なぜなら、そこでの未来は私たちの過去の体験に似通った姿をしているはずだからである。

エピソードの対比が生み出す効果の典型例は落葉樹である。落葉樹は夏と冬ではまったく異なった姿をしている。しかし、その二つの姿は論理的にも視覚的にもしっかり結びついている。どちらの姿をとっても、その中には一群の感情的意味のすべてが表現されている。夏と冬の姿の間には比較的急速で顕著な転換がみられる。木々は春にいっせいに芽をふき、秋に落葉する。私たちは、このサイクルをよく知っているので、どちらの姿を見ても背後に隠されたもう一方の姿を思い浮かべることができる。そのリズムは人生のさまざまな様相と類似点をもっている。

私たちの周囲にはこのようなコントラストがたくさんあって、私たちを楽しませてくれる。私たちは、凍りついた湖と夏の湖、人びとでごった返したウォール街と閑散としたウォール街、嵐の海岸と穏やかな海岸、昼のブロード

図 93／農地の境界を示す石垣——地元で切り出された石材を使っているが，そこには大きなアンモナイト化石が含まれていて，この地方の地質学的歴史が示されている

図 94／ローマのウェスパシアヌス神殿を描いたピラネージの銅版画（1756）——半分地中に埋れた巨大な神殿遺跡は，はるかな時間の隔たりを表現している

ウェイと夜のブロードウェイなどを対比して、その情景を心に描くことができる。また、もっと長い期間にわたる変化からも強い印象を受けることがある。そのような変化は心の中で整理されて、あざやかなコントラストとして記憶されている。たとえば、ペンキを塗ったばかりの家と古ぼけた家や、子供がたくさんいる家と彼らが巣立ってひっそりしてしまった家のコントラストを思い浮かべることができる。そして、思い出の中のコントラストが現在という時間に響きわたる。

私たちは、このような効果を体験することに喜びを感じている。新聞雑誌や写真など、エピソードの伝達を看板にしている媒体を利用して効果をつくり上げることもある。だが、現実にそれをつくり出そうと試みることは少ない。しかし、デザイナーの中には、意識的にこうした効果をつくり出そうとしている者がいる。そのようなデザイナーは、自分がデザインする環境の利用や気候の変動を支配する規則性を明らかにしようとする。そして、基本的規則性を維持しながら、環境のそれぞれの側面に独特の忘れがたい姿を与えようとするだろう。造園家は、一年のいろいろな時期のことを考えて樹種を選ぶ。ときには光線の効果を考慮して樹木を選択することもある。建物も同じように、陽光だけでなく人工照明も考えてデザインすることができる。また、人っ子ひとりいないときの状態と人びとでいっぱいのときの状態、使い古されたときの状態と修復された直後の状態を想定することもできる。一方、このようなデザインが困難なときもある。聴衆が多くても少なくても魅力的で満足できるホール、あるいは混雑していても閑散としていても見苦しくない駐車場やキャンプ場をデザインするのは難しい。大きな環境の場合、私たちは偶然に生み出された効果を享受することはあっても、意識的にコントラスト効果をつくり出そうとすることはほとんどなかった。けれども、動と静、夜と昼、暑さと寒さ、休日と平日などのサイクルは、大きな環境で効果的に対比させることができるかもしれない。

周期的変化を受け入れるのではなく、変化を劇的に表現する環境もある。たとえば、太陽光線と逆の陰影をつくり出すように夜間照明を配置し、帰宅を急ぐ通行人のざわめきを増幅するように音響板を設置し、季節の移り変わりを強調するように日除けや家具を取り換えることができるだろう。気候の循環に合わせて、建物外壁の色彩や手ざわりを変化させる方法を考えることもできる。造園家が秋の紅葉を念頭において樹木を選ぶように、建築家も季節によって変化する色彩の利用を考えてよいのではないだろうか。人びとは定期的に自宅を改装する。もし、きちんとしたインテリアデザインの手法がもっと広く普及していれば、一般の人びとも、効果のある周期的やり方で改装をすることができるだろう。エピソードの対比は、外部の変化を受け入れ、それを高揚させたものであることが多い。しかし、外部の変化と無関係に環境の姿を変化させることもできる。そのとき環境は、独自のリズムをもった自然景観と似たものになるだろう。

エピソードの変化は、3章で述べたような時間の称揚にうってつけの背景をつくり出すことができる。ありふれた環境を変形させて、周期性をもった特殊な出来事を引き立たせるのに利用できるかもしれない。出来事の独自性と日常生活への結びつきが同時に視覚化される。学校でのダンスは、長い間、殺風景な体育館に華やかなエピソードをつくり出す役割を果たしてきた。ときおり行われる街頭でのダンスやイルミネーションも同じような役割を果たしている。アメリカ人の中には、外国の都市での素晴らしい祭りの思い出をもっている人がたくさんいる。しかし、自分自身の都市の公共的環境を魅力的な方法で一時的に変形してみようとする人はほとんどいない。クリスマスの商店街の街灯にけばけばしい飾りものが張りわたされるのは、なんとも哀れな光景である。仮設建築の楽しさときらびやかさは過去の喜びになってしまった。私たちは巨大な国際博覧会にそのような楽しみを求めるが、それはいささか期間が長すぎる。

私たちは誰でも、生涯のうちに、時間が宙に浮いてしまったかのような奇妙な感覚を味わうことがある。それは、私たちの目の前にじっと浮かんで、私たちのすべての注意力を吸いよせてしまう〈深遠な現在〉である。そのような体験は、強烈で神秘的であると同時に個人的なものだ。そこでは、事物が習慣的な意味のベールを通してではなく、直接私たちに語りかけてくる。内部の世界と外部の世界が結びつき、私たち自身が風景そのものになったように感じられる。それは時間の停止ではなく、生き生きした静寂の感覚であり、そこでは変化と時間を即座に理解することができそうな気がする。永遠性もはかなさも、急激な生物学的リズムも長いサイクルも、そこにはすべてのものが同居し

図 95／シエナのカンポ広場――場所の感覚はアクティビティの変化によって劇的に一変する。閑散としている広場と，一年に一度行われるパリオの競馬で熱気があふれる広場

ているように感じられる。これまで私たちが築き上げてきた現在という瞬間は、あまりにも拡大され一貫性に拘束された、緊張しきった時間だった。したがって、宙に浮いたような瞬間を体験するのは容易ではない。しかし、ある特別な時間に生命あるものの力強い姿や生き生きした発露を目にすれば、そのような瞬間を体験することも不可能ではない。困難を克服して、秘境の洞窟、山頂、庭園、水辺などにたどり着いたとき、あるいは不意にそれらが目の前に現れたときにも、同じような瞬間を体験することができるだろう。そこでは、すべてのものが鮮やかで、新しく、まったく見知らぬもののように感じられる。ガストン・バシュラール[*15]は、このような特別な場所には見かけ上の時間を停止させる力があると述べている[文献28]。私たちは、力強いエピソードにつづられた背景をつくり出すことで、〈深遠な現在〉の意識を共有することができるかもしれない。そのとき私たちは、一度は失ってしまった原始社会の永遠の現在を再び体験することができるだろう。

　つぼを心得たデザイナーは、エピソードの変わり目に特別の注意を払う。私たちは習慣的に、この変わり目——エピソードの始まりと終わりを接点にして、出来事の絶え間ない流れを組織している。出来事の流れの速度がある一定の範囲を超えてしまうと、特別な痕跡でもないかぎり、その流れを知覚することができない。出来事の流れがかなり急速で顕著なものであるときには、いろいろな瞬間のうちでもエピソードの変わり目が最も印象的な瞬間になる。それは消えやすく、あいまいで移ろいやすい。夕暮れと夜明け、裸の枝に芽ぶいた新緑、ニューイングランドの短い紅葉、夏期休暇の最後の日、劇場のロビーに集まって開幕を待っている大勢の観客、仕事が終わって家路を急ぐ人びと——これらはありふれた陳腐な情景ばかりだが、その陳腐さはけっして私たちを退屈させない。デザイナーは、ときにはエピソードの変わり目に特別な形態を与えようとする。それだけでは飽き足らずに、変わり目を一幕の芝居に仕立て上げようとするかもしれない。改装ひとつとってみても、それを儀式にすることができる。

　これまで、建物の倒壊を劇的に演出した例はない。しかし、演出が加えられていなくても、それは壮観である。炎上する建物の屋根が崩れ落ちる瞬間、爆破された煙突が倒れる瞬間——これらは、そう認めるのはいささか後ろめたいが、わくわくする瞬間ではないだろうか。すでに述べたように、環境のプロセスにとって、その破壊と死滅は創造と同じくらい重要なものかもしれない。それなのに、その瞬間をもっと意味深い方法で引き立てようとしないのはなぜだろうか。建物のデザインの中に倒壊の方法を組み込むことはできないだろうか。つまり、取り壊しやすさだけでなく、取り壊すときの見ごたえも考慮しておくことはできないだろうか（この考えは奇抜すぎるだろうか）。ひとつの場所が〈寿命〉になったり姿を消そうとしているときには、視覚的な行事とふさわしい変形を考えてはどうだろうか。私たちは、落成式や開業式のような始まりにばかり心を奪われている。フィレンツェのユダヤ人街では、取り壊しに先立って有名なパーティが開かれた。私たちは、そこから学ぶことができるのではないだろうか。

　世の中には、長い期間にわたる推移に興味を抱いている人びともいる。彼らは、成熟が衰退に転じ、事物のはかない本性が明らかにされる瞬間に喜びを感じる。私は、衰退の美学そのものを弁護したり、まがいものの廃墟の建設を提案したりする傾向には賛成できない。しかし、私たちの力の及ばない理由で衰退し、あるいは荒廃している地域について、その地域がもっている美的可能性を理解し利用する能力を、衰退の美学から引き出すことができるかもしれない。また私たちは、未熟な新しさを目立たせることや、つかの間の光景に楽しみを見出すこともできる。さらに、トレーラーハウスのキャンプや庭園などの大きな環境を、機能的理由からだけでなく、審美的衝動から定期的に模様替えすることもできるだろう。

　思い出の中にあるエピソードの対比は、以前の状態を象徴的方法で思い起こさせることによって、いっそう鮮明にすることができる。日本の粋人たちは、暗い季節には春の絵を飾り、春になると雪景色の絵を飾る。緑の庭にある裸木は冬を思い起こさせ、雪の中にある熱帯植物の温室は夏を思い起こさせる。深夜（トロント[*16]がヨークビルに戻ってしまうような時間）、誰もいないはずの場所で生き生きした活動が行われると、ひときわ鮮かな印象を生み出す。あるいは、もっと抽象的な象徴的表現を用いることができるかもしれない。それには、映画やレコードのように過去と未来の状態の両方を描写できる手段が利用できるだろう。

変化の直接表示

エピソードの対比は、人びとが共通してもっている強力な時間イメージの思い出を、美的に利用しようとするものである。それ以外に、変化のプロセスそのものを芸術的素材にして、環境変化をそれが実際に起こるときの様子に近い方法で直接表示することができるかもしれない。そこでは私たちの知覚は、突然変化するエピソードではなく、連続的な運動に向けられることになる。その運動は、私たちの限られた知覚領域に収まるように、あまり速すぎても遅すぎてもいけない。私たちは、視覚、聴覚、触覚などを用いて変化を感じとる。この表示を理解するには、変化のプロセス全体に対する注意力、ないしはプロセスの中の重要な部分に対する注意力が必要である。そして、変化のすべての側面に対するコントロールも必要とされる。

空間的な環境要素にはゆっくり変化するものが多い。また私たちは、環境変化の形を微妙にコントロールする力をもっていない。そのため、変化の直接表示を目にすることはめったにない。このような演出としては〈音と光のショー〉が私たちに最も身近な例だろう。このショーは、休日の夜を楽しむ観衆の前で、人工照明と音響を使って歴史的な道具立てを劇的に演出する。しかし、自然の中にはもっと単純で魅力的な変化の表示を見出すことがで

図96／フィレンツェでは1886年に古いユダヤ人街が取り壊されたが，それに先立って，住民の立ち退いたユダヤ人街を臨時の“アラブ人街”に改装して送別会が開かれた

きる。燃え上がる炎、雲、日没、流れる水、打ち寄せる波、波打つ草原、太陽の照り返しなどが私たちをとりまいている。大きな火災や火山噴火による建物の倒壊も強い感銘を呼び起こす壮観である。人工的なものとしては、花火、さまざまに変化する噴水、注意深く演出された野外劇などを思い浮かべることができる。これらの表示手法は素朴なものかもしれないが、その光景は魅力的で感動的でさえある。ギリシア正教の儀式では、復活祭の真夜中に祭壇からとられた新しい火が会衆の間を蝋燭から蝋燭へ移されて運ばれ、ゆらめく金色の光が暗い教会の隅々に流れていく。

これらは、映画で用いられるのとよく似た芸術的状況である。それは映画よりコントロールがおおまかで、観衆の注意も散漫であり、きめの荒い効果しか期待できないが、それを構成する要素のスケールと意味が十分にその欠点を補ってくれる。背景になるのは変化の少ない永続的環境なので、演出される要素は、光、音、煙、水、人間行動、大きな機械仕掛けなどのように流動的なものの方が好ましい効果を発揮できるだろう。演出効果を高めるためには、特別の機会に多くの観衆が揃うのを待たなければならない。また、長くても数時間で終わるようにしなければならない。

展開、遅滞、山場、対位法、対比、速度変化、リズム、転調など、時間の組織化に用いられる身近な美的手法を利用することもできる。その場合には、明快なリズムの繰り返し、大きなエピソード、山場への盛り上がりなどを使って、全体の構成をできるだけ単純にすることが望ましい。対象物が互いに動きまわり、連続的に照明があてられるようなときには、もっと奇抜な手法を映画から借りてくることができる。たとえば、空中に浮遊しているような幻覚を与えたり、時間の停止と逆転をつくり出したりすることができるだろう。しかし公共領域では、故意に人びとの感覚を混乱させることは、十分慎重に行わなければならない。一方、屋内や地下の環境のように、そのままでは感覚への刺激が少なくて単調すぎる場所では、こうした演出に大きな効果を期待することができるだろう。また、一八世紀のロンドンの遊園地のような特別なエリアをつくって、そこで変化を展示することができるかもしれない。そこには、イルミネーション、音楽会、芝居、ダンスなどが用意されるだろう。イベント・デザイナーは、環境展示をプログラムの呼び物にすることができるかもしれない。未来を表示する野外劇を上演することもできるだろう。

このような環境展示にとって、照明と音響に関する現代の技術はきわめて強力な手段になる。これまで、それらの技術は〈動く芸術〉や室内でのマルチメディアショーに利用されてきた。今度は、それを都市規模に拡大することができるかもしれない。いまでも、私たちが日ごろ目にしている都市の照明は、ありきたりの〈サイケデリック〉[17]ショーよりはるかにおもしろい。どこからでも見える場所で大きなかがり火を燃やすのは、昔から祭りにつきものの行事のひとつだった。都市照明は、大きなスケールをもっていると同時に、私たちの興味を強く引きつける力をもっている。土曜日の晩のトラファルガー広場[18]は、こうした自然のスペクタクルである。そこには、暖かい光と冷たい光、点滅する光の波、シルエット、回転する光線、色とりどりの文字、ストロボの閃光、ライトアップされたドームや塔が私たちを待ちうけている。空には月がかかり、噴水からは流れる光が吹き上げられ、メタリック塗装の自動車がその光に輝いている。

　都市照明は、自動車、列車、飛行機などの動きを計画的に引き立たせることができる。また、ランドマークから流れ出し、方位、時間、天候を人びとに知らせ、河川と都市の輪郭をくっきり示し、大きな集会と重要な出来事を指し示し、樹木のシルエットを浮かび上がらせ、人びとによって持ち運ばれ、月や雲とのコントラストをつくり出すことができる。たくさんの光の点滅、色の変化、輝きの変化――これらの律動をなんらかの基本的リズムに従わせることもできる。電子音楽は、このような流動的な空間演出の伴奏に新しい可能性をもっているようだ。都市の音響をコントロールして、こうした環境演出に利用することはできないだろうか。都市照明に比べて、都市音響は見込みが少ないし、訴えかける力も微弱かもしれないが、考慮する価値がありそうだ。

　細かいコントロールの欠如は、参加芸術におけるように、かえって長所になるかもしれない。展開の大筋が決定され、テーマと素材とそこに挿入される刺激が準備されれば、あとは環境演奏者と観衆の間の即興的反応とこの初期設定との相互作用によって、作品が展開していく。たとえば、屋外の光の即興演奏を考えることができる。それは、たくさんの都市の光の間に起こる偶然の出来事や観衆の反応を敏感にとらえて演じられる。その指揮は、専門の環境演奏者の手に委ねることになるだろう。演奏者には、即興演奏の訓練を受け、一瞬の機会、補佐役のコンピュータ、観客の合図などに機敏に対応する能力が求められる。

観衆が少ないときには、もっと親密なつながりが可能である。見物人の視線の方向や凝視、音声の合図などに感応する環境を考えることができる。それは、人びとの注意や期待が向けられていないときは沈みこんでいて、注目、愛着、好奇心、不安などが向けられると輝きはじめる。また、たった一人の観客のちょっとした動作や生理学的状態によって、明るさ、色彩、音響、気候が変動する小さな環境を想像することができるだろう。これは、受動的に眺められるものという意味での表示の範囲を超えている。そこでは、人と環境のつながりが音楽家と楽器のつながりに近い緊密さをもつことになるだろう。しかし、この環境を使いこなすには、訓練された技能だけでなく複雑で高価な装置が必要である。大規模な観衆を対象にするときには、できるだけ単純な表示を利用した方がよい。

表示は純粋に人工的なものである必要はない。それを自然の変化と組み合わせることもできる。造園家は、流水の光景と音響を増幅する方法を心得ている。しなやかな植物や旗飾りは風を視覚化することができる。燃え上がる炎に照明を当てることや、流れる雲を鏡やレンズで視界に取り込むことができる。潮流の変化を増幅すれば、海水の動きを視覚化することができる（オルデンバーグ[*19]がデザインした巨大な〈トイレタンクの浮球〉は汚染されたテムズ川を潮の干満に従って上下する）。日没の瞬間は自然のままでも十分に印象的だが、音響効果や移り変わる色彩を捉える壁面を用意すれば、いっそう劇的に効果を演出することができるだろう[文献115]。満潮と干潮、日の出と日の入り、月の出と月の入り――これらの瞬間に鐘を鳴らすことができるかもしれない。それほど劇的でない時間でも、太陽光線の変化をレンズ、鏡、プリズムなどで虹のように表示すれば視覚化することができる。こうした方法は、正午、夏至、冬至、春分、秋分など、感知しにくい瞬間を知らせるのに利用することができるだろう。そして、観察者が太陽のス

図97／クレス・オルデンバーグの“トイレタンクの浮球”（観光絵葉書を使ったモンタージュ）——テムズ川に浮かぶ二つの巨大な浮球は潮の干満につれて川を上下する。それはテムズ川の汚染を訴える役割も果たす

ペクタクルを眺めるだけでなく、装置に介入してスペクタクルを脚色することができれば、天体の運行と自分自身との結びつきを感じることができるだろう。このような部分的にコントロール可能な感覚的増幅の身近な例は、水面を乱したときに生じる反射光の波紋に見ることができる。

人間の営みと結びついた表示を考えることもできる。たとえば、光を使って、通勤者の流れの増減を劇的に表現することができるだろう。また、空間を移動する人びとのパターンを強調し、交換台を経由する通話の密度と目的地を演出することができるだろう。現在の歴史を再演することや、それを劇的に脚色することができるかもしれない。それには、俳優、炎、巨大なあやつり人形などを利用することができる。野外の出来事と時間に簡単な方法で生気を吹き込むにはどうすればよいのか——私たちは、それを街頭演劇から学ぶことができる。

実のところ、技術的可能性が広がると、それにおぼれて人目は引くが醜悪でばかげたスペクタクルをつくり出す危険が生じる。大規模な環境における形態変化は、映画や演劇に比べると無器用で反応の鈍いものにならざるをえない。環境がもっている最大の心理的影響力は、連続感と実在感の伝達である。大がかりなスペクタクルは、高価で巨大になりすぎるだけでなく、人びとを混乱に陥れるかもしれない。この種の芸術を成功させるには、単純さ、リズム、緩やかな進行、荘厳さ、悠久の背景などを重視しなければならない。また、自然変化や環境の意味と直接の結びつきをつくり上げ、人間活動と強固な関係を築き上げる必要がある。

運動のデザイン

観察者の動きを利用することによっても、同じようにダイナミックな印象を生み出すことができる。環境は、人びとがその中を動き回るにつれて変化して見える。変化は体験されている現在の中で起こるので、デザイナーは、時間芸術の手法の多くを粗けずりな形かもしれないが利用することができる。その古典的例は、王座と祭壇への長い儀式的な通路に見ることができる。そこには、拝謁者と参拝者を畏怖させようとする王侯と聖職者の意図があった。それらは、どれほど華麗で重々しい素材を用いていても、本質的には、制御された条件のもとで光輝と尊厳の頂点を効果的に盛り上げる単純でリズミカルな行進の空間である。庭園や都市にも同じような行列用道路が見られる。

いくつかの大庭園では、これとは別の連鎖がデザインされている。そこでは、人びとの移動につれて対照的な背景が次々に展開していき、体験の楽しみが倍加するように工夫されている。スタウアヘッドの庭園[*20]では、不規則な形をした人工湖のまわりに美しい回遊路がめぐらされている。この回遊路をたどっていくと、光景が次々に変化し、さまざまな植物の間で視界が開けたり閉じたりする。また、低いところを歩いていたかと思うと、いつの間にか高い場所に立っている。その構成は、多彩な特徴と連想を連続的につなぎ合わせるようにデザインされている。

私たちの生活には移動の喜びと不快が満ちあふれている。高速道路、都市の街路、田舎の小径などは概して退屈だが、ときには思いがけない楽しみや驚きに出会うことがある。空間が変化するように感じられ、景色が開け、視界が躍動し移り変わる。私たちはその中を散策し、通り抜け、そして振り返る。人びとはこのような体験に敏感に反応する。有名な都市には、必ずといってよいほど魅力的な遊歩道がある。景色のよい自動車道路は多くの人びとに愛されている。人びととの移動性が高まり、時間と変化に対する考え方が変わったので、移動に伴う連続的変化を演出するシークエンス・デザインの可能性が拡大した［文献26、104］。移動する視点こそが、今日の環境体験を代表するものだと言うことができるかもしれない。しかし、シークエンス・デザインが実現された例はわずかであり、それもきわめて単純な方法を用いたものでしかない。その芸術的表現に固有の可能性はほとんど開発されていない。

この芸術の要素と技法については、近ごろ文学の領域で議論が展開され、その理念の応用も、少なくとも提案という形でいくつか試みられている。この種の芸術のきわ立った特性は、そのダイナミックな性質、規模、コントロールの度合い、体験のされ方、展開する光景の性質などに由来する。ただ、ここで特性の分析を繰り返しても退屈なだけだろう。移動している観察者の受ける審美的効果は、変化しつつある世界の生み出す効果に似ている。それは、動的プロセスに対する感受性を満足させることができる。現在という時間の流れが生気に満ちた劇的なものになる。また、この芸術は移動という基本的機能と直接結びついているので、変化の直接表示が陥りがちな美意識の孤立を避けることができる。

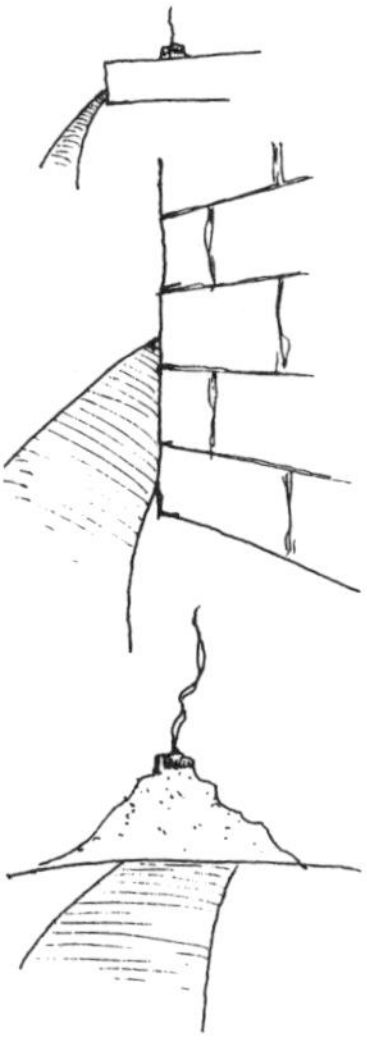

シークエンス・デザインを他の時間的効果と結びつけることもできる。道路は、都市の歴史的な層を人びとの目に触れさせる役目を果たすことができるかもしれない。バロックの広場と新しいショッピングセンターを対比させ、摩天楼の足元に古代の礎石を残すことができるのではないだろうか。回遊式庭園のように、対照的なエピソードをもつ場所を遊歩道で結ぶことも考えられる。修学旅行のような正式の機会には、空間の旅を慎重に企画することによって、時間の旅を象徴化することができるかもしれない。観察者の移動によって引き起こされる外界の変化を、照明や音響の直接的変化を使って豊かに演出することができるかもしれない。しかし、それは混乱と紙一重のところまで進むことでもある。したがって、人びとの運動の舞台に周期

的な修正を加えるときには、注意深い制御が必要である。変化と運動は単純かつ明快でなければならない。

長期的変化のパターン化

環境変化を鑑賞するには、これまで述べてきた以外にも可能性のある方法が考えられる。それは、私たちが数時間、あるいは数日間を超える変化のプロセスを感じとる能力をもっていれば、ありふれた方法のひとつになっていたにちがいない。そうすれば、ダンスや映画の躍動的形態を理解するのと同じようにして、数ヵ月にわたる建物の建設プロセスを理解することができただろう。ある意味では、いまでも私たちは建設プロセスをはっきり理解している。私たちは建設が進行しているのを認めることができるし、時間を計り、完成を予測することもできる。効率のよい建設プロセスをデザインすることもできる。鉄骨の組み立てや鐘楼の据えつけのような特別のエピソードを楽しむこともできるだろう。しかし、建設プロセスの具体化を美的側面から意識し、その筋書を非経済的観点から吟味できるのは、十分な訓練を受けた観察者だけである。

大きな環境は連続的に変化しつづけ、完成した形態をもつことがないので、もし私たちが長期的プロセスを連続的な姿として知覚することができれば、それは環境変化を知る適切な方法になるだろう。そこでは、長期的変化を芸術としてデザインすることができるだろう。つまり、長期的変化の当面の外観や経済的・社会的影響ばかりでなく、そのシークエンスにも目を向けて、減速、加速、逆転などを計画することができるだろう。私たちは、それによって変化の意味についていっそう深い理解を得ることができるだろう。歴史家、計画家、政治家、経済学者など、長期的変化を専門に扱い、その変化を象徴的に圧縮して提示する方法を身につけている人びとにとっては、長期的プロセスに対する審美的知覚力を備えることも困難ではないかもしれない。彼らは、国家の盛衰や都市が成長し再構築されていく様子を眺めて、そこに喜びを見出すことができるだろう。だが、多くの人びとは知覚の範囲をそこまで拡大することができない。数時間以上にわたるプロセスに直面すると、私たちはそれをいくつかの静止したエピソードに分割して、短い無意味な過渡期でそれをつなぎ合わせる。これは、前述したエピソードの対比によるデザインである。その意味で、長期的変化のデザインは、特徴的で対照的な現象を間

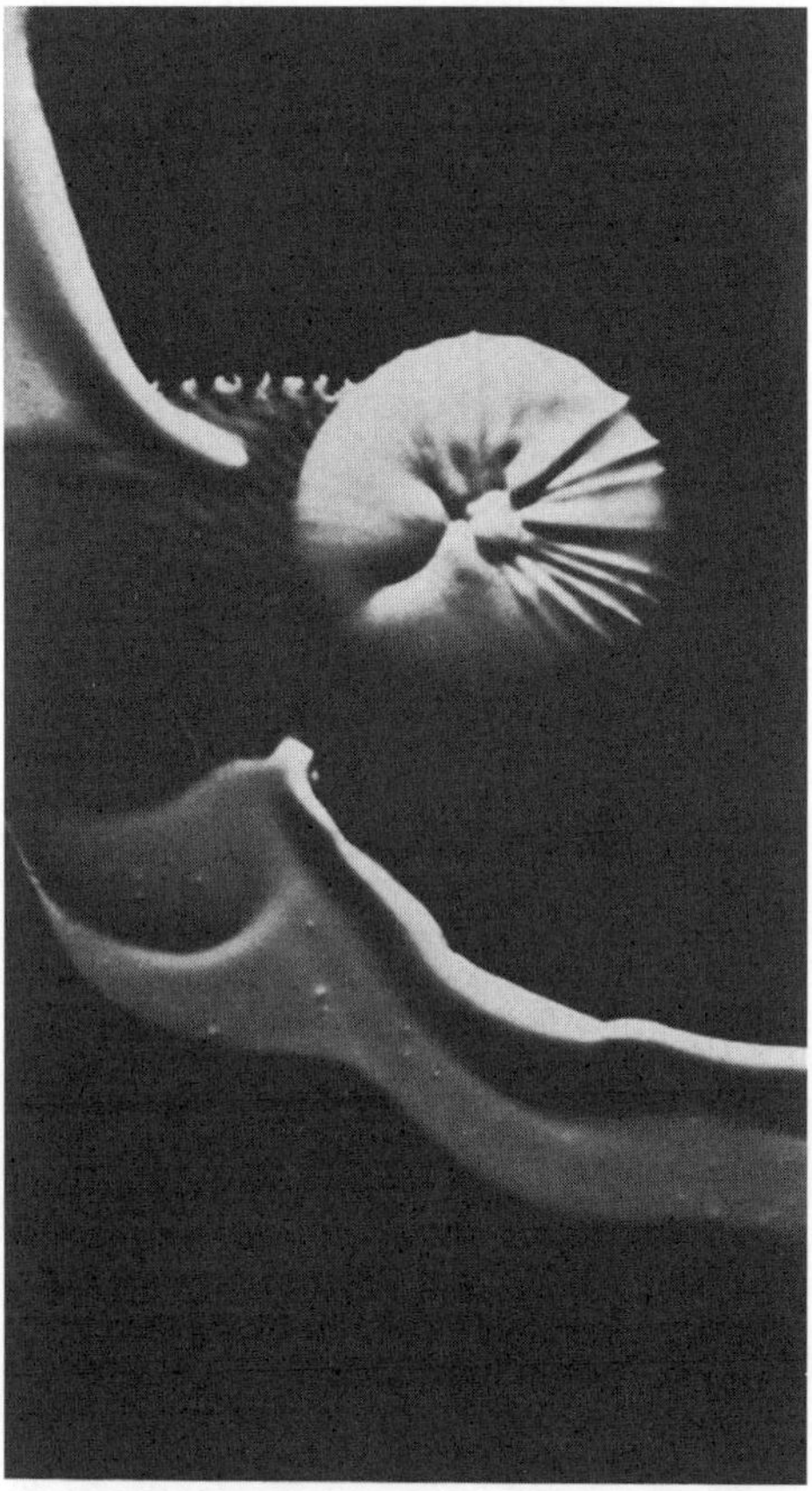

図 98 ／高速度露出によって撮影された写真の中では , 振動性と粘性をもった流体の動きが視覚化される。ハンス・ジェニーは、私たちに新しい形態と運動の不思議な世界を見せてくれる

隔をおいて提示するものになるだろう。そこには、過去の思い出と未来の予言も必要とされる。また、変化の主要な道筋を明瞭にしておくことも必要である。もっとも、それは複雑な審美上の要請というより単純な知的要請によるものである。

私たちの知覚器官の能力は、きわめて限定されたものでしかない。私たちは花の開く様子を〈見る〉ことができない。それどころか、一日に一六インチ伸びるという竹の成長を見ることもできない。一方、一五分の一秒の単位をもっている闘魚[*21]の目には見える急速な動きも、私たちの目では知覚できない。この活動と変化に満ちた世界を観察するにしては、私たちの能力はあまりにも貧弱である。私たちの探知能力はきわめて狭い範囲に限られていて、盲目に近いといっても過言ではない。視野を広げようとすれば、文明の利器を利用しなければならない。私たちの目から見た植物は、知覚などもっていないように思われる。けれども、植物の動きを微速度撮影に収めて、普通の速度で映写してみると、植物も動物と同じように知覚し反応していることに気づくだろう。エドワード・スタイケン[*22]は、バラの木の変化をフィルムに収めている。逆に、ハンス・ジェニー[*23]はスチール写真と高速度撮影を使って、振動性の高速運動の豊かで不思議な世界を視界化している［文献68］。私たちは、以前には目で見ることのできなかった非常に短い振動の中に、複雑なリズム、精巧な循環、幻想的な成長、激しい攪乱などを認めることができるようになった。

私たちの知覚能力の域外にある環境変化を感じとるために、人工的手段によって知覚範囲を拡大することはできないだろうか。都市の二四時間の変化を三分間の映画に圧縮すれば、新しい世界が出現する。私たちは、都市環境に新鮮な喜びを見出し、都市のプロセスの本質について学ぶことができるだろう。都市の形態そのものを操作して、興味深い高速（あるいは低速）の変化をつくり出すのは難しい。しかし、映画、写真、標識、図式などを公共的装置として利用し、目に見えないプロセスを視覚化することは可能である。街路に〈ミュートスコープ〉[*24]を設置することが考えられるかもしれない。それは、顕微鏡や望遠鏡が私たちの知覚範囲を拡大するように、過去と未来の変化を加速し、現在の波動を減速して、それらを視覚化してくれるだろう［文献116］。

これまでに私は、環境変化を美的体験に仕立て上げる四つの異なる方法について概略を述べてきた。そして、五番目の実現不確かな可能性についても推論を試みた。時間のコラージュを利用すれば、過去の豊かな痕跡を視覚的に累積することができる。エピソードのデザインを利用すれば、私たちの個人的思い出と期待に共鳴を呼び起こすような、対比的状態をつくり出すことができる。それは、時間を不連続な周期的パターンに組織化することにも役立つ。環境変化の直接表示を利用すれば、現在の連続的変貌を劇的に演出することができる。観察者の動きを利用すれば、変化しない環境においても変化する環境と同じ効果を挙げることができる。最後に、知覚能力の域外にある急速な変化と緩慢な変化を私たちの視覚領域の中に移して、それを美的体験の対象にする方法についても考察を加えてみた。これらの企ては、実験、訓練、公共参加などに豊かな可能性を提供してくれる。それらは、現実世界の喜びを拡大すると同時に、私たちの時間イメージを活気づけ、それを筋の通ったものにすることにも貢献するだろう。

＊1　Joseph Mallord William Turner（一七七五〜一八五一）　イギリスの風景画家。陽光と大気の自然を輝くような色彩で描く。後期には細部を省略し、大きな色彩のかたまりで主題を表現した

＊2　Etienne Souriau（一八九二〜一九七九）　フランスの美学者。リヨン大学やソルボンヌ大学で教鞭を執る

＊3　Nicolas Poussin（一五九四〜一六六五）　フランスの画家。厳格な構図の古典主義的作品を残す。〈アルカディアの牧人〉は、田園風景の中に立つ墓石と碑文を読む四人の人物を描く

＊4　Immanuel Kant（一七二四〜一八〇四）　ドイツ啓蒙主義の哲学者。人間理性の限界を批判的に吟味する批判主義の哲学を展開。時間と空間を感性の形式とした

＊5　Selinunte　シチリア島の南西岸にあるギリシア植民都市の遺跡。紀元前五世紀ごろに繁栄し、かつてのアクロポリスとその東側に八棟の神殿が発掘されている

＊6　Lucca　イタリア中部、フィレンツェの西に位置する都市。古代の円形闘技場を利用したマーケット広場や一二世紀の聖堂が残る

＊7　Avebury　英国ウィルトシャー州の村。先史時代の環状列石と土塁が残る

＊8　Canterbury　英国ケント州の都市。英国国教会総本山のカンタベリー大聖堂がある

＊9　Siracusa　シチリア島東岸の都市。紀元前八世紀のギリシア植民都市にさかのぼる歴史を持つ

＊10　Fortezza da Basso　フィレンツェ旧市街の北西にある要塞。一五三〇年代に建設され、五角形の平面を持つ

＊11　Robert Smithson（一九三八〜一九七三）　アメリカの芸術家。土地そ

のものを素材にした土塁状の造形作品で名高い

＊12 flint 石英の一種で、古くから火打ち石として用いられた

＊13 William Butler Yeats（一八六五～一九三九） アイルランドの詩人・劇作家。一九二三年のノーベル文学賞受賞。バリリーの塔は彼の旧宅にある

＊14 Stowe 英国バッキンガムシャー北部にあるバッキンガム公爵の旧邸。一七～一八世紀の建築と庭園で名高い

＊15 Gaston Bachelard（一八八四～一九六二） フランスの哲学者。詩論と科学哲学を独自の方法で展開

＊16 Yorkville イギリス植民地時代のトロントの名称

＊17 psychedelic もとは幻覚剤を飲んだときに起きる知覚状態。一九六〇年代末から七〇年代初めにかけて、この幻覚状態を美術や音楽で表現することが流行した。ここでは派手な原色や音楽を用いたダンスが中心のショー

＊18 Trafalgar Square ロンドンの中心部にある広場で、中央にネルソン像を飾った記念柱がある

＊19 Claes Odenburg（一九二九～） スウェーデン生まれのアメリカの前衛芸術家。代表作に「都市のモニュメント」の連作がある

＊20 Stourhead 英国ウィルトシャー州にあるホー家の旧邸。一八世紀につくられた広大な風景式庭園で名高い

＊21 fighting fish アジアの温帯から熱帯に分布するキノボリウオ科の魚。雄が激しい闘争性をもつ

＊22 Edward Steichen（一八七九～一九七三） アメリカの写真家・画家。絵画的写真からファッション、報道まで幅広い領域で活躍

＊23 Hans Jenny（一九〇四～一九七二） アメリカの物理学者、自然科学者。音響振動が液体や粉体に及ぼす影響を研究。波動現象学の父と言われる

＊24 mutoscope のぞきめがね式の活動写真。コインを入れてハンドルを回すと一分間ほどの動画を見ることができる

8

変化を経営する　Managing Transitions

環境変化は成長や衰退を意味するのかもしれない。あるいは、単なる再配分、密度の変更、形態の改変などであるかもしれない。それは、復興に先立つ動揺かもしれないし、新しい力への適応、意図した変化、制御されない変化などであるかもしれない。管理された変化は、望ましい状態への移行を意図している。少なくとも、より悪い状態への移行を避けようとしている。しかし、すべての変化はそれなりの犠牲を避けることはできない。そこには経済的、技術的、社会的、心理的な負担が介在してくる。ここでは、変化のもたらす心理的負担に焦点を当ててみたい。変化によってもたらされる心理的負担には、方向性の混乱、不安、後悔、憤激、悲嘆などがある。私は、心理的負担を検討する中で、さまざまな推移の中から抽出される特別な利点を探し出したいと思っている。そして、変化をうまく取り扱うためには、それをどのように理解すべきかを知りたいと望んでいる。こうした考察にあたって、私は、基本的な変化が望ましいものであると同時に避けがたいものであるという仮定と、問題は変化を効果的に扱うことができるかどうかにかかっているという仮定を立てたいと考えている。

荒廃と放棄

多くの専門家は新しい成長に関心を抱いていて、衰退しつつある環境に関心を抱いている人は少ない。古い農地、灌木の林、見捨てられた鉱山と建物、空き地、放棄された住宅、廃棄物の堆積、古い線路敷、高架道路の下の空間――彼らは荒廃した環境の扱い方を心得ていない。イギリスでは鉱工業活動の結果、約二五万エーカーの土地が放棄されている。これは国土面積の約〇・五パーセントを占めている[文献29]。アメリカ合衆国では、露天掘りだけをとっても、そのために三二〇万エーカーの土地が使用不能になっている。一九七〇年から一九九〇年の間に処理しなければならない固形廃棄物の量は、一九〇〇年から一九七〇年までの排出総量に等しいと予測されている。

もし、これらの現象を単なる嫌悪の目で見て、それを隠蔽することや身近から遠くに追いやることだけを考えるならば、やがて私たちは自分自身の排泄物に埋もれて生活することになる。しかし、廃棄物や傷跡を興味を持って眺めれば、それらを連続的な利用サイクルの中に統合する方法を学ぶことができるかもしれない。鉱滓はセメントの原料になり、有機廃棄物は肥料の原料になる。廃棄物を圧縮して建築用ブロックをつくったり、積み上げて丘の景観をつくることもできる。このような試みはストックホルムで実現されており、シカゴとニューヨークでも提案されている。現在では、地形の改変、土壌の育成、播種、樹木の移植などの技術が大きく進歩している。水のたまった砂利採取坑は水上スポーツに適している[文献84]。それ以外の掘り下げられた地面も、競技場、円形劇場、キャンプ場などに利用することができる。古い線路敷や運河は快適な遊歩道になる。古い鉱山のボタ山には植樹することができる。ストーコントレントの市民は、産業で荒廃した土地を新しい景観として眺めはじめている。ベルリンの堅固でいかめしい高射砲塔は、戦災で倒壊した建物の八〇〇〇万立方メートルに及ぶ破片でおおわれて、平坦な公園の中の新しいレクリエーションの丘になっている。工業地帯だったイングランド中部の〈ブラックランド〉を保養地に変身させることも不可能ではない。ボルティモアの中心部にある見捨てられた長屋を、学校、子供の家、クラブハウス、職業訓練所などに利用することができるのではないだろうか。

都市や農村の荒廃した土地は、今日では新しい未開地の役割を果たしている。ジョン・バーによれば、スウォンジーの下町では「廃墟が子供たちの城や隠れ家になり、廃棄物の山が自転車遊びの坂道になった。そこは、子どもたちが心から夢中になることのできる野性的で自由な場所だった」[文献29]。イギリス人の心の底には、このような傷跡に対する誇りが脈打っている。「私たちは決意と勤勉な労働によって黒くなった。時間の重みを感じさせる汚れは、イングランド北部では私たちの一部になっている。それを私たちのそばから消し去ってはならない」。「私の時代には誰もがそれを我慢していた。だから、現在の人びとにも我慢できないはずはない」。人びとの連想を切り捨てた純粋な形態として眺めても、さびついた自動車の巨大な堆積は荒々しい印象的景観をつくり出している。コーンウォール州の陶土採掘場は荒涼として美しい。

私たちは、むやみな現状肯定論を弁護するつもりはない。しかし、廃棄物を利用サイクルの中に統合するつもりならば、体にしみついている機械的な潔癖症を修正しなければならない。私たちは、廃棄物をしっかり熟視して、それがもっている現在の価値を見出さなければならない。そうすれば廃棄物の特性を活かした利用を考えることができるだろう。私たちは、これからも廃棄物を排出しつづけていくにちがいない。したがって、廃棄物を連続的に再利用し、それを味わうことを考えておかなければならない。
すべての景観が〈消尽〉されたとき、私たちは最も困難な環境変化に直面する。そして、対応の準備をほとんどしていなかったような変化に対処しなければならない。環境の縮小と放棄が私たちの課題になる。その変化は、地域社会が崩壊したとき、そこに時代遅れの施設とともに取り残された人びとの肩に不当に重くのしかかってくる。荒廃した土地は、死と衰退の不安なイメージを生み出す。しかし、経済成長と外部変化を達成するためには、しばしば段階的移住と漸進的放棄が必要とされる。

「私たちの両親は、歳老いたときどうするのだろうか。私たちが家庭にとどまって、両親の面倒をみるとしたらどうだろうか。ベントリーの墓地で両親に最後の土をかけるときには、たぶん私たちは六〇歳になっているだろう。そのとき、私たちはこの土地を離れてどこかへいくには歳をとりすぎている。そして、いったい誰が私たちの死をみとってくれるのだろうか」[文献83]。

この種の変化は不愉快で、私たちを意気消沈させる。そこで私たちは、それを技術的問題として無視しようとする。苦しみから目をそむけ、助成金や勧告によって変化を食い止めようとする。しかし、変化に対するもっと積極的な対応策があるかもしれない。たとえば、人口移動を集団で行うことができるかもしれない。そうすれば、少なくとも社会的な結びつきが破壊されることはないし、一人だけが衰退の中に取り残されることもない。また、移住先の環境の形態と制度を、古い環境と同じようにデザインすることができるかもしれない。思い出のしみ込んだ歴史的建造物を、移住者といっしょに運び出すことができるかもしれない。移住に先立って、移住先の人びとや場所について映画を見たり、移住先の環境を再現したセットの中で実験生活をしたりして、新しい土地に慣れる訓練をすることができるかもしれない。移住先に到着したら、新しい土地の可能性について体系的知識を伝える講習会を開くことができるだろう。それによって、人びとはすみやかに新しい環境に溶け込むことができる。
集団移住を行うのが困難だったり、どうしても住みなれた場所から離れたがらない人がいる場合には、別の方法を考えることもできる。古い場所で、新しい経済的機会を求めることができるかもしれない。あるいは、古い場所と新しい場所のコミュニケーションを改善して、恒久的な移住をしないですむようにできるかもしれない。そこでは、ばらばらになった人たちが互いに密接な交流を保ち、故郷を離れた人が懐かしい土地と結びつきを維持することができるだろう。古い場所を避暑地として利用したり、象徴的な再会場所として利用することができるかもしれない。さらに、あとに残った人と活動を地区の一画に集め、居住者のいなくなった残りの部分を取り壊して再開発することができるかもしれない。このような方法によって、地域社会の生命力が維持されるだろう。環境イメージは衰退の暗い影から解放され、明瞭さを保つことができるだろう。

私たちは、斜陽化しつつある農村地域だけでなく、大都市の中心地区でもこのような状況に直面している。大都市では場所そのものが退化しているのでなく、旧式化した構造物と希望を失った人びとの重圧で衰退が引き起こされている。したがって、ここでの問題は人口を疎開させることではなく、物理的障害を一掃し、未来に対する姿勢を変化させることであろう。

北米大陸の諸都市では、古い中心地区が次々に放棄されている。それは地域社会の終焉と低家賃住宅の消滅を意味している。このような現象の原因は、暴利をむさぼる地主、欠陥をかかえた税金政策、不公平なサービス、不活発な人びとなどに求めることができるだろう。しかし、それは長い間の伏流が突然姿を現したものでもある。その背景には、中心地区における低賃金労働、貧弱な住宅、劣悪なサービスなどの問題がある。こうした地区に対して、市当局や連邦政府はあまり熱心に取り組んでいない。私たちは、居住者のいなくなった住宅を嫌悪と狼狽の目で見ている。見方を変えて、それを大規模な創造的修復の好機と考えることはできないだろうか。あるいは、都市内の入植地、オープンスペース、公共施設、新しい都心コミュニティなどを実現する機会として捉えることはできないだろうか。この問題から逃避すれば、私たちはこうした場所に恐怖を感じながら生活しなければならないだろう。

これまで、時代遅れの建物が経済発展の絶対的阻害要因になったことがあるかどうか疑わしい。そこには、意志の欠如、技量の欠如、資本の欠如、柔軟な制度の欠如などが介在していたように思われる。しかし、ある種の空間的要

図 99／レンガ粘土の採掘坑に積まれた廃棄物の堆積（イギリス）――円錐形をした廃棄物の山は，新しいときには月の表面のような幻想的表情をもっている。
浸食され，水がたまり，雑草におおわれるようになると，古びて巨大に見えてくる

因が成長を妨げることはありうる。人口配分、基本的な土地形態と資源、土地の分割と保有のパターン、コミュニケーションと施設のネットワークなどが、そのような空間的要因の例として考えられる。時代遅れの建物に比べて、時代遅れの制度は成長の阻害要因としてははるかに大きな役割を果たす。さらに、その空間で生活を営んでいる人びとの姿勢と知識が最も重要な位置を占めている。彼らがもっている変化と未来のイメージ、新しい情報を受け入れて組織化する意志、自信、能力――新しい成長をつくり出すには、これらを第一に考慮しなければならない。ストーコントレントは、荒れはてた土地を再生するために多額の費用を投じようとしているが、それは自由に使える空間を必要としているためではない。自信を回復し、流出しつつある若者を引き止めるために、大金を投じようとしている。

人びとは環境から変化の本質を学び、変化を起こす機会を得ることができる。見捨てられた空間の修復は、それが人びとの手で行われるとき、彼らの変化に対するイメージに大きな影響を与えることができる。自分たちが置かれている状態を分析し、その状態が自分たちに及ぼす影響を分析すれば、自分自身に対する理解を深めることができる。そして、新しい姿勢と新しい活動を導くことができる。環境における小さな〈即席〉の変化は、もっと基本的な変化が近づいてきていることを予告し、それを刺激し、表現する役割を果たすことができる。事物は使い古されても軽んじられることなく、その再利用を図ることができる。人びとも自信を喪失することなく、新しい役割に復帰することができる。

災害

災害は放棄よりはるかに恐ろしく感じられるが、実際には、外的災害を処理する方が放棄の処理よりずっと困難が少ない。災害にみまわれたコミュニティは、はじめは茫然自失して混乱に陥るかもしれない。しかし、そこでは計画の目的が明確で、ある程度の環境資源が残されており、生存者は再建への強い意志をもっている[文献60]。人的資源が損われていなければ、機能を回復するのは難しいことではない。ほとんどの地区は、じきに災害前の水準まで復帰することができる。そして、災害によって誘発された新しい刺激と社会的な流動性に支えられて、多くの地区が災害前の水準を越えた発展をみせる。基本的な通信・交通網とエネルギー資源が無傷に近い状態で残されている地区や、災害前の物質的水準が高かった地区では、損害を受けた資源を埋めあわせるだけの余剰資源があるので、このような傾向が著しい。特に大都市は急速に復興することが多い。歴史的に見ても、災害が原因で永久に放棄された大都市はほとんどない（だからこそそのような例が劇的に感じられる）。メッシーナ[*2]は、今世紀だけでも二度にわたる徹底的破壊（一九〇八年の地震と第二次世界大戦での大爆撃）を受けたが、立派に復興して繁栄している。

災害復旧の戦略は比較的単純である。まず、被害をまぬがれた人的資源を保護し、通信・交通網と供給網を再開し、目に見える復旧活動をすみやかに開始し、人びとのイメージと期待をできるだけ明瞭で確実なものにすることが重視される。復興の初期段階では、自信と方向性を強化するために、象徴的行動が特に重要な役割を果たす。ロンドンは廃墟の中で王室祭を開き、大火記念碑を建設した。また、セントポール寺院と数多くの教区教会の建設に収入の半分をつぎ込んだ。災害前の状態を回復したいという願望はきわめて根強い。旧状を修正する方が物理的に困難が少なくて合理的な場合でも、その願望がまさることが多い。災害にみまわれた都市の再建は歴史の再建でもある。そこでは記憶のイメージが再創造される。戦災で荒廃したワルシャワでは、スターレミアスト[*3]が、古い絵画や黄ばんだ図面をもとに正確に再建された。それは、ワルシャワを再び人びとの生活する場所としてよみがえらせる意味をもっていた。このような象徴的な再建に支えられて、都市全体の大規模な再建が進んだ。

開発

専門家は、通常の成長に対しては豊富な知識をもっており、それを扱う体系的方法を開発してきた。いろいろな行動の間の結びつきを分析することによって、どの行動を優先させるべきか知り、どの行動が障害になりそうか判断することができる。綿密に工程計画を立て、進行を監視することによって、プロセスの妨害にすばやく対応することができる。また、どの程度の変化速度なら耐えることができるか、どのような偶発事態が起こりそうか、変化の過程でどのような一時的必要性と困難が生じそうかについて、現実的評価を下すことができる。

しかし、変化の心理的側面が考慮されることは少ない。

望ましい結果を導くプロセスや、考えぬかれた技術的手順を踏んだプロセスも、当事者にとっては、一時的にせよ心をくじく苦痛の原因になり、理解しがたい混乱に感じられるかもしれない。入口や窓を板でふさいだ〈再開発〉地区の建物は公共活動の無意味さを示す視覚的シンボルになり、建物解体用の鉄球は邪悪の新しい隠喩になっている。建設に興趣と希望を与えるのはそれほど困難ではないが、破壊を魅力的なものにするのはかなり難しい。しかし、ポンコツ自動車をぶつけ合うスタントカー競争に人が集まることからわかるように、何かをこっぱみじんに打ち壊すのも楽しいものである。ちょっとした舞台効果を工夫すれば、建物の取り壊しを公共スペクタクルにすることもできる。それは、畏怖と興奮、のぞき見の好奇心を満足させる機会を提供してくれる。人びとは、昔玄関があったところに記念碑をつくって、そこにその場所の思い出を納めておこうとするかもしれない[文献115]。現在でも新しい建物の定礎式は広く行われているが、これはその逆の儀式である。取り壊した建物の破片は、すばやく片づけなければならない。空いた建物や荒れ地は、すぐにコミュニティや個人の暫定利用を図るべきである。駐車場に利用するのが最もありふれた方法だろうが、それ以外に庭園、遊び場、展示場、集会所などにも利用することができる。長い開発プロセスの中のそれぞれの短い期間を、そこで生活する時間の質を高めるようにデザインしなければならない。

非専門家は、建設中の状態を見て当惑させられることが多い。骨組の組み立ては美しいかもしれないが、基礎の打ち込みは絶望的な混乱に感じられる。混乱も、その範囲がひとつの敷地に限定されていて、数ヵ月間で収まるものならば、それほど問題にならないかもしれない。しかし、大きな環境を長い年月をかけてつくり上げる場合には、建設によって引き起こされる知覚的混乱はきわめて重大な問題になる。人びとは、騒音と塵埃と不便を長期にわたって我慢しなければならない。ボリス・フォードは、新しい大学の計画を論じる中で、初期の学生は絶え間ない建設活動の中で生活しなければならないと述べている[文献52]。彼は、開発の各段階がある程度の完成度を備えていなければならないと結論づけている。そうすれば、それぞれの世代の学生がそれなりに安定した視覚的環境をもつことができ、明日ではなく今日を生きているという意識をもつことができる。あらゆる計画に際して、暫定的な交通網、アメニティ、

図 100 ／劇場の取り壊しを告げる広告板——劇場の入口庇に
最後のドラマを告げる文字が掲げられている

活動パターンを、〈最終的〉なものと同じように注意深く計画する必要がある。環境変化によって可能になった（あるいは必要になった）新しい種類の行動に関しては、それを慎重に教えることができるだろう。特別の標識を使って新しい交通網を説明することができる。俳優を使って新しい広場の利用法を実演することもできる。公共掲示板は、遠い未来に予想される結果だけでなく、建設プロセスの毎日の作業と目標を伝達することができるだろう。人びとは、建設を不可解で嘆かわしい迷惑としてではなく、意味のある興味深い活動として眺めるようになるだろう。

もっと長い時間をとれば、空間的・時間的に規則正しく進行するように変化をデザインすることができる。たとえば、ひとつの線に沿って内から外へなめらかに変化が進行したり、成長の外縁部で変化が起こるようにすることができるだろう。未来の行動の標識や象徴を、それが予定されている場所に置くことができるかもしれない。そうすれば、変化が理解可能になり、次の段階を推理することができ、私たちを狼狽させるような亀裂もなくなる。環境が変化しつつあるとき、いくつかの安定した中心、街路、歴史的建造物、地形などを心理的な錨として保全することができる。それよりも困難だが、個々の要素を新しいものに取り換えながら、全体パターンを保持することができるかもしれない。たとえば、絶えずひとつの方向に成長しながら、その反対側で衰退しつづける都市センターを考えることができるかもしれない。そこでは、その一部を次々に消尽しながら、絶えず空間を移動することによって同一の構成を維持し、相対的な年代構成を一定に保つことができる。また、すでに述べたように、近い過去との連続性を維持する方法も考えられる。この方法によれば、古い過去の要素とパターンは失われるが、比較的最近の要素とパターンの多くが保存される。環境の大部分が急速に変化することがあっても、少なくともはっきり記憶に残っている昨日とのつながりは維持される。私たちがうまく変化を扱うことができるのは、人であれ物であれ場所であれ、そこに部分的な連続性が残されている場合だけである。物質的な都市の保守性は、広範な社会変化にとって、拠り所になる堅固な骨組を提供してくれるかもしれない。ハバナは、キューバがたどらなければならない社会主義社会への距離を示している。

もっと急進的な姿勢をとるならば、環境変化を時間美学の表現として考えることができるかもしれない。そこには、何年もの時間をかけて演じられる変遷、シークエンス、リズムなどが見られる。私たちは、過去の都市成長の中にそのようなパターンを見出すことがある。それは組織的な外力が作用した結果である。アメリカ合衆国の多くの都市では、中心部から周辺部へと移動するにつれて、住宅の様式がはっきりした同心円パターンをとって変化している。ボストンの中心部が発祥地の丘と干潟の位置に対応して成長していった様子は、きわめて興味深いが読み取るのが難しい。変化を表示する新しい技術は、このようなパターンを少なくとも専門家の目にはっきり見えるようにすることができる。そして、そうした認識が他の人びとにまで広まっていくかもしれない。

適応

世界を一定の目標に向かって変化させていくうえで、私たちは、自分で認めているよりもずっと小さな役割しか果たしていない。私たちの生活は適応の連続である。自分では制御できない外部の力に対応して、生存の道を探し、何かを保存しようとし、望ましい水準の成果を維持しようとしている。さまざまな分野で適応管理について多くの文献が書かれているが、物理的環境に関してはそのような文献がほとんどない。これまで私たちの関心は、新しさ、成長、計画的変化などに焦点が絞られていた。

大規模な不動産経営を例にとると、住宅市場の変動は制御することができないので、私たちは、収入を維持するために価格やサービスを改善し、修正し、変更する。中心業務地区を管理している自治体当局も同じ立場に置かれていて、制御不可能な変動の中で地区の機能と価値を保存しようと努力している。同じような方法で、人びとは住宅を維持し、公共組織はその敷地を維持している。このような役割は長期的戦略の第一歩であることが多いので、しばしば人びとの目に見えないように隠蔽される。ところが不幸なことに、その長期的戦略は、第一段階をかなり過ぎても実現されないことが多い。ちょっとした紆余曲折を経て次の計画が出現する。

最近では、適応性の高い管理が公共計画にとって可能な唯一の方法であると言われている。問題がさし迫っているのに、目的が不明確で、権限が断片的で、変化に対する私たちの理解力が貧弱なので、難局に直面するたびに対症的な対応をするしかないというのがその理由である。こうした主張は極論に思われるとしても、環境のコントロールにおいては、私たちが認めている以上に適応がありふれた現象であることは否定できない。私たちは、効果的に適応することだけでなく、適応に目的と価値を注入することを学ぶ必要がある。そうしなければ、場あたり的な調整の積み重ねが次第に厄介な事態を招くことになるかもしれない。そのとき不動産収入は減少し、業務地区は巨大な廃物になり、施設の敷地は醜悪に過密化するだろう。

適応の目的は一定の性能水準を維持することにある。たとえば、収入、快適性、安全性、妥当性、迅速性、純粋性、生物学的健全性、喜び、視覚的特性、社会的特性などの水準である。その目的には不可逆的変化や急激すぎる変化を防ぐことも含まれる。いまのところ、すぐれた管理は適切な情報と敏速な対応をその拠り所にしている。柔軟な形態と行動には、望ましい性能に対するはっきりした考えが伴っていなければならない。実現された性能は、基準に照らして変動を監視しなければならない。この基準は、それ自体が再評価と変化の影響を受ける。しかし、対応が常に外部の変化速度に遅れてしまうと、感応性が非適応性になってしまう。レクリエーション行動がそのための環境を建設するより速く変化してしまう場合や、木材利用の変化が樹木の成長を追い越してしまう場合には、このようなことが起こる。それなら、いっそまったく対応しない方がよいかもしれない。

実験的環境を使って、さし迫った変化に備えたり、それを警告したりすることができる。たとえば、地下鉄災害の模擬実験をすることができるかもしれない。開発に脅かされている美しい海岸を、実験的に大群衆の足で踏みつけてみることもできるだろう。経営者は複合用途建造物の効果を検証し、教師は空間を題材にした小説を教材に使ってみることができるだろう。環境と行動の展開について、それを速めたり拡大したりする実験を行い、いま現れている徴候がどんな方向に進むか確認することができるかもしれない。

変化に対処するとき、現状対応型の適応だけでは不十分なことが多い。外部の変化は突然であり、場あたり的対応はじり貧になりがちである。避けがたい変化が互いに深く関係していて、断片的調整が不可能なことが多い。適応にたずさわる管理者は、彼の役割そのものが往々にして適応性を欠いていることに思いいたる。

適応の技術は順調に発達していない。人びとは、事物は永遠性をもつべきで、変化すべきではないという思想を根強くもっている。変化するようなことがあれば、それは悪い方向に進むと考えている。そこでは、以前の状態を復元することこそが正当な行為だとみなされている。復元を繰り返さなければならないのは厄介だが、それも正当性を傷つけるものではない。しかし、変化に従うことは背信行為であり、新しい人びとや新しい乗り物を受け入れることは裏切りとみなされる。復元以外の行為を認めるとすれば、それは総合的に計画された現状からの跳躍で、それによって新しく、よりいっそう望ましい状態が達成され、今度はその状態が永遠に持続しなければならない。〈目的地〉を知らない変化は、盲目で間違った変化だと考えられている。最近、新しい経営判断の教育にゲームが利用されているが、それもこうした古い概念を巧妙に強化している［文献20］。そのゲーム自体は終わりがなく、固定的で無目的だと考えられている。ゲーム参加者は目的をもっているが、彼らにはその目的を変更することができず、ゲームのルールを破棄することもできない。彼らは他人を犠牲にして成功を収める。ゲームの世界は不道徳で利己的であり、いつも動いているが変化することがない。適応は、個人の生存だけでなく連帯的生存や連帯的発展を意味しているのかもしれない。しかし、このゲームからその可能性を学びとることはできない。

適応のゲームをするには（投げやりな気持でするのでなければ）いままでとはまったく別の心理的基盤が必要である。理想を言えば、私たちは勝ち残るためだけでなく、ゲームをする喜び、新しい展開の楽しさ、〈うまい〉具合に進んでいるという感覚などのためにゲームをすべきである。そのような楽しみの中で、誰々はこんな状況のときにこんな具合にうまく処理したという、専門的なうわさ話を聞くことができるようになるだろう。

流動性

環境に根本的変化が起こっていないときでも、移住という現象は目にすることができる。長期間の不本意な移住はきわめて大きな苦痛を伴うが、短期的な移転も、土地に深く根づいている人びとにとっては社会的結びつきと身近な環境の崩壊を意味している。自発的な引っ越しの場合でも、子供、老人、主婦などの意見は考慮されていないことが多い。また、進んでそうしようとしている人びとに、思いがけない困難が待ちうけていることもある。既婚学生用のアパートに住んでいる小さな子供たちは、彼らの住まいが一時的なものでしかないことを知っている。場所についての子供たちの意識は、過去の思い出と未来への期待に大きく左右される。このような一時性の意識を、冒険と学習の基礎として利用する方法はないだろうか。

家族サイクルに対応した移動は、今日の北米大陸ではごく一般的なものになっている。新しい家族が生まれ、初期には頻繁に引っ越しが繰り返され、退職後にも引っ越しが行われ、子供たちが分散していく。一族は、大都市圏だけでなく全国に散らばっている。転居は、ある意味では自発的なものである。家族機能の変化に適応するため、収入面で有利だから、地理的な好み――転居の理由はさまざまである。このような現象は、流動的経済の効率を高める効果をもっている。しかし、頻繁な移住の結果、世代間の温かいつながりが失われてしまった。祖父母や従兄弟に会うことはまれである。私たちの多くは、先祖の葬られている場所を知らない。身近な親戚に電話をかけたり飛行機で訪問したりするのは、一種の償いである。先祖の形見の品や、それに代わる古物を持ち歩いているのも、同じような意味をもっている。裕福な人びとは、永続性をもった家族の場所を用意しておこうとするかもしれない。彼らは、夏にその場所を定期的に訪れることによって、経済圧力による疲れを癒そうとするかもしれない。そのような場所があれば、多くの世代が集まり、家族連帯のシンボル（墓であってもかまわない）をいっしょに守っていくことができる。

定期的に繰り返される旅行が現代の特徴になっている。休暇を利用した旅行は、毎年開かれる集会（学会に出席する科学者やフォートローダーデイル[*4]に集まる十代の若者）と同様にありふれた出来事になっている。未来の社会では、平均的階層の人びとも複数の場所で生活するようになるかもしれない。彼らは、仕事、気候の好み、貴族的放浪の伝統を引き継ぐ儀式的行事などに従って、いくつかの場所の間を定期的に移動するようになるだろう。そのような場所は、トレーラー式の移動住宅が一時的に設置できる空地にすぎないかもしれない。あるいは、共同所有したり、一年のうちの一定期間賃貸される常設住宅かもしれない。こうしたパターンを考える際には、若者や金持ちの生活からヒントを得ることができる。定期的に移動を繰り返す生活が現実のものになったら、私たちは、家具、ペット、植物、その他身のまわりの象徴的な品物（先祖の遺骨も含まれるかもしれない）といっしょに引っ越そうとするだろうか。それとも、それらをそれぞれの場所に分散しておこうとするだろうか。

今日では、同じ志向をもつたくさんの人びとが共同行事に参加するため、あるとき突然任意の場所に集まることがある。そうなると、地域サービスはそれに忙殺されてしまう。家族を定期的に解体して、大学や夏季キャンプのように年齢別や性別の集団にわけることができるかもしれない。すでに、青春期後半には高い流動性が一般化している。自発的に行われる一時的移住は望ましいものであり、生活を豊かにする効果をもっている。環境と人間関係の多様性、移動によって可能になる役割交代、新鮮な気候の享受、流動的労働力の柔軟性などには明らかな長所がある。しかし、そのために人びとは、複数の住まいと頻繁な引っ越しに対処する方法を学び、そこに楽しみを見出す方法を身につけなければならない。地域住民と一時的移住者は、うまく共存する方法を学ばなければならない。このような移住は、個人的調整だけでなく、殺到する要求に対処できる機動性の高い環境とサービスを必要とする。船上ホテル、テント村、仮設設備、広域警察、広域医療などが必要になる。一時的移住の波に対処するために、幅広い柔軟な裁判権をもった公共機関が必要になるかもしれない。

ロバート・コールズ[*5]は、移動農業労働者の子供たちの思考と感情を紹介し、自発的な一時的移住とはまったく性格の違う移住について述べている。彼らは家をもたず、孤立し、不本意な世界を果てしなく移動している。その世界は彼らの労働力だけを必要としていて、彼らの人間的側面には興味を示そうとしない。ある少女は別の世界を夢見ている。

「もし、目が覚めたときにベッドの中にいて、そばに素敵な夫がいたら、それはほんとうに幸福な日になるでしょう。子供たちの声が聞こえてきて、それもドアの向こうの私たちの部屋とは別の部屋から聞こえてきて、子供たちにはそれぞれのベッドがあったら、どんなに幸せなことでしょう。そのような生活では、私たちのところに人びとが立ち寄って、彼らの住んでいる場所の話をするでしょう。彼らもひとつところに定住していて、引っ越したりはしないでしょう。彼らには引っ越す必要がないのです。なぜなら、自分の家をもっているからです。現場監督も船員も、誰もが自分の家をもっています。もっていないのは私たちだけです」［文献41］。

人間的温かさをもった社会では、不本意な移住はもはや不必要になるだろう。しかし、移住の全体量の減少を期待することはできない。自発的な周期的移動は確実に増加していくだろう。自発的であると不本意であるとを問わず、移住によって引き起こされる衝撃を和らげる方法を考えることができるだろう。その多くは、放棄と衰退に対処するのに利用できる方法と似通ったものになるだろう。たとえば、カウンセリングと社会的サービスの充実、集団移住、新旧の場所を結びつける道路と電話、一定の場所の間を巡回する移住、象徴的な事物や完全な居住環境ぐるみの引っ越し、人びとといっしょに移動する施設、サービス、制度、新しい場所への適応を促進する教育などである。移住する人びとは、ひとまず〈中間施設〉[*6]で生活することになるかもしれない。あるいは、同じような変化を経験する人びとのための一時的組織に参加するかもしれない。新しい環境を古い環境に似せてつくることもできる。移住者に身近な場所——つまり〈振舞い方〉のわかっている場所を新しい風景の中に挿入することもできる。移住者に、新しい居住環境（たとえば最新型の住宅）と移住前の居住環境に似た環境のどちらかを選択する機会を与えることもできる。もっとも移住する場所が遠すぎる場合には、こうした緩和措置が、人びとを住みなれた世界に封じ込める役割しか果たさないかもしれない。移住者は、ひとつの場所からそっくりな別の場所に移動するだけかもしれない。世界の大空港はどれも似通っているので、私たちは、出発した場所に戻ってきたかのような錯覚を受ける。

人間の成長にとって最も望ましい環境は、新しい刺激と心安い安堵を兼備し、探検の機会と帰還の可能性の双方が用意されている環境である。流動化時代にあっては、少なくとも若者たちは適応の技術を学ばなければならない。新しい情報を手に入れる方法、未知の人びとと交流する方法、適切な選択を行う方法——これらの方法を身につけなければならない。だが、それと同時に、自分の家庭と生活の中心をどこかに持たなければならない。それは彼らが成長していくための確かな土台になるだろう。

受容可能な変化

私たちの周囲には、変化（環境の変化や私たち自身の変化）を満足すべきものにする要因と、それを混乱の種にしてしまう要因がある。私たちは、日常の経験からある程度それを知っている。私たち自身が立案した計画によって引き起こされる変化は、最も抵抗なく受け入れることができる。私たち自身の庭、居間、自分で建てた家などにおける変化がそうであるし、楽器の演奏を習うとき、新しい語学の会話を習うとき、自動車の運転を習うときなどに起こる変化もそうである。他人によって変化が引き起こされるときは、急速で明瞭な変化ほど容易に受け入れることができる。つまり、変化のパターンと影響を簡単に予想でき、迅速な結果によってすみやかに予想を確認できることが、抵抗のない受け入れの条件である。じわじわと毒殺されるより、打ち首を選ぶ人の方が多いのと同じである。また、規則的循環を繰り返す変化や復元の方が、そうでない変化よりも結果を予測しやすいので心理的負担が少ない。

利害が相反するところでは、変化の起こる前に意見の相違が正直に公表され、それに判定が下されて、大きな不公平がなければ、変化が受け入れられやすくなるだろう。また、すべての集団がなんらかの利益を得ること、少なくとも重大な損害を受ける集団がひとつもないことが条件になるだろう。長い期間にわたる変化は、極端でなく、ゆっくり進行すれば、それだけ抵抗が少なくなるだろう。そうすれば、私たちは次の変化を予想して、それに対処することができるし、落ち着いて一時的に退却することや、未来の変化を処理する能力を養うことができる。

これに対して、次のような変化は受け入れることが難しい。すなわち、選択も参加もできずに押しつけられる変化、私たちの適応力の限界を超えた圧倒的変化、パターンが混乱していたり無原則だったりして、理解困難な変化、不公平で不当な変化、掛け声ばかりでなかなか実現せず、そのうえ結果が予想を裏切るような変化がそうである。これらの変化は、私たちの思考体系や価値体系に合わない。

変化に対する適切な戦略は、これらの問題点の中から引き出すことができる。変化は、明瞭かつ迅速でなければならない。違いがはっきりわかるように、時間的にも空間的にも凝縮したものでなければならない。だが、それと同時に、プロセス全体を解体しないでも一部を減速することができるように、ほどよい速度をもっていなければならない。

活動の第一歩は、限定的でも成功を収めることが大切である。それはパレードの先頭を進む〈楽隊車〉と同じ手法で、活動は時間とともに強まっていく必要がある。活発な集団が、変化から明らかな利益を得られるように配慮しなければならない。利益が広く分配されて、たくさんの小さな集団が活動の立ち上げに参加できればいっそう望ましい。私たちは、現在と未来の情報を増やし、実現可能な期待を育て、新しい要求に応える能力を養成する必要がある。望ましい変化を実現するために、計画的に不均衡と欲求不満をつくり出し、均衡回復の努力によって目的が達成されることを期待できるかもしれない（欲求不満をつくり出す際には、それを克服する力をもった人びとに対象を限定すべきである）。

これまで述べてきた戦略には、それぞれに対応する逆の戦略がある。たとえば、行動を遅らせたり断片的障害を用意したりして、時間秩序を混乱させ、集中を妨げ、〈楽隊車〉効果を逆転することが考えられる。〈包括性〉の名のもとに、関連のある活動がひととおり完了するまで新しい活動を起こさないように要求することもできる。この原則を推し進めて、徹底的で大規模な変化以外には変化を認めるべきでないと主張することができるかもしれない。現状を追認して、有力な集団に有利な利害関係を与えることや、変化によって脅かされる利益を多くのを人びとに分担させることが考えられるかもしれない。誤った希望を育て、現在の結果に疑惑を投げかけることができる。神聖な過去に異議を唱え、未来への不安を駆り立てることができる。情報の流れをせき止め、変化の最初の形跡を強制的に抑圧して、絶望を呼び起こすことができる。このような裏返しの戦略は、潜在的当事者の心に働きかけて、時間と変化の観念を感化しようとする試みである。

変化の理解

環境変化を経営するには、それを表す技術が必要である。さもなければ、変化を計画し制御することができない。現在の情報処理技術は、依然として、環境変化を瞬間的飛躍によって結ばれた一連の安定状態として捉える仮説に頼っている。このような誤解を克服するためには、たとえば定期的に撮影された空中写真と地上写真、モニター装置による連続的な野外記録、定期的な定点測定、現実の変動現象に関するデータの連続的流れをそのまま伝えることのできる動的視覚表現などが利用できるだろう。地図や図表は、変更可能なものか、それ自体が成長と変化を表すものでなければならない。微速度撮影の映画を利用したり、連続的データをコンピュータに記録しておけば、あるプロセスの望みの場面を呼び出すことや、進行中のプロセスを観察することができる。しかし、見方を変えれば、それは概念装置を使って人間本来の知覚方式を妨害する試みかもしれない。私たちが劇的なエピソードや儀式的な時間経過を楽しむことができるのは、この人間的知覚方式のおかげである。最も重要なのは、利用者の変化に対する認識を的確に把握することである。利用者がどの変化に気づくのか、どのようにして変化を体系づけ評価するのか、どのようにして変化を制御しようとするのか——私たちはこれらのことを知らねばならない。

計画者も計画対象者も、環境変化を、古いものと新しいものの間に横たわる厄介ではあるが一時的な空白と考えていることが多い。それは、建設の混乱が収まれば忘れてしまってかまわないものと考えられている。意思決定者たちは、開発が時間に及ぼす強力な影響を予測することができない。あるいは、彼らの戦略的な〈最終〉目標が曇らされ

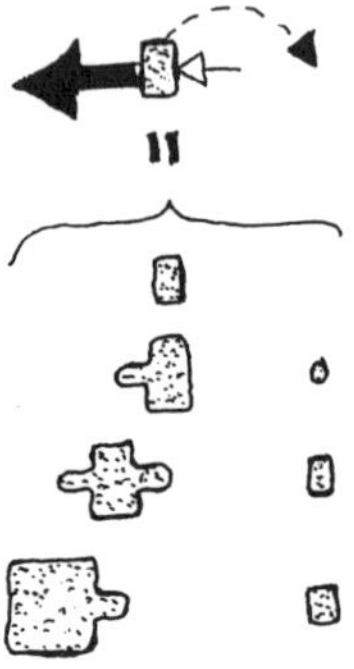

るのを恐れて予測をしたがらない。彼らは、現代都市を自分たちの手で少しずつ築き上げていくつもりかもしれないが、彼らの心の中には、建設業者がまったく別のものを生み出す可能性や、つくられたものが永遠性をもつはずのないことなど思い浮かばないのだろう。彼らは、基幹産業のような重要性の高い部門に努力を集中すれば、それ以外の部門はそれに追随して、独力で望ましい変化を推進するはずだと考えるかもしれない。しかし、即効性を期待して少数の基幹産業による工業化を図った結果、望ましくない産業構成が生み出されるかもしれない。現状では、工業化によって引き起こされる苦痛は、工業化がもたらす効率的生産によって埋め合わすことができると考えられている。後者が〈永久的〉なのに対して前者は〈一時的〉だというの

図 101／ペサックの住宅――1926年にル・コルビュジエが設計したペサックの住宅群は，その純粋な形態，“機能的”デザイン，統一的色彩の使用によって多くの賞賛を受けた。だが，1960年代の住宅は当初の姿とかなり異なっていた。それぞれの居住者が，自分が抱いている郊外住宅の夢に合わせて住宅に修正を加えていた

がその理由である。だが、開発は長期にわたるプロセスなので、十分に注意を払い、それ自体に価値を見出す必要がある。それは技術的にも心理的にも永続的痕跡を残し、その成果は永久的でも最終的でもない。今日の影響の方が明日の影響より重要でないということがあるだろうか。

　意思決定者の変化に対する認識は変化の経営法に反映される。彼は、変化を完全に制御可能なプロセスとみなすかもしれない。つまり、解決可能な問題で、その結果よりも目的を重視すべきだと考えるかもしれない。彼が扱う変数はごくわずかで、全体の進路はあらかじめ予測されていて、目標も固定されている。プロセスそのものは、細部まで予定が組まれているか、ささいな事柄として無視されるかのいずれかである。より高度な計画では、制御不能な破綻があっても事前に予測することができ、それに応じた一連の代替計画によって計画全体を再び望ましい目標に収束させることができると考えられている。

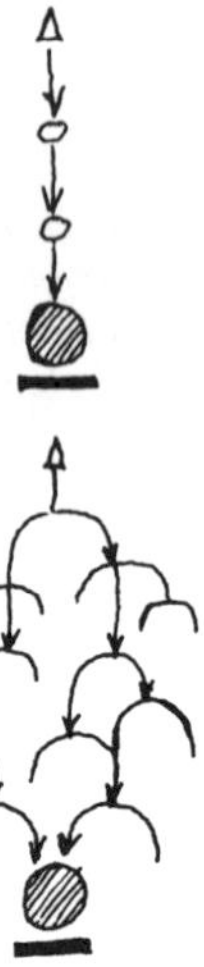

　同様に最終的目標に焦点を絞る例は、軍事モデルにその典型を見ることができる。ただ、そこには制御の意識が存在していない。軍事モデルの命題は、最重点目標を固守すべし（戦略）、しかし当座は情勢に応じて行動せよ（戦術）である。最終目標は生存以外の何物でもない。指揮官の役目は恒常性を維持することであり、彼は外部変化に応じて平衡状態や原状を回復しようとする。あるいは、同じように受動的だが保守的でなく、たいていの出来事は起こるに任せておき、好機を逃さずに捉えて行動し、その恩恵を享受しようとするだろう。また、同じように保守的だが受動的でなく、世界の現状を維持するために力を傾け、標準的解決を採用して、逸脱を抑えようとするだろう。一方、まったく反対の立場も考えられる。そのような人びとは変化そのものを目的にした〈永久革命〉をめざすだろう。
　これらの姿勢は、その動機づけとコントロールがモデルに合致していれば効果を発揮することができる。制御が強力で予測が正確なとき、動機が明白で安定しているとき、計画グループの組織がしっかりしているとき、変化の期間が短くて、最終結果や目標達成効率に比べて二次的影響がささいなものであるとき――このようなときは確定的な環境計画が合理性をもっている。技術製品のデザインはその好例である。そこでは、既知の手段を利用して望ましい成果を達成し、改良の必要がある場合も、あらかじめ公式化された目標に照らして検証することができる。

制御と予測が貧弱なとき、変化の期間が長いとき、関係者が多いとき、効率の重要性が相対的に低いとき――このようなときは戦略的計画が目的にかなっている。しかし、ここでも中心目標は固定されていて、比較的単純で測定できるものでなければならない。森林の復元、領土の占領、敵軍の撃破、権力の奪取、重工業や都市の建設などがその例である。そこでは、固定的で測定可能な目標だけが伝達可能であり、その真価は事態が混乱しているときや利害関係者が多いときに発揮される。戦略的努力は、伝統的手段を用いて伝統的結果を生み出すものかもしれない。あるいは、革命的なものかもしれない。後者の場合は、既成の価値と関係に転換を引き起こす変化をつくり出そうと奮闘し、そうすることでそれ自体が予測不可能な副次的変化をもたらすだろう。環境計画は他分野における革命的活動に深い影響を受けるが、空間的環境に対する真に革命的な姿勢には大きな危険がつきまとう。

目標が錯綜し矛盾しているとき、状況がよく理解できず制御しがたいとき――このようなときは恒常性モデルが適している。そこでは、指導者や調整機関が、生存ないしは均衡という単純で不変な単一目標をもっている。彼らは、その目標達成のために行動することによって、軋轢を解消し連続性を確保する。彼らは絶えず新しい決定を下しているが、その多くは互いに拮抗するグループ間の資源配分に向けられており、それ以外は突然の脅威に対する防衛や突然の機会を活用するための決定である。この種のモデルは、政治の分野では政権を維持しようとする調整者によって、経済の分野では価格安定を求める市場によって利用されている。

政策や価格の変動が急速で混乱していて、関係機関による将来計画がまったく不可能なときは、部分的で反復的な安定を人為的につくり出すことが計画されるかもしれない。たとえば、政治家の任期を保証し、価格をあらかじめ契約し、歴史的建造物の指定を三年に一度に限定することが考えられる。いずれにしても、定常的枠組はプロセス全体を安定させる効果をもっている。たとえば、公職者の選出方法や誠実な商取引きについての合意がその例である。通貨取引きでは、固定平価が破綻して天井知らずの急騰が起こり、それでも不規則変動による貿易不安が収まらないときは、変化速度を抑制するために[*7]〈小幅変動相場〉が提案される。同じように、環境変化の速度を保証したり限定したりすることは、心理的にも経済的にも、保存や野放しの変化より効果的かもしれない。このような見地から、一年間に建設ないしは破壊される住宅の戸数について、その上限（あるいは下限）を設定することが考えられるかもしれない。恒常性モデルは、長期間にわたって有効性を維持し、状況の推移に応じて柔軟に行動することができる。しかし、長期間の紆余曲折の中で目的が不明になり、制御不能になってしまうことがある。また、推進者がいなくなったり、プロセス全体を安定させていた合意が崩壊したりすることによって退化していくかもしれない。

目標が捉えがたいか未知であるとき、関係者どうしのコミュニケーションが敏感であるか関係者がひとりしかいないとき、プロセスの質が成果の質に劣らず重要なとき——このようなときは臨機応変の行動が適している。この行動はプロセスに価値を認め、可能なところに目標を設定する。コントロールには強弱の幅があるが、予測は貧弱なことが多い。芸術家、すぐれた教育者、休日の遊び仲間などは、この方法に従って行動する。絵は、画家が絵筆を加えるにつれて、ひとりでに成長していくように感じられる。一方、画家の構想は対象の変化につれて発展していく。私たちは、

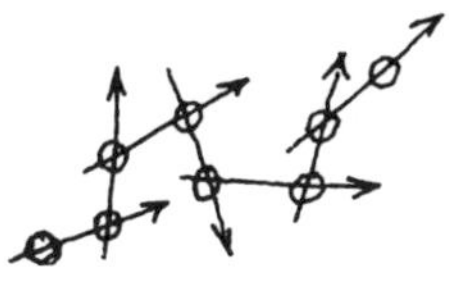

このような方法で自分の家を建て、自分の空間を飾ることができる。参加者は、変化のプロセスそのものを楽しむことを学ばなければならない。行動と目標を絶えず刷新し、新しい発見と新しい可能性に喜びを見出すことができなければならない。この行動の中心は発展と成長であって、周到な結果はそれほど重視されていない。これも革新的計画にはちがいないが、ここでは目的と手段が同時に、しかも連続的につくり出される。こうした姿勢が不可能でないことは、教育と学習の喜びや政治の楽しさによって立証される。また、創造的デザインによって形態が生き物のように成長し、過去の決定と決定変更の歴史によっていっそう豊かなものになるときに感じる満足もそれを裏づけている。

この種の〈実存主義的〉デザインは、最近、大規模環境の創造を手がける前衛的デザイナーによって支持されている。しかし、失敗したときの犠牲が大きくて補修が困難である場合や、広範かつ明瞭なコミュニケーションが必要な場合には、このモデルを適用するのは難しい。それは、受身の傍観者より参加者に多くの楽しみを与えてくれる。このモデルがうまくいくためには、出来事に対する反応と現在の行動から予想される結果が、参加しているデザイナーに迅速かつ明瞭にフィードバックされなければならない。画家は、自分の動作に敏速に反応し、作品を検討しながら発展させていくことができる。キャンバスの上では視覚的結果がただちに明らかになり、画家は、その結果を心の中の基準に照らして判断を下すことができる。その基準を他人に知らせる必要はない。ところが、このモデルを大規模に適用しようとすると、現実にせよシミュレーションにせよ、環境を急速に成長させ、それを迅速にテストする方法が必要になる。また、利用者を検討プロセスに参加させる方法も考えなければならない。試験的環境、操作可能な環境、コンピュータ・シミュレーション——これらはその可能性である。

交互決定モデルは現状維持を目的にしている。このモデルが有効なのは、当初の状態に高い評価が与えられている場合だが、それと同時に強力なコントロール（あるいは弱い変化の力）が条件になる。そこでは目標はもともとはっきりしているが、それだけでなく予測の正確さと合意の強さが要求される。安定した機能に対してそれを低下させる力が働いているとき、その力についての知識が豊富にあって、その力自体も安定したものならば、現状維持は機能維持のための有効なモデルになる（機能を脅かすものが自然の力である場合はこのような例が多い）。それ以外の場合には、現状維持に適した条件は、歴史的地区、貴重な特質をもつ自然景観などのように、コントロールに伴う大きな負担を正当化できる特別な事例に限定される。そのような場合でも、多くの実例が物語っているようにモデルの適用

には大きな困難がつきまとっている。だが、現状維持が定期的再生のかたちをとって行われれば、特に意識しないでも、新しい力に適応する方法になるかもしれない。

永久革命モデルはプロセスそのものに価値を認めている。そこでは結果は重視されず、プロセスによって引き起こされる心の状態や社会関係のあり方が尊重される。このモデルは、臨機応変モデルと同じように機略縦横で柔軟性に富んでいるが、その目標は比較的単純で、関係者の数が多いときでも容易に伝達することができる。それは、試練の時代に革命家をささえる役割を果たすだろう。しかし、予想外のところに突き進んでいく可能性があるので、結果やそれに付随する状態が重視されなければならないところでは、このモデルはきわめて危険かもしれない。それに、このモデルはどうすれば環境計画に適用できるのかはっきりして

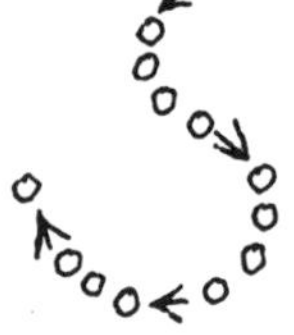

いない。

変化を受け入れ、それを楽しみ、貧弱なコントロールと予測に適応し、また条件と目標の流動性に適応し、それでいて積極的に目的を追い求めるには、他にも考えられる方法がある。そこでは、まず当面の目標が設定され、次にその目標を達成する行動が考えられる。新しい障害や可能性が発生すると、目標と行動は変化した状況に応じて修正される。この方法によれば、予期しない機会が生じても捉えることができる。変化のプロセス自体に価値が認められると同時に、行動は目標に照準を合わせている（もっとも目標は絶えず変化するが）。戦術、戦略、目標、情報は、経験から得られた知識によって絶えず修正されていて、互いに識別することは難しい。未来の障害と展開が、調査と実験によって積極的に探し求められる。

大きな環境では、変化が複雑で終わりがなく、予測が難しい。その力、規模、負担、長期的影響を考えると、大きな環境変化を扱うには、この未来を固定しない開放的経営が最も適していると思われる。基本的価値観は一貫した安定性をもっているかもしれないが、目的、制約、資源は変動し、それらに対する評価はグループによって異なっている。変化のプロセス自体が、次々に新しい情勢をつくり出していく。ブラジリアでは、建設労働者の仮設住宅地が新都市の欠くことのできない一部になり、土砂の山が貴重な木々を押し倒している。ベネズエラの新都市は、その地理的立地によって拘束されるだけでなく、古い計画の物理的残滓と精神的姿勢によっても拘束されている。達成された結果は当初の期待を満足させることができない。過去の行動と決定は、累積されて〈思いがけない〉制約になる。完成はありえない。

開放的経営は環境変化を扱うすぐれた方法にはちがいないが、コミュニケーションが断片的で、学習の速度が遅く、行為主体が多様で数多いときには、それを環境デザインに適用するのは難しい。そこでは、初期の情報や仮説的な目標と行動を共有し、分析できなければならない。また、仮

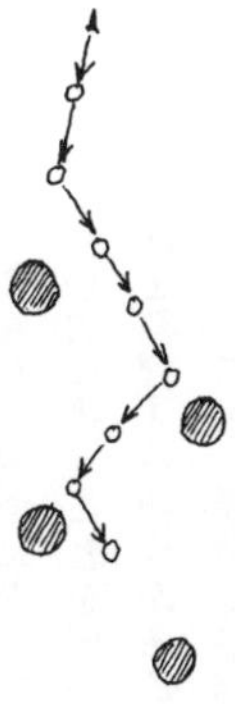

の選択を行い、必要に応じてそれを破棄できなければならない。結果の迅速なフィードバックが必要である。問題、可能性、判断基準などを伝達するために、表現力に富んだ共通言語が用意されなければならない。選択可能な行動のそれぞれの利点を明快な方法で評価し、現在のプロセスの利点と未来の状態の利点を比較することができなければならない。しかし一方で、行動と反応のすみやかな循環のために、技術的正確さをある程度犠牲にしなければならない。開放的コミュニケーション、柔軟な精神と方法、身分と役割の固定的上下関係の破棄――これらが本質的重要性をもっている。これらは、専門的な計画チームの中でならば注意深く育て上げることができるかもしれない。私たちは、まだそれを大きなグループの中で再生産することはできない。だが、デザイン基準とコミュニケーションの最新知識、コンピュータの利用、住民参加型の調査と計画、上下関係のないプロジェクトチームの活用などが局面打開の助けになるかもしれない。新しく開拓される方法は、現在の環境デザインとはまったく異なったものになるだろう。

　これまで述べてきた経営方法はそれぞれその適所をもっている。また、これら以外にも方法があって、それぞれ適所があるにちがいない。現状では、これらの方法が固定的に利用されて、心の中で硬直した習慣になってしまっていることが多い。変化を効果的に扱うことを望むならば、さまざまな変化の経営方法を教育する必要がある。そこでは、時間と変化を知覚し評価することが重要な意味をもっている。変化の問題と戦略を扱う私たちの議論は、本章では、この変化の知覚とその改善方法に焦点をあわせて展開された。

　私たちは、視覚的環境変化の特性を活かすことによって、変化に伴う負担を軽減し、より適切な変化の概念を伝えることができると考えている。明瞭で望ましい変化の体験を共有することは、変化への適応性を育てるだけでなく、変化を理解するうえでも役に立つ。それによって、変化に喜びを見出すことも可能になるだろう。環境は、他の変化のシンボルやコミュニケーション媒体として利用することができる。私たちは、環境変化に参加することによって自信と技術を身につけ、実践的で開放的な姿勢を育てることができる。

　〈変化の経営〉という言葉からは、きわめて限定された受動的で縁遠い役割が感じられる。むしろ、私たちは世界を変化させなければならないというべきかもしれない。環境変化は、いっそう大きな変化を可能にする新しい姿勢を私たちに教えてくれる。変化はもはや不安ではなく、楽しい共同活動になるだろう。

＊1　Swansea　英国ウェールズ南東部の港湾都市

＊2　Messina　シチリア島北東部にある都市

＊3　Stare Miasto　中世の広場を中心にしたワルシャワの旧市街。第二次世界大戦で破壊されたが、市の象徴として昔のままに再建された

＊4　Fort Lauderdale　フロリダ州南東部の都市。海水浴場で名高い。いまも春休みになると、一足早い夏を求めて全米から多くの大学生が集まる

＊5　Robert Coles（一九二九〜）　アメリカの作家・児童精神科医。一九七三年にピュリツァー賞受賞

＊6　halfway house　社会適応のための施設。もとは回復期の病人や刑期を終えた人のための社会復帰施設

＊7　crawling pegs　固定相場制の安定性を保ちながら変動相場制の調整機能をもたせるために、為替レートの固定水準を小刻みに動かしていく制度

9 環境変化と社会変化 Environmental Change and Social Change

これまで、変化と時間の個人的イメージを主題に議論を展開してきた。また、そのイメージがどのように環境に影響を与え、環境によって影響されるか、そして、どのように個人の幸福と行動に影響を与え、それによって影響されるかという点に検討を加えてきた。その中で、イメージ、環境、個人の幸福の三つの現象の間に、一定の関係が存在していることを明らかにした。この章では本題を逸れて、これらの関係の背後にあるものを探ってみたい。すなわち、個人が環境変化と相互に影響を与えあい、社会変化とも相互に影響を与えあうとすれば、環境変化と社会変化の間にはどのような関係があるのだろうか。二つの変化が必ずいっしょに起こると決まっていれば問題は簡単である。一方が他方の原因になる場合や双方がまったく独立している場合も、同様に問題は少ないだろう。だが、この二つの変化の関係のように多くの連鎖が間に介在するときには、誰もが予想するように、その結びつきはきわめてあいまいである。

災害と移住は、急速で著しい環境変化の二つの例である。痛烈な環境災害は社会を破壊し、原始的段階に逆戻りさせてしまうかもしれない。それは一種の社会変化だが、けっして建設的で望ましい変化ではない。災害がそれほど激しくないときには、それが刺激になって社会が迅速に修復されることも少なくない。そのプロセスを通じて、社会集団の構成がより緻密で強固になることもある。洪水、火災、戦争による物理的損害は、意外なほど人間社会の歴史に影響を与えていない。一方、長期にわたる衝撃の連続は、それが人間と土地の基本的資源を枯渇させるものであるときには、はるかに重大な影響を及ぼすだろう。その連続的衝撃に対処するために、軍事政権のような新しい社会組織が生まれてくるかもしれない。しかし、こうした状況の場合、空間的環境それ自体は変化の主因ではない。

新しい環境への移住によって引き起こされる変化は、災害による変化よりもはっきりしている。もっとも、なじみのある領域を規則的周期で移動している遊牧民は、財産や社会をいっしょに持ち運んでおり、自分たちの環境の一部をいつまでも変わらない方法で変化させているにすぎない。永久的移住の第一世代は、新しい空間的背景から強い解放感、苦痛、刺激などを受けることがあるかもしれないが、新しい背景が彼らの社会関係に影響を与えているようには思えない。移民研究によれば、社会的パターンと価値観は驚くべき強固さをもっている。確かに、個人や小さなグループが新しい社会環境の洗礼を浴びると、かなり大きな影響を受けるだろう。そして、空間変化はそのような洗礼を伴っていることが多い。しかし、ここで私たちが問題にしているのは空間変化そのものの影響である。近くに有力な人間社会のない新世界の植民地は、母国の社会システムの複製（ないしは裏返しの複製）であることが多い。移住者たちは、新しい環境を見慣れた環境に似せて修正したり、古い土地の風景に似た風景を選んだりする。空間変化の衝撃に応えることができるのは、新しい世界で成長していく若い人びとかもしれない。彼らは新しい環境に適した経済的役割を担って、猟師、開拓農民、都市労働者などになっていく。しかし、アメリカ人やソ連人が月世界に最初に建設する植民地がどのようなものになるか、ほぼ想像がつくのではないだろうか。

このように言ったからといって、それは空間的移住が個人の生活に根本的影響を与えることを否定するものではない。また、その影響を和らげる環境的手段があることを否定するものでもない。空間的流動性は、経済的理由で好都合なことが多いが、人間に重い負担を強いる。それと同時に、その負担を軽減する方法も存在する。人びとがそれまでの居住地を捨て、新しい居住地を受け入れようとしているとき、それを助けるのは重要な仕事である。しかし、いま問題にしているのは、根本的な環境変化によって根本的な社会変化が引き起こされるかどうかである。そのような変化は、ひとつの一般的例外を除けば短期間では起こらないと思われる。平静な人びとを煽動し、一戸建住宅に住んでいる人びとをアパートに強制移住させ、平野に住んでいる人びとを山の上に追い上げれば、暴動を起こさせることはできるかもしれないが、革命を引き起こすことはできない。社会の様式には頑固な持続性が備わっている。もちろん荒っぽい空間変化を強行すれば、社会のあり方に影響を与えることができる。たとえば、道路の完全封鎖、毒ガスの散布、狭い場所への大量強制収容などの手段が考えられる。しかし、これらは一種の災害であり、このような変化を強制された社会は崩壊するか、さもなければ人工的災害を逆手にとって社会を再建するだろう。打撃から立ち直ろうとする一致協力した努力から生まれてくる社会組織が、強制的な環境変化の最も大きな永続的成果になるかもしれない。

環境と社会の根本的変化の間には、はっきりした関連が見られない。だが、先に指摘したように、そこには明らかな一般的例外がある。環境の特徴が重要な社会的役割と直結しているところでは、一方の修正は他方の修正を引き起こす原因になるだろう。この傾向は経済の領域で著しい。イギリスにおける共有地の囲い込みは、農民が農民として行動することを不可能にし、彼らを工業生産の新しい担い手の役割に追い込んだ。今日のアメリカ合衆国では、南部農業の機械化が同じ影響をもたらしている。

環境変化が自由意志による場合は、社会組織に別種の影響が及ぶかもしれない。住宅や灌漑水路が必要とされているところ、開墾すべき森林があるところ、人びとを運ぶ船の建造が望まれているところ――これらの場所では、その目的を達成するための新しい組織と新しい指導力が社会に広範な影響を与えるかもしれない。スラムの住宅を改良するとき、それを住民自身の力を活用して行う試みは、もしそれが成功すれば、居住環境の改善というかたちで住民の幸福に直接的影響を及ぼすだろう。それと同時に、彼らの姿勢、彼らの組織力、ひいては彼らの社会的地位にも重要な影響をもたらすだろう。

ここで問題に対する視点を変えてみよう。はたして、社会変化は空間的環境に対して影響力をもっているだろうか。たぶん、その影響力は逆の場合よりいくらか大きいものだろう。けれども、やはり影響が現れるのは時間が経ってからで、それもあまり根深いものではないだろう。視覚的環境の変更から社会的変化の徴候を読みとれることが多いのは事実である。構造物の頽廃や改善、土地利用の変化、衣服や家具のような視覚的手がかりの変化――これらは経験を積んだ観察者にとって、どれもが社会変化の指標になる。しかし、社会変化が環境に直接結びついた機能に関係するものでないときには、変化の徴候は些細なものであることが多く、そこから手がかりを見出すのは難しい。土地保有の形式は環境と密接に結びついているので、影響の手がかりを把握できる数少ない例のひとつである。ハバナには、キューバ社会の大きな社会変化を物語るたくさんの手がかりがあるが、空間組織そのものはそれほど変わっていない。一方、キューバの田園地帯では、空間形態が生産の新しい組織と密接に結びついているので、景観がすさまじい勢いで変化している。イギリスでは森林の景観が著しく変化してきたが、それは農業人口の増加、土地所有の変化、戦争による資源需要など、森林に直接結びついた特殊な出来事に対応する変化に限られていた。重要な社会変化は、物理的にはほとんど変化しない場所でも起こることがある。

物理的環境は文化の鏡といわれている。安定した社会では、環境と文化が互いに調整しあっていることは確かだろう。この二つは一体になって作用する。生活の質を理解するためには、環境と文化の両方を理解しなければならない。しかし、文化から空間的環境を予測することができるだろうか。あるいは、逆に環境から文化を予測することができるだろうか。同じ環境には同じ文化が育つものだろうか。確かに、環境と文化の結びつきが同語反復的なものであるときには、そのような関係が成立する。漁労文化は常に水辺に立地する。だが一般には、そのような関係の存在はかなり疑わしい。それぞれの社会は、その社会様式を変えずに、互いの環境の特徴を借用しあっていることが少なくない。

私たちが大きな環境変化を引き起こそうとすると、それと同時に一定の社会変化を起こす必要が生じてくることが多い。特に社会機構の変更が必要になることが多い。ニュータウンは新しい形態の法人ディベロッパーを必要とし、近隣共有地の維持には住宅所有者の新しい団体が必要である。このような組織改革は、やがて社会構造のどこかに二次的効果をもたらすかもしれない。

多くの場合、空間の急転と社会革命を関連させるのは難しい。革命は偶像破壊を伴うことが多い。そこでは、十字架、彫像、名称など、前時代のシンボルが破棄される。城が取り壊され、塔が短くされ、修道院が打ち捨てられ、宮殿や寺院が破壊される。しかし、活動のパターンは古い空間的器の中で移り変わるだけかもしれない。シンボルが改変されても、物理的背景の多くはそのまま残っている。社会秩序を改造することに総力を傾けているので、これまでに蓄積された物理的資本を廃棄する余裕がない。ほとんどの革命は、その正統性を宣伝する必要に迫られているので、古い象徴的環境をできるだけ保存し再利用しようとする。新しい政府は古い宮殿を使用し、新しい宗教は古い寺院に居をかまえる。環境が、新しく育ちつつある社会秩序を安定させるために利用される。革命社会では、近い過去のシンボルが破壊され、遠い過去のシンボルが賛美されるということができるかもしれない。革命社会は、現在の秩序からの急進的絶縁を示すことを望むと同時に、古い時代への愛着を表現したいと考えている。それは現代的価値をもっていなくても、彼らには神聖な価値をもっている。キューバでは、極端に乏しい財源の中で、ハバナ旧市街のスペイン風建築とマタンサス[*1]の美しい劇場の修復工事が行われている。しかも、この修復は多くの人びとに支持されている。

安定装置としての環境

脅威に直面した体制は、成長しつつある体制も衰退しつつある体制も、ともに環境を安定装置として利用することが多い。彼らは、環境によって権力と悠久の歴史を誇示し、ある種の行動形式を強化し永続させようとする。取りつけ騒ぎが頻発した時代、銀行は堅牢な古典寺院を模した建物の中に置かれた。外国勢力の脅威にさらされている王は、麗々しい儀式の間で使者を迎える。軍隊は、兵士をすすんで死地に赴くように教育するために、彼らに規格化された軍服を着せ、規律正しい兵舎で生活させる。

安定化は、操作と統制の手段とは限らない。環境は、人びとの願望に応じて、彼らの行動を強化し永続化させる。ナイトクラブは人びとを陽気で騒々しくさせる。書斎と教会は平穏と瞑想の場所である。砂浜は人びとを駆けっこや散策に誘う。環境は、制度や儀式と同じように、つかの間の行動を変形して予測可能な反復をつくり出す力をもっている。風景の変化はこのような行動上の支柱を取り去ってしまうので、人びとは混乱し刺激を受ける。だが、それだけで変化が起こるわけではない。環境が変化しても、制度、習慣、思い出などによって、古い行動様式を維持することができる。行動を変化させるには、制度と環境を同時に変化させるのが効果的だろう。

空間的環境は、意識的にせよ無意識的にせよ、行動の変化を遅らせるのに利用されることが多い。また、移ろいやすい行動に連続性の覆いをかけるのに利用されることもある。そして、私たちの感情を安定させ、感情の方向性を維持する。スチュアート・ハンプシャー[*2]は、オクスフォード大学の教育改革について次のように論じている。

「大学を離れたとき、この大学を思い出す人びとの心に最初に浮かんでくるのは、主要な建物であり、それを包むたぐいない美しさであり、権威の力であり、散在するカレッジと図書館である。思い出の中では、これらのいくつかが大学全体を代表して浮かび上がってくる。行動規範、教授方法、研究方法などの多様性は、この環境に適応して展開してきた。それは、これからも変わることがないだろう。教師と学生は、個性と主体性を失うことなく、互いの関係と自分たちを律する制度を再創造していくことができるだろう。……（建物と環境が）損われずに保存されているかぎり、それは次々に新陳代謝する大学の構成員に、変化していく制度よりはるかに強力な影響を及ぼしつづけるだろう」［文献57］。

また、流動性に富んだ環境の効果を検討することもできる。そのような環境は、環境利用者の注意と行動の変化にすばやく対応する。恒常性を備えた場所は、変化に反応して、それを以前の状態に戻す反対方向の変化を起こす。サーモスタットで制御される暖房システムは古典的な例であり、光電管スイッチを使った街灯はもうひとつの例である。私たちは、この着想をもっと発展させて、人びとのざわめきが高まるにつれて壁の吸音性が増すホールを考えることができるだろう。また、行動変化に適応するだけでなく、その変化を強化する部屋を考えることもできる。そこでは、ざわめきの強弱に応じて明るさと喧騒が増減し、聴衆自身の視覚的イメージを強化する演出が行われる。ダンスが始まるとダンスフロアと音楽が自動的に用意され、注意が向けられれば向けられるほど興味深い細部がはっきりと浮かび上がってくる。そのような部屋は、〈学習〉によって可能性のある未来の行動を予測し、そのような行動が起こる前に条件と刺激を用意するようになるかもしれない。それに必要な技術が高価すぎるならば、もっと簡単な例を挙げることもできる。私たちは、部屋に流している音楽をそのときの気分に合わせて変えることが多い。広場の照明を、重要な催しが行われている間だけ明るくなるように演出することができるかもしれない。

この問題を考える際には、次のような基本的疑問点への配慮を忘れてはならない。はたして、感応性をもった環境を利用して、行動の安定性ではなく変化を引き起こすことができるのだろうか。それが可能だとしても、玩具としてならいざしらず、そのようなものが必要なのだろうか。人間と環境の間のすばやい相互反応システムは、制御不可能な行動に突き進んで〈破裂〉してしまうのではないだろうか。そこには限界と制動装置が必要である。個人や小さなグループが、教育や娯楽のために制限された条件下で一時的に利用するのでなければ、この種の環境はきわめて危険で高価なものにつくだろう。

環境と学習

しかし、環境変化は人間の成長と発育に大きな影響力をもっており、それゆえ一定の時間をおいて間接的に社会のあり方に影響を及ぼすことができる。環境変化の影響は、経験的なものだが、成長期の子供や青少年にとって重要な役割を果たしている。子供や青少年がそれまでの安定した生活の中で自己に対する信頼をつくり上げ、自分の世界を拡大する用意ができているときであれば、この影響は成長をうながす刺激になる。今日のアメリカ合衆国では、子供時代の引っ越しはありふれたものであり、ふつうの家族はそれにうまく対処している。だが、絶えず引っ越しがつづいたり、あまり幼いうちに環境が変わったりした場合や、心身が不安定な時期に引っ越しを経験した場合には、子供が内向的になることや成長が止まってしまうことがある。大人にとっても、開放的気分ですすんで参加する旅行と変化は新しい見識を広める機会になるが、押しつけられた変化は古い生活への逆行のきっかけになる。皮相な観光旅行は、訪問する側と訪問される側の双方に、お定まりの敵対関係を引き起こすかもしれない。

豊かなコミュニケーションを備えた環境は、絶えず変化しつづける新しい情報の流れを生み出している。このような環境は、情報量が膨大であったり情報が混乱していたりしないかぎり、それ自体が教育機能をもっている。発達した都市交通網はコミュニケーションを豊かにする。他の場所や他の人びととの触れあいが容易になれば、私たちはそれだけ多く学習の機会をもつことができる[文献35]。だが、環境が排他的であったり危険であったりすると、人びとはそこを避けるようになるだろう。触れあいにとって、安全性と社会的障壁の撤去は交通機関や道路と同じように重要である。昔から、大都市への移住は人間成長の主要な機会のひとつだった。今日のように正規の学校教育が混迷に陥っているときには、環境がもっている教育上の可能性に期待が寄せられる。子供たちは、環境の中で彼らの興味を引く現実の出来事を観察し、それに参加することによって学習していく。

人びとは行動することによって学習する。取り扱いの容易な環境は、人びとを引きつけ、介在を誘発することによって、すぐれた成長媒体になる。子供にとっての砂場がそうであるし、家庭菜園はもっと幅広い世代に対してその役割を果たしている。開放的で理解可能な環境、新しい情報に富んでいる環境、新しい機能を訓練する機会を与えてくれる環境――このような環境は教育装置として利用することができ、人間変革の促進役になるだろう。一方、環境変化には必ず〈逆教育〉をうながす潜在的危険性が同居している。こうした学習に対する妨害は、変化の時間を注意深く定め、変化への参加と選択を促進し、理解不可能な不規則な飛躍を防ぐことによって回避することができるだろう。個人の成長は、私たちの基本的価値観のひとつである。そのためには、かなりの財源を注ぎ込むこともためらわない。だが、それが混乱と危険を招くこともある。新しい理念、技能、思考を身につけた人間は、もっと大きな変化の推進者になる傾向がある。それを知っている保守主義者たちは、教育方法に細心の注意を払ってきた。一方、キューバや中国のような革命社会は、ポスター、放送、祭典などによって、環境を共同体再教育の手段に利用している。私たちの社会では、空間的環境にもとづく学習は中央政府による管理の枠外にある。それだけ私たちの環境は、社会改革者にとって、中央に対抗する梃子として魅力をもっているようだ。しかし残念なことに、この梃子の作用はきわめて強力ではあるが、効果が現れるのが遅く、結果予測が難しい。また、教育によって社会に有害な生活態度を育ててしまう危険性もある。薬にたよる生活や競争心に駆りたてられた生活は、短期的にどれほど快適で有益に思われても、長期的には社会を脅かすものになるだろう。開放的社会における教育は、均衡と監視を図るシステムのような抑制手段を備えていなければならない。

私は、環境変化と社会変化は互いに緩やかに結びついていると考えている。一方から他方に影響が及ぼされるときも、それは回りくどいものであることが多い。一方の変化が進行しても、他方の変化はなかなか進んでいかないだろう。多くの場合、環境と社会のあり方は、互いにブレーキとして働く傾向をもっている。どちらか一方に変化を引き起こそうとするならば、そのあいまいな関係を理解しなければならない。私たちは、一方の領域で変化を起こすとき、それによって他方の領域でどのような変化が必要になるか知らなければならない。一方の変化が、他方の変化の引き金になることもあれば予防になることもある。また、きっかけ、原因、不可欠な付属物、調節弁などの役割を果たすこともある。社会変化や環境変化が避けがたいものであるときには、一方の変化を選択することによって、他方の変化の影響を緩和することができるかもしれない。そして、変化を円滑にしたり、安定させたりすることができるかもしれない。新しい家に引っ越した子供には、新しい友だちができるように手を貸してやるとよい。新しい生活様式の成長によってもたらされる軋轢は、新しい文化を空間的に隔離することによって緩和できるかもしれない。

空間的環境は、社会的環境よりも適応性に富んでいるが、独立性と自律性に乏しい。したがって一般的には、社会に望ましくない影響を与えずに空間変化を引き起こす方が、その逆よりも難しい。しかし、廃棄物や汚染と高所得の関係のように、社会から環境に望ましくない影響が及ぼされる例もないわけではない。文化の発展によって、物理的変化を克服できる社会様式が選択されてきたのかもしれない。あるいは、物理的変化に耐えることのできる社会が文化を発展させてきたのかもしれない。社会と環境がある程度緩やかに結びついていて、互いの変化に適応できるようになっていることが、発展の大きな条件になるだろう。社会変化と環境変化は、名前が似通ってはいるが、同じ形態をもったものでも同じ影響を及ぼすものでもない。この両者は個人の幸福と行動に影響を与える。個人の幸福と行動は、私たちの最も重要な価値判断基準である。社会と環境のあり方は、それが人間に及ぼす影響を離れて論じることはできない。それらは、それ自体では良くも悪くもない。この二つは、知覚と行動を通して人間と直接結びついている。そして、それぞれは人間という存在を通して間接的に、しかも限られたかたちで結びついている。

＊1　Matanzas　ハバナの東約一二〇キロにある港湾都市

＊2　Stuart Hampshire（一九一四～二〇〇四）　イギリスの哲学者・文芸批評家。オクスフォード大学で教鞭をとり、第二次世界大戦後の思想界に大きな影響を与えた

10 変化の方針

Some Policies for Changing Things

私たちは、予測できる未来に対して理性的に振舞い、予測できない未来を開放的で安全なものにしておこうと努力している。私たちは、できるだけ幅広い豊かな時間イメージを求めている。それは、私たちの生物学的本性と調和し、活動的現在の中での行動を可能にするものでなければならない。目標——すなわち心理的目的と未来志向型の実践的行動の必要性は、相互依存の関係にある。私たちは、広範で調和のとれた心構えや思考態度がなければ、理性的に行動することはできない。また、理性的行動をとらなければ、満足のいく知覚は得られない。このような相互に依存しあう目的は、環境政策に多くの影響を与える。これらの目的を要約することは、これまでに述べてきた一連の考えを要約することでもある。

1章では、このような問題に関連の深い都市を取り上げて論じた。たとえば、バースの視覚的特質を保存しながら、人びとが生活する都市としての機能を維持するにはどうすればよいのだろうか。ロンドンは、どのようにして悲惨な災害から復興したのだろうか。また、その努力が当座は失敗したように見えながら、長期的に成功したのはなぜだろうか。革命後のハバナは、過去との断絶の中で、どのようにしたら過去の感覚を維持していくことができるだろうか。

ロンドン市の参事会員たちは、どのようにして市民に未来を知らせ、未来に対する信頼を保ったのだろうか。グアヤナの移住者たちは、どのようにしてプランナーの意図を察知し、きたるべき変化に備えたらよいのだろうか。ストーコントレントが時代遅れの環境を克服して、荒廃の累積を防ぐにはどうしたらよいのだろうか。キューバの新都市では体系的に建設が進められているが、同じようにハバナの再生と維持を体系化することができるだろうか。シウダード・グアヤナは、社会的にも物理的にも開放的な都市でありつづけることができるだろうか。

ロンドンは、過去の問題以上に未来の問題に的確に取り組むことができただろうか。物理的都市としてのハバナは、どのようにしたら新しい社会の抱負を人びとに伝える役割を果たすことができるだろうか。シウダード・グアヤナの建設は、人びとの教育手段になることができるだろうか。これまで各章で述べてきた方策は、これらの問題に関連をもっている。この章では、それを整理して記述しなおしてみたい。

時間の組織化と称揚

時間の推移を組み立て、それを祝うために、公共と半公共の機関を設置すべきである。環境は出来事の流れを象徴する役割を果たし、私たちの心理的負担を軽減することができるだろう。このような伝達を直接的なかたちで行うには、一日の時間、季節の時間、月の時間、行事の時間などを、公共の場所に表示することが考えられる。この表示には、時計や掲示板だけでなく、私たちの知覚に合った可変シグナルを利用することができるだろう。こうした表示が実現すれば、私たちは現在起こっていることと目前にさし迫った出来事をはっきり知ることができるので、外部世界への適応を維持することがはるかに容易になり、自然なものになるだろう。

従来の時間構造に再検討が加えられ、人間の体の長短のサイクルともっと密接なつながりをもった新しい時間区分が模索されるかもしれない［文献10］。特に時間と週の人為的区分には検討の余地が多いように思われる。授業時間、交替勤務時間、食事時間なども、この視点から再検討されなければならない。子供たちには、自分の肉体の時間を読みとり、それに従い、それを享受することを教えるべきである。労働、学校、業務のスケジュールは、個人の多様な要求に応じた時間を許容することによって、こうした目的を助けることができるかもしれない。この種の変化は、きわめて広い領域を対象にした時間調整が必要なので、公共主導で行わなければならないだろう。

強制された厳密性の多くは除去することができる。不必要な共時性は解消することができる。時間外営業は、利用人口の増加と古い社会様式の解体に伴って拡大しつつある。古い障壁（ピュリタン的厳法や閉店時間の強制）を保存してきた公共的統制もしだいに廃止されている。多くの人びとが日曜や深夜の営業を希望し、その希望に応じようとする商人がいるならば、それを妨害してはならない。交通施設、食品販売、公衆便所、医療施設、情報通信などの基本的公共サービスは、消防や警察と同じように、いつでも利用できるべきである。時間外勤務の従業者を確保するには、昼間労働と同じ賃金では難しいので、社会的時間がもっと流動的になるまでは割増料金が必要だろう。人口密度の高い地域では、こうした特別価格も妥当性をもち、その負担に耐えることも難しくないだろう。このような営業は、十代の若者たちに労働と経営の機会を与えることにもなるだろう。現在の労働市場で冷遇されている人びとの中には、新しい時間スケジュールを歓迎する者も多いにちがいない。時間外営業は、これらの人びとの力を借りることができるだろう。

もし自覚的に時間を祝うようになれば、それはデザインに新しい機会をもたらすだろう。道路やその他の移動経路が公共機関の手でつくられているが、そこでの移動を印象深いシークエンスにしようとする努力はほとんどなされていない。花火大会、パレード、開通式、野外コンサート、野外劇など、時間的効果をもつ公共行事がそこで行われることもあるが、そのデザインはいたって未熟である。観客が参加できる光と音と躍動の野外スペクタクルを演出することのできる専門家はわずかしかいない。観察者が楽器のように演奏することのできる感応性をもった環境は、まだ実現を試みられていない。まだ誰も、私たちを楽しませるエピソードの対比をつくり出していない。しかし、この状態を改善できない理由はなにもない。比較的少額の支出で、新しい公共的娯楽の源泉を開拓し、時間の中に生きているという体験を拡大することができる。そのとき、私たちの都市の不安定で混沌とした景観は、再び明瞭で意味深いものになるだろう。

必要な技術は実践の中で育っていくだろう。新しい芸術的才能が呼び起こされ、大規模な技術組織が成立するだろう。実際のところ、技術が芸術を併呑してしまわないように注意が必要だろう。

変化の情報

現在と未来について基本的情報を提供することも、公共が果たすべき役割のひとつである。それには、進行しつつある変化とその近い未来に予想される状態を視覚的に伝達し、現在の行動選択に直結する互いに矛盾する未来を表示し、予測をたてて配信し、都市の公共的時間モデルを作成する必要がある。また一般的には、環境を利用して現在の進行状態を説明し、それをさまざまな未来の可能性に結びつけることが考えられる。街頭に設置された自動案内板、公共情報センターと情報遊園地、情報ツアーと情報ガイドブック、映画と可動モデル、都市ガイド、街頭授業、街頭演劇――これらをその目的に利用することができるだろう。看板と標識を使って、ある場所の変化と未来の選択肢を現場に表示することができる。未来を予想した環境をつくって、人びとに未来を体験する機会を提供することができる。これは公共的な情報提供と教育の試みである。それは、より総合的な着想の一部をなしている。そこでは、都市そのものを巨大な教育装置として利用することが考えられている。つまり、子供と大人に、人間、活動、形態の豊かな多様性を伝え、積極的参加による学習意欲を育てるために、都市を体系的に利用することが考えられている。

変化の情報には、すべての党派にとって無害で歓迎されるものもないではない。しかし、情報は力の源泉である。そして、未来の選択は激しい論争を引き起こすことが多い。情報の発表には政治的圧力の介入がつきものである。経営機関は、ある種の情報発覚をもみ消そうとするだろう。ある行動を擁護する人びとは、対立する選択肢の伝達を妨害しようとするだろう。このような状況のもとでは、情報機能を検閲から守ることが必要になるだろう。それには、情報機能の中にコミュニケーションの成功を支える動機を組み込んでおく必要がある。

情報伝達のうち、現在の公共的意図を伝達し、議論の余地の少ない近未来の可能性を伝達する機能は、公共機関の手に委ねることができる。しかし、相互に矛盾する未来の表示や現在の提案のいずれかに肩入れする分析は、さまざまな階層の多様な公的グループと私的グループの手にわかち与えられなければならない。そこには民間企業と半公共的機関の活動余地があり、微妙な提案の影響を独自に分析したり、官製データと矛盾する情報を提供する役目を果たすだろう。小さな非公認グループは、このような専門的評価がなければ、未来を十分に検討することも自分たちの希望と不安を他の人びとに伝達することもできない。今日でも経済予測と人口統計予測を行う民間企業はすでに存在しており、さまざまな製品検査事業も行われている。けれども、社会予測、環境予測、環境上の提案に対する分析などは、大部分が政府機関や不十分な技術手段しかもたない個人の手にまかされている。多様な立場を擁護する検証と予測が、新しい独立機能として必要になっている。

情報の一部は、従来どおりの言葉と図式によって伝達できるだろう。また、公共情報センターで動的展示を行うことによって伝達される情報もあるだろう。しかし情報の多くは、その場所に象徴的に表示することによって、もっと効果的に伝達することができる。そのとき、情報伝達の管理が公共機関の役割になるだろうが、それは混乱と相互干渉の防止に限定されることが望ましい。環境を情報媒体として利用した場合の長所は、経済的にも技術的にも分権化を妨げる大きな障害が存在していないことである。そこでは、小さなグループの発言が大きなグループに匹敵する影響力をもつことができる。ここで重要なのは、情報交換の手段と利用者を開拓することである。変化の情報を伝達するにあたっては、地域の住民がどのようにして過去、現在、未来をイメージするのか知ることが大切である。環境変化を計画するときは、この時間についての共通イメージを理解し、どのようにしたら環境改造がそのイメージを補強し、豊かにすることができるか考えなければならない。

プロトタイプ

現在の情報の流れを維持するだけでは十分とはいえない。私たちは、中期的未来に生きるための新しい方法を積極的に模索しなければならない。そして、そのような新しい方法がどの程度期待に応えることができるか判断し、その方法への道筋をはっきりさせなければならない。それはまったく新しい機能であり、先例になるのはユートピア的夢想や新製品の技術開発だけである。その実現には、かなりの資本と新しい技能と長期の取り組みが必要とされるだろう。中期的未来の探究は見返りが不確実で遠い先のことで漠然としているので、その役割は公共的機関と半公共的組織(大学や財団)の手に委ねなければならない。

こうした探究を組織化する方法としては、それを専門に行うセンターの設立が考えられるだろう。そこでは、新しい環境がもたらす新しい制度と生活方法を検討し、新しい環境の可能性を考察・評価する。有望な可能性が見出されたら、志願者の参加をつのったうえで、現実の時間の中で実物大の試行を行うことになるだろう。参加者の中には、そのシステムをデザインした人びとも加わるだろう。試験される仮説はデザインの一部だが、志願者(〈被験者〉という用語は心理学からの不快な借りものである)はいったん実験が始まると主導権を握るようになり、部分的成果が蓄積されるにつれて、環境、制度、生活様式、仮説に修正を加えていくだろう。したがって、そこで行われる探究は持続的で自主管理的なものであり、広く公開され記録されるが、古典的タイプの制御された試験とは異なったものになる。実験は放棄されるかもしれないし、大きく修正されるかもしれない。実験が成功すれば、普及と啓発のために、結果が公表されるだろう。これは実践的アクションリサーチであり、内省的だが明快である。

この方法をはっきり原因と結果に分離することはできない。評価は、新しい環境の特色と制度を考慮するだけでなく、歴史に及ぼす累積効果、外部の状況、参加者の動機、その中で展開するミクロカルチャーなどをも考慮しなければならない。こうしてつくられるプロトタイプは、現状を実際に発展させたものでもなければ、長期にわたって存在するものでもない。そのため預言的性格のものになるだろう。けれども、プロトタイプのデザインには、既存環境から脱皮する方法とそれを実現する方法が組み込まれることになるだろう。その前提は、実験プロセスの中で新しい変化が起こるたびに変更されていくだろう。プロトタイプによる現実世界進化の仮説は、成功した実験が広く応用されるようになったとき、すみやかに検証されるだろう。

このセンターは、新しい可能性と実験成果を広く社会に普及させる役割を果たすこともできる。人びとは、娯楽のため、個人やコミュニティの未来選択に役立てるため、新しい生活様式への適応を訓練するためなど、さまざまな目的をもって一時的演技者として実験に参加することができるだろう。彼らは、数日間、数週間、あるいは数ヵ月間にわたって、日常とまったく異なった生活を演じる。このような試みは、十代の若者、休暇を楽しもうとする人びと、意思決定者などにとって、ことのほか魅力的なものになるだろう。また、社会に問題を提起し広範な議論を呼び起こすために新しいプロトタイプを利用することもできる。その場合でも、人びとは、不変だと考えていたものに対処する方法を考える手がかりを得ることができるだろう。

さらに、この実験センターを利用して、現在の変化や提案された変化が未来に対してもっている意味を吟味することができるだろう。こうした変化には、環境変化のほかに環境を対象にした技術や制度の変化も含まれる。公共的意思決定を助けるために、シミュレーションや比較分析の手法を用いて、これらの変化が社会に及ぼす広範な影響を予測し評価することができるだろう。比較研究は、現在と未来の変化だけでなく、過去のさまざまな変革（意図的なものもそうでないものも）がもたらした結果を素材にすることもできるだろう。変革の影響を体系的方法で分析した例はほとんどない。プロトタイプ研究で開発される環境観測技術は、〈現実〉の環境管理に役立てることができるだろう。

図 102／北京の離宮に設けられた模擬街区――皇帝に市民の日常生活を知らせるためにつくられた町で，廷臣たちが商人，居住者，泥棒，役人，行商人などの役を演じた。皇帝は，一市民のように大通りを散策して，売り買いし，挨拶をし，通りでの活動に参加することができた

プロトタイプ・センターは、小ユートピアでも社会からの逃避でもない。それは多くの点で、一九世紀のユートピア的コミュニティとも、二〇世紀のコミューンとも異なったものになるだろう。それは、あるがままの現在を出発点にして、既存の状況の中から新しい未来を育て上げる方法を示すだろう。それは全体の改革をめざすものではなく、いくつかの重要変数を修正する実験になるだろう。変化の結果をはっきりさせるためと、変革努力をひとつの領域に集中して変化の達成を容易にするために、変化の幅に制限が加えられるだろう。このセンターは孤立した実験ではない。それは教育装置であり、いかなる検査をも受け入れ、実験成果を社会に還元して吟味と普及を図るだろう。それは現実的かつ限定的で、段階的変革を目指すものになるだろう。

最初は慎重に控え目な（あるいは無害な）変革から着手するのが賢明かもしれない。いずれにしても、私たちはたくさんの実験テーマを見出すことができるだろう。新しい情報システムと通信交通システムを組み込んだ環境、極端に高い密度の環境、3章で述べたような〈遅れた〉コミュニティや〈未来志向型〉コミュニティ、アクティビティの新しい時間パターンが実験的に実現されている環境、〈感応性〉の高い環境や学習のための最適環境、海底、山頂、砂漠、低湿地、騒音地区などの荒れ地や過酷な場所を利用した環境、小さなグループにも制御と参加が可能な環境、新しい育児と家族構成のあり方に対応した環境、情報は豊富だがエネルギーと資源に乏しい居住環境、廃棄物循環を進めて地域の資源自律性を高めた居住環境——可能性のリストはいくらでも長くすることができる。戦略的出発点の選択は慎重に行う必要がある。

このようなプロトタイプ・センターの実現には多くの問題がある。実験が既存制度を脅かすものであるときには、外部の非難から実験を守ることが必要になる。なんらかの制度的後ろ楯が必要になるだろう。さらに、冒険の多い初期の実験は、人びとの生活への影響が少ない場所を選び、焦点を物理的変革に絞る慎重さが要求されるかもしれない。実験には多くの費用がかかり、公共機関、大学、財団などから基礎研究の名目で援助が得られたとしても、それだけでは足りず、他の資金も必要になるだろう。実験的コミュニティは、実験プロセスの中でできるだけ自立できるようにデザインされるだろう。そのコミュニティが生産する情報とそれが提供する未来体験の機会も、一定の収入源になるだろう。

内部コントロールをしっかりして、むだを避け、外部の支持を失わないようにし、実験が社会の現実の問題と可能性から遊離するのを回避し、主要職員と資金をいつまでも実験段階に閉じ込めることを防ぐ必要がある。また、誤ったフィードバックの増殖を抑制して、有害で気まぐれなパターンの〈暴発〉を阻止しなければならない。実験を推進するには熱意と献身が必要とされる。一方、未来の可能性をデザインし、観察し、分析するには、柔軟でどちらかといえば機械的な姿勢が必要とされる。両者の間には矛盾がある。

私の提案は新しい種類の研究を示唆している。それは、複雑性、目標の流動性、実験者と被験者の一体化など、多くの点において古典的実験と異なっている。これまで私たちは、倫理的理由と経済的理由から、分析の範囲を制御されていない比較研究と貧弱なシミュレーションに限定してきた。プロトタイプ・デザインは、未来への新しい道を開く役割を果たすかもしれない。だが、そこには大きな危険も存在している。この研究は不安と抵抗を呼び起こすだろう。公共機関が行う実験は、未来の可能性のうちでも論争の余地の少ないものに限定し、急進的提案は独立の半公共的グループの手に委ねるべきだろう。しかし、見返りの可能性に比べれば危険もそれほど大きくはない。それに、未来を開かれたものにしておこうとするならば、こうした機能を絶対に欠かすことができない。

保全

未来の選択肢を探究し、それを試験することは、変化に対応する能力を養うひとつの方法と考えることができる。長期的な環境資源を保全し、環境の開放性を維持する補足的機能は、公共的機関の重要な任務である。個人の活動もそれをさまざまな方法で支援できるだろうが、その任務を他に委ねることはできない。今日では、保全の理念はすでに一般に認められたものになっているが、私はこの言葉の意味を拡大し、それを過去の保存とはっきり区別することを提案したい。

保全が意味するのは、純粋な基礎資源を現状のまま維持することだけではない(4章参照)。私はこの言葉によって、環境廃棄物(身近な環境汚染物質はもとより遺棄された空間と建造物をも含む)の再利用と処理を促進し、適応性の維持・管理を図り、開発可能な空間と予備環境の備蓄を守ることを意味したい。このような活動は多くの費用を必要とするが、政治的支持と倫理的支持を期待することができる。公共機関は、土地を保持し、河川を浄化し、森林を増やす仕事に従事しなければならない。だが、こうした通常の政策だけでなく、土地の備蓄を維持するために体系的クリアランスと土地買収を行い、荒廃した都市と農村の空間を再生することにも取り組む必要がある。

公共的コントロールは、適切な公共活動を伴わなければならない。そこでは、取り返しのつかない損失を防ぎ、私的行為によって引き起こされた影響に対して、それを原状に戻すのに必要な社会的費用を徴収することが必要になってくる(いったん汚染された都市の空気を浄化するのに必要な費用や、いったん放出された騒音を消去するのに必要な費用を考えてもわかるように、それは高いものにつくだろう)。

建造物や諸施設の所有者は、最終的除却や再生可能な状態への修復に必要な費用を正規の運転費に組み込んでおかなければならないかもしれない。すべての新しい建造物には、適応性に関して一定の最低水準が要求されるかもしれない。土地の開発権は、少なくとも重要な開発地区については、自治体が公的に所有するか定期的に取得すべきである。これらの提案は実行にかなりの資金が必要である。それは現在は引き合わないが、将来は帳尻が合う。このような広い視野にたった保全を支えるには、強力な倫理的基盤と感情的基盤が必要である。

解体業者と廃品回収業者は、環境廃棄物についての民間専門家である。彼らの名は嫌悪の念を呼び起こすかもしれないが、その機能は開発と保全のプロセスを結びつける重要な役割をもっている。いまや、荒れ地と老朽化した建造物の修復と再循環を体系化し拡大する必要がある。私たちは、廃棄物を嫌悪の目で見ることをやめ、それを物質と活動の正常な循環の一段階として眺め、その段階に魅力と可能性を見出すことができなければならない。

私たちのテーマは建物の破壊ではない。複雑な状態にある敷地全体を生産的状態に戻す方法、あるいは少なくとも未来の発展を許容する開放的で生態学的に安定な状態に戻す方法を議論しなければならない。多くの荒れ地が、自然上の欠陥、細分化された土地所有、古い傷跡、強引な土木工事などによって利用を阻害されているが、私たちはその適切な利用転換を図ることができるだろう。しかし、こうした転換を計画するときは、〈荒廃〉した環境が隠れた機能をもっているかもしれないことを忘れてはならない。たとえば、そこが貴重な自然を残した〈未開地〉になっていることがある。また、軽々しく捨て去ることのできない独特の価値をもっているかもしれない。

荒れ地の利用転換を考える場合、人びとが居住して土地を利用していながら、それがきわめて非効率的なかたちで行われているときが最も困難が大きい。そこでは居住者の愛着、利害、活動が、敷地条件の本質的一部になっている。これらの条件を受け入れ、人びとの参加を得て廃棄物の撤去と再建のプロセスを進める方法を、私たちはまだ十分に身につけていない。荒れ地改造の人間味ある経営には、本書の領域を超えた多くの要素が考慮されなければならないのはもちろんだが、それと同時に変化のイメージを適切に扱うことができなければならない。

古本、古道具、古着、鉄くず、廃車などの専門業者がいるように、環境の除却と転換を専門に扱う団体が必要になるだろう。そのような団体は、公共的コントロールのもとで、地域住民の参加を得て活動することになるだろう。彼らには、物理的除却の能力だけでなく、コミュニティを組織する能力も必要である。こうした新しい組織は、大規模開発を専門に行う企業を補足したり、その一部門を構成したりするだろう。

この取り組みの背後には、重要な知的作業がひかえている。私たちは環境処理の理論を開発しなければならない。適応性と弾力性とはどんなものだろうか。どのようにしてそれらを測定し、監視し、達成することができるだろうか。変化への対応を促進するうえで、それらはどのような効果をもつのだろうか。これまで、どのような種類の保全が有効で、どのような種類の保全が有効でなかったのだろうか。どのようにしたら環境廃棄物を再利用することができるのだろうか。誰が、不用なものと再利用すべきものを判断するのだろうか。どのようにしたら環境処理を開発プロセスの中に組み込むことができるのだろうか。環境の残骸は、現実にどの程度まで社会や経済の発展を阻害してきたのだろうか。または、どの程度まで変化の単なる一時的徴候にとどまっていたのだろうか。衰退と荒廃に有意義な役割を演じさせることができるだろうか。保全と適応性の長期的価値を、その短期的費用と比較するにはどうしたらよいのだろうか。その長期的価値を現在の倫理的報酬に組み込むにはどうしたらよいのだろうか。

保存

公共的機関は、変化を阻止するよりも変化を誘導することに有効に力を発揮することができるだろう。また、すでに述べたような理由から、私は特定の事物を保護するよりも場所の継続感覚をつくり上げることを重視したい。つまり、私たちが生活しているすべての空間に、一世代から二世代にわたる歴史的文脈をはっきり表示することを提案したい。この継続性は、近い過去と中期的過去ばかりでなく近い未来にも及ぶものでなければならない。変化しつつある地区では、必ず直前の状態のなんらかの要素、断片、象徴を保存することを提案したい。保存する要素は、なるべく現在の機能の障害にならないものが選ばれることになるだろう。だが、それらの要素は深い意味をもつものでなければならず、豊かな象徴性、過去の人間活動との直接的結びつき、過去の環境の総合的感覚を伝えるものでなければならない。

実現性をもつ近い未来を表示することや、樹木、名前、石碑、飾り板、印刷物、写真などを使って、個人や小グループの過去と現在の存在を象徴化することが奨励されるかもしれない。古くからの住民に場所についての思い出を記録することが奨励されるだろう。近い過去の出来事が、即座に、そしておそらく一時的に記念されるだろう。影像をはじめとする記念物には、そこに記念されている出来事や人物を説明する写真と音声が備えつけられて、人びとの理解を助けるだろう。古い行動様式が、それに対応する現在の行動様式と並んで展示されるだろう。〈都市の屋根裏部屋〉を用意することもできるだろう。この特別区域には、見捨てられようとしている器物の中から重要なものを選択して保管しておき、それを公共的な研究と利用のために貸し出すことができる。一方で、新しい行動様式を展示することもできるだろう。そこでは、開発の最終段階における施設やこれから普及する設備が実物展示される。居住者と土地所有者には、その場所の近い未来に対する個人的な意図と希望を表明することが奨励されるだろう。未来の保存と過去の保存を並行して推進することができるだろう。

　地区の人びとの思い出と希望は、保存すべき要素を選定する際の指針になるだろう。それがないときは、古い建造物の保存ははっきりした現在の価値がある場合に限定されるだろう。つまり、新しい建設による複製や改善が不可能な空間、経済性、耐久性、快適性、美的形態などの特性を備えている場合に限定される。しかし、その場合でも古い環境の現在の価値には常に分析が加えられ、新しい建設がそれらの価値に匹敵したり、それらを凌駕したりすることがないかどうか確認されるだろう。取り壊しに先立っては、それを広く告示し、人びとが過去の情報を記録し救済する機会が提供されるだろう。

　高い質、高度な意味、高い独自性をもつ特別区域でも、硬直した保存は必要ないが、保存のルールをいっそう厳格にすることができるだろう。さし迫った変化には、専門家と地域住民代表者による審議を義務づけることができるだろう。歴史の中で連綿とつづいてきた時代の継承を人びとに示し、引喩と対照によって過去を高揚するために新しい材料を挿入することが奨励されるだろう。永久不変の環境ではなく、時間の流れとの結びつきをいっそう高密度に包み込んだ環境をつくり出すことが重視されるだろう。完全に静的な保存が図られるのは、*ストーンヘンジのような例外的環境に限られるだろう（もっともストーンヘンジにしても、いま私たちが目にしているのは、はるかな過去から現在までの間に累積された無数の変形の産物である)。このような時間を梱包した環境を開発し、それを豊かなものに育てていくには、私たち自身の能力をもっと改善しなければならない。それには、まだ多くのデザイン研究を積み重ねていく必要がある。

別の特別区域では、〈野外博物館〉を開発しようとする個人や半公共的組織の努力を公共的コントロールによって支援することができるかもしれない。〈野外博物館〉には、ある時代の状況がまるごと保存またはできるだけ正確に再現されていて、教育装置として利用される。野外民俗博物館はヨーロッパ――特にスカンジナビア(スカンセン[*2]、サンドビク[*3])で発達しているが、アメリカ合衆国にもいくつかの例(ウィリアムズバーグ[*4]、スターブリッジ[*5])がある。私たちはこの種の博物館の概念を拡大して、訪問者がそこに参加し、展示されている時代の生活の質を肌で感じられるようにすることができるだろう。博物館は、入場料、宿泊料、衣服と道具の貸し出し料、飲食代などによって運営費を賄い、利潤を上げることができるかもしれない。現状では、展示テーマは独立戦争や開拓期の西部に限られていることが多い(これらも展示を正確にすれば、きわめて示唆に富んだものになるだろう)。しかし、私たちに身近な名高い過去の重要な時代とサブカルチャーも、多くが格好のテーマになるだろう。展示テーマは、私たちの社会が現在の状態にいたった経過と望ましい現在の姿を人びとに理解させるものでなければならない。また、今日における孤立したグループの生活が説明されるかもしれない。もちろん、この提案には困難な問題がある。人びとは、ある種の過去の見方や難しい役割を演じることに異議を唱えるだろう。

近い過去は、私たちの現在の生活と現実的結びつきをもっている。産業考古学の最近の成果は、この近い過去に関する研究の好例を示している[文献63]。遠い過去は常に知的関心の対象であり、人間を理解するうえで重要な意味をもっている。だが、感情的にそれを把握するには、私たちに身近な時間を介して遠い過去に橋をかけるのが近道である。

特徴的時代を展示するだけでなく、社会が決定的変化を経験した重大な転換期も展示の対象になるかもしれない。それはいっそう困難な目標だろう。物理的変化や社会的変化を時間を短縮したシミュレーションを使って効果的に表示できるかどうか、まだ検討の域を出ていない。

私は、単なる事物の保護ではなく、保護した事物になにごとかを語らせる利用法を重視したい。保存を切りつめて得られた資金は、教育のために使うことができるだろう。保存のルールは単純で柔軟でなければならないが、それと同時にもっと広い範囲に適用されるべきである。私たちは、現在、歴史的配慮を少数の神聖化された場所に集中している。そこでは新しい建設はタブーになっている。ところが、それによって私たちは多くの難問に直面している。日常的活動が、古器物の墓場から逃げ出しつつある。観光客が増えて、敷地を〈かつての状態〉に維持することが難しくなっている。保護された環境が時間的に孤立して、単に特殊で風変わりなだけになっている。時間の流れの感覚は、遠い過去の形式的知識に比べて、はるかに貴重で感動的で魅力的である。私たちは新しいものを創造し、古いものを忘れ去ることができなければならない。

時間の飛び地

私は、時間の構造化の方法を多彩にすることを提案したい。それぞれの人びとはそれぞれ異なった速度で時間が経過していくことを望んでいる。ある人びとは未来に生きることを望み、ある人びとは過去に生きることを望むだろう。人びとは、それぞれ異なった方法で毎日の生活を編成したいと望んでいる。私は、前に技術進歩から取り残された地区の設立を示唆した。そこでは、新製品の導入は長い猶予期間が経過するまで禁止されている。その期間が過ぎてからも、はっきりした受け入れの決定がなければ、それを導入することはできない。地区内の生活は緩やかな速度で進行し、そこには子供時代を思い出させる多くの特徴が残されている。このような地区は、ある人びとにとっては興味深い休暇をすごす場所になり、ある人びとにとっては日常世界の不安と断絶からの格好の避難場所になるだろう。この試みを成功させるには、その〈後進性〉がすべての住民の自由意志にもとづくことを保証し、導入が必要不可欠な新技術を見分けることができなければならない。進歩から隔離され郷愁を誘うコミュニティは切実な要求に応え、民間開発にとって有利な投資対象になるかもしれない。

先に述べた観客参加型の博物館のほかにも、この種の可能性を考えることができる。私たちは、特別な場所、見学旅行、集まりなどを用意して、時間の旅行者が珍しい環境の中で新しい役割を演じ、試験的未来に参加するようにできるだろう。時間の隠れ家では、革新的な時間計画が試みられ、個人的時間を組み立てる新しい方法が示されるかもしれない。変化と最新の発明に魅力を感じている人びとのために定住型の住宅地を建設し、新製品の導入を体系的に促進することができるかもしれない。

これらの可能性を実現するには環境全体をつくり上げて維持しなければならないので、かなりの資本と経営手腕が必要である。しかし、教育と余暇の重要性が高まり、気質と需要の多様性がようやく理解されはじめたことによって、このような環境の市場性が強化されている。厄介な問題は、こうして用意された体験が欺瞞的なものになる危険性をもっている点である。そこにあるのは、生活の苦しさを捨象した過去や無責任な未来かもしれない。偽りの体験も、(ディズニーランドのように)短期間でそれが幻想であることが理解されていれば、それほど有害なものではない。けれども、欺瞞が長期的で確信に満ちているときには、素直にそれを受け入れるわけにいかない。

変化の経営

環境変化はあらかじめ確定している未来への一足飛びの跳躍であり、ただ一種類の要素だけが作用し、過渡期は無視できると考えられてきた。これに対して、変化の経営には移行過程の累積的影響を考慮する手腕が必要である。それは、時間調整と戦略の役割を熟知し、物理的変化と社会的変化の特有の結びつきを理解し、物理的変化を利用して社会的変化を引き起こす方法を心得ていなければならない。変化を明瞭で受け入れやすいものにする方法を身につけなければならない。〈永久〉計画の手法を習得して、目標と状況の絶え間ない変動に対処できなければならない。変化を測定して表示する能力をもち、変化の費用と利益の累積を評価することができなければならない。公共政策は、流動性に対処する手段と変化の衝撃を和らげる手段を開発しなければならない。たとえば、中間施設、適応訓練、象徴的事物の保持、過渡期の満足できる利用法、集団移住、移動サービスなどが考えられるだろう。

これらは技術的に困難な問題である。人びとが自分の見込みをかなえることのできる世界は、同時に大きな変化を要求する世界でもあるので、この技術的問題は社会的にも知的にもささいなものではない。研究が必要である。しかし、私たちは最近の経験から、このような点について多少の知識を手にしている。この知識を活用して環境経営に取り組み、必要な態度をつくり出していくことが大切である。私たちは、創造と反応の連続的プロセスを受け入れ、引き起こし、享受する方法を学ばなければならない。つまり、変化を経営するとともに、それを教育することを学ばなければならない。

新しい職業が生まれるかもしれない。それは進行しつつある環境（事物と人間行動の空間的・時間的パターン）のマネージャーで、人びとが環境を変化させようとしているときに、その目的に合った方法で支援することが役目になるだろう。彼には、伝統的な運営と物理的管理の分野だけでなく、デザインとコミュニティ組織の手腕も必要である。住宅管理人、整備員、宴会業者、博物館長、都市再生担当官、プランナー、建築家、コミュニティ活動家、社会事業家、ディベロッパーなど、私たちに身近な既成の職業では条件を満足させることができない。新しい役割を実現するには、新しい手腕、新しい動機、新しい財源、新しい報酬、新しい組織的支援が必要である。

障害

私がこれまで行ってきた提案には、それぞれ困難な問題がある。プロトタイプ研究、公共的な時間称揚、変化の経営、〈時間濃縮型〉保存などには、新しい技術的手腕が必要である。観客参加型の博物館、未来の環境、時間の隠れ家、環境スペクタクルなどには、そのための市場、多額の投資、経営手腕が必要である。保全と保存、特別な行事、二四時間サービスなどには、公共支出が必要である。だが、最も大きな障害は政治的障害である。これらの試みには、不安をかき立てられた縄張り意識と脅威を感じた特殊利益が、障害になって立ちはだかる。

時間選択を拡大することは、文化の中に根深くしみ込んでいる既成の時間編成の習慣と軋轢を引き起こすかもしれない。過激なプロトタイプは不安の目で見られるだろう。新しい種類の保存は、古典的歴史観をもった人びとの反対に遭うだろう。しかし、最も激しい論争は次の二点に集中するだろう。第一に、広範な保全政策は多額の資金を必要とするだけでなく、多くの私的所有権に反するものになる。第二に、環境における未来の変化と選択肢について公共的情報の民主的システムを用意することは、多くの運営機関と既得権益を脅かすことになる。私の提案は、資源に対する私権と公権の論争と、さまざまな社会集団間の闘争を引き起こすだろう。そして、いっそう広範な対立に巻き込まれていく。私の提案が互いに密接な結びつきをもっていることは有利な要因として働くだろうが、その遂行を少しでも容易にするものではない。私の提案のあるものは、小さな抵抗を受けるだけで実現されるかもしれない。けれども、あるものは大きな問題を引き起こすだろう。すでに詳細に述べたように、こうした反対のいくつかを沈黙させる方法がないわけではないが、それでもなお無視することのできない基本的問題が残る。提案の実現が抵抗を克服するだけの価値をもっていることを、もっと議論する必要がある。

空間と時間のイメージ

効果的行動と内的幸福は、強固な時間イメージによって支えられる。そこに必要なのは、生き生きとした現在の意識で、それは未来と過去に密接に結びつき、変化を知覚し、運営し、楽しむことができなければならない。こうした時間概念は、現実の構造と調和すると同時に、私たちの精神と肉体の構造とも調和していなければならない。私は、環境の形態—すなわち、空間と時間の領域における事物と活動の配分が、強固な時間イメージの成長を促進し、それを支持し豊かにするものであることを論じた。その議論は、時間の内的体験についての生物学的データと心理学的データを用いて展開されたが、それだけでなく文学と芸術、共通体験、現実の変化しつつある都市などからも説き起こされた。環境にかかわる行動は今日の満足を深め、明日の生存と発展の機会を広げることができる。しかし私は、環境経営がこのような目的を達成する唯一の方法だと主張したことも、それが最も重要だと主張したこともない。

空間と時間の概念は、ともに子供時代に芽ばえ発達する。この二つの概念は、その構成と性質に多くの類似点をもっている(一方で興味深い相違点もある)。科学理論では、いまや空間と時間は一体のものになっている。芸術の領域では〈空間—時間〉が、いささか不明瞭ではあるが流行の先端をいく旗じるしになっている。空間と時間は、たとえどのように理解されているにしても、私たちの体験を秩序づける大きな枠組であることに変わりない。私たちは、時間—場所の中で生活している。

空間的環境のイメージは、地理学的世界の性質と構造の精神的表現である［文献76］。かつて私は、それが私たちが意味を付加する土台になり、私たちの動きを秩序づける指針になると主張した。このイメージは、私たちの生活の中で当面の実践的役割を果たすと同時に、いっそう深い心理的役割も果たしている。〈すぐれた〉場所のイメージは生き生きと魅力的で、安定して弾力のある広範な構造をもち、よりいっそうの探究と発展を可能にする。それ以後の研究では、この考えを世界各地の都市や集落に適用し、それを通じて当初の理論に多くの修正が加えられた。その結果、空間イメージを分析する方法、空間イメージを空間における人びとの実際の行動と結びつける方法、そこで得られた経験を現実の場所のデザインと修正に応用する方法などについて、多くの知識を手にすることができた。

時間の環境イメージについては、空間イメージと多くの類似点を見出すことができる。そこには、活発さと魅力、すぐれた構造、発展の素質など、空間イメージと共通する一般的判断基準を適用することができるだろう。時間イメージは、環境の形態とその他の出来事から影響を受ける精神的概念であると同時に、環境とその中での人びとの行動に大きな影響力をもっている。時間イメージと空間イメージは、ともに景観の美学と密接なつながりをもっている。また、社会構造と社会変化に対して、より一般的だが、より漠然とした関係をもっている。私たちは、環境をデザインするとき、時間と空間の両面にわたって、その質の配分を考慮しなければならない。それと同じように、私たちは、環境イメージを空間と時間の両面から――つまり時間―場所として考えなければならない。場所は、心の中で、変化するもの、あるいは一見したところ静的なものとして理解される。その特性とアクティビティはリズミカルに変動する。それは過去と未来に結びついている。心的イメージは、それ自体が成長と衰退の履歴をもつ。時間と空間の心理的次元は同一ではない。それぞれの感覚とそれぞれが利用するデータは互いに異なっている。しかし、この二つは互いに結びついている。その結びつきは自然で必然的である。

地球環境はきわめて特殊なもので、私たちの生活に独特の背景をつくり出している。私たちは、それを保全しなければならない。しかし、保存することはできない。それは、私たちの意志にせよ不注意にせよ、私たちの力を超えて変化していくだろう。変化を避けることはできないが、私たちは、少なくとも変化が人間味のあるプロセスになり、私たちを破滅に導くことがないように努力すべきである。一方、必要とされている変化の多くは必然的なものばかりではない。私たちの真の任務は世界の変化を阻止することではなく、成長を導き人生を高揚する方向に変化を誘導することである。時間—場所の環境イメージは、必要な変化を促進する役割を果たすことができる。その分析は、人生を高揚する宇宙の姿を私たちに垣間見せてくれる。私たちは、心の状態を変化させて世界の躍動を楽しむことができる。また、世界を変化させて私たちの心の構造と調和させることもできる。

＊1　Stonehenge　英国ウィルトシャー州にある石器時代後期の祭祀遺跡。巨大な環状列石からなる

＊2　Skansen　ストックホルムにある世界で最も古く大規模な野外博物館。スウェーデン各地から古い建物が集められて再現されている

＊3　Sandvig　デンマーク東端のボーンホルム島にある古い町

＊4　Williamsburg　2章の訳注を参照

＊5　Sturbridge　マサチューセッツ州中部の町。約二〇〇エーカーの土地に初期ニューイングランドの村の生活様式が保存されている

付　ボストンのアンケート調査

ボストンにおける時間の表出を調査した際に、その一環として学生グループを対象に試験的なアンケート調査を行った。読者の中には、環境的時間の研究方法に関心をもたれる方がいるかもしれないので、このアンケートと若干のコメントを収録しておく。アンケートから得られたデータの一部は、6章を執筆する資料として利用した。しかし、大部分の情報は断片的で信頼性が乏しいため、資料として利用することができなかった。

アンケート自体は初めての試みであり、疑わしい点も少なくない。また、このような目的にアンケートが有効なのかどうか明らかではない。文章にされた回答は、抽象的で熟考されたものになりやすい。そこには対話が欠けている。したがって、意図の不確かな質問をはっきりさせ、皮相な回答に深みを加えることができない。街を徒歩や自動車で移動しながらインタビューを行い、それを録音する方が有益かもしれない。あるいは、地図、写真、映画、面接の録音、その他の環境表示などを囲んで議論する方が、多くの情報を得られるかもしれない。しかし、ここに紹介する質問にも興味深い点があるかもしれない。

アンケートは、多くの人が知っているボストンの一地区――中心業務地区（CBD）に焦点を絞っている。焦点をひとつに絞ると回答を比較することが容易になるが、一方で回答者の多くがその特定の場所とあまり結びつきをもっていないこともあり得る。アンケート対象の学生のうち数人は古くからの市民だったが、多くは大学に入ってからボストンにやってきた人びとだった。彼らの大部分はボストンにきて二、三年で、CBDにはときどき足を向ける程度だった。アンケートの目的や質問の意味はよく理解できない点が少なくなかったようだが、ボストンに対する彼らの感情はかなり顕著に吐露されていた。そして、興味深いヒントが明らかにされた。次にアンケートの質問を掲載する。括弧の中には、回答を読んだ感想を添えてある。

＊　＊　＊

すべての質問に回答してください。ボストンのCBDのことを少ししか知らなくても、また質問の意味がはっきりしなかったり不適切だと思っても、あまり考える時間を取らないでください。

1. 時計、カレンダー、人づての情報以外に、あなたは、CBDでどんな手がかりを用いて時間を知りますか。あるいは季節を知りますか。

（この質問はよく理解され、手がかりの豊富な一覧表をつくり出した。）

2. CBDで何かが起ころうとしているとき、それがいつ起こるか知るのが最も困難なのはどんな場合ですか。

（この質問は理解しにくかったようだ。しかし、ほとんどの人が人づての情報、ないしは新聞のような非環境的媒体によって、行事の時間的情報を得ていることが明らかになった。）

3. ある特別な時間にCBDで何かをしようとすると、それが不可能で不満を感じることがありませんか。それはどんな場合ですか。

（実際、彼らはしばしば不満を感じているようだ。その不満は、交通機関に関するものや、行事やサービスの融通の効かない時間設定に関するものが多い。）

4. CBDのどこで時間が最も速く進むように感じられますか。どこで最も遅く進むように感じられますか。

（回答者は〈最も速い〉ということを理解したが、〈最も遅い〉については二つの異なる解釈が見られた。ひとつは心地よい落ち着きとゆったりした気分を感じさせてくれる場所に関するもので、他のひとつは不愉快な仕事やいらいらした待機のときに感じる〈だらだらした〉時間に関するものだった。）

5. CBDが平常の姿と最も違って見えるのはどんな場合ですか。

CBDで最も好きな時間や季節を挙げてください。

（この質問も1と同じようによく理解され、多くの興味ある情報を生み出した。）

6. 現在、CBDのどの部分が最も急速に変化しているでしょうか。

どの部分が最もゆっくり変化しているでしょうか。

CBDで最も古いものは何でしょうか。

最も新しいものは何でしょうか。

（質問はよく理解されたが、ほとんどの回答者がきわめて貧弱な情報しかもっていないことが明らかになった。彼らは、自分たちの目にとまった最近の変化に頼っていた。）

7. いまCBDで起こっている変化で、あなたが知っている主だった変化を列挙してください。それらの変化のうちで、あなたが最も意味深いと考える変化はどれですか。
CBDでのこうした変化のうちで、元に戻すのが容易だと思われる変化はどれですか。

元に戻すのが不可能に近いと思われる変化はどれですか。

（この質問にも6で述べたコメントがあてはまる。多くの学生は宿命感を表明していた。彼らは、目にとまる変化が圧倒的な力で推し進められている不可逆的なものばかりだと感じているように見受けられた。）

8. CBDのどの部分を現状のまま保存すべきだと考えますか。
どこを変化させるべきだと考えますか。

（この質問はよく理解された。何を保存すべきかについては顕著な同意が得られ、何を変化させるべきかについては顕著な意見の相違が見られた。）

9. CBDにおける最近の変化のうちで、あなたに当惑と不満を感じさせた変化はどの変化ですか。
あなたに刺激を与え、新しいことをする気にさせた変化はどの変化ですか。

あなたにとって最も意外だった変化はどの変化ですか。

あなたの個人的生活に最も重大な直接的影響を与えた変化はどの変化ですか。

（このグループにとって、CBDは直接の個人的意味をわずかしか持っていない。〈意外だった変化〉に対する回答が最も興味深かった。）

10. 現在のCBDに、あなたの両親を思い出させるものがありますか。
あなた自身の過去を思い出させるものがありますか。

あなた自身の未来を思い起こさせるものがありますか。

あなたの子供の未来を思い起こさせるものがありますか。

（いくつかの小さな商店と地下特売場が両親の思い出を呼び起こした。想像上の未来や願望の中の未来に結びつくものは何もないようだった。）

11. これから二〇年の間にCBDで起こる大きな変化にはどんな変化があると思いますか。

（ここでも6、7と同じように、彼らの予測は主として現在の視覚的変化を拡大したものだった。）

12. あなたがCBDの歴史を書かなければならないとして、その際に公共的環境の中に残されている形跡だけしか利用できないとしたら、あなたの書く歴史のうちで最も正確なのはどの部分でしょうか。最も不正確なのはどの部分でしょうか。

（ほとんどの回答者が質問もその意図も理解できなかった。彼らは、自分がそのような特殊な活動に従事することを思い描くことができなかった。この質問はアンケートには適していない。しかし、こうした訓練を実際に行ってみることとは有益かもしれない。）

CBDを知ってからどれくらいになりますか。CBDに行くときは、どのような用件で訪れることが多いですか——旅行者としてですか、買い物客としてですか、従業者としてですか、探検者としてですか、またはそれ以外の役割でですか。

質問に対するご意見がありますか。

（アンケートの回答全体に対する私の感想はすでに述べてある。アンケートからは、いくつかの興味ある材料を手に入れることができた。同じ質問に対してさまざまな階級の人びとがどのような答え方をするか調べてみると、いっそう興味深い結果を得ることができるだろう。しかし、都市そのものの中で行われる対話、あるいは都市の再現資料を前にしての対話の方が、はるかに示唆に富んだものになるだろう。また、自宅の周辺、職場、行楽地、生活必需品を扱う商業センターや公共サービス施設など、回答者にとって有力な意味をもっている場所に焦点を絞った方が賢明だろう。アンケートよりも、打ちとけた議論の方が多くの情報を生み出すことができるだろう。それを録音や録画しておけば、微妙な意味を汲みとることができるだろう。回答者に、都市の〈かつての状態〉を地図に描いてもらうことができるかもしれない。あるいは、彼が予想している変化やいま最も急速に変化している地区を地図にしてもらうことができるかもしれない。回答者が希望している変化を尋ねることもできるだろう。環境的時間を全体として理解するには、時間イメージについての探究を実際の時間行動についての研究と組み合わせることが必要になるだろう[文献24]。一日や季節のさまざまな時間に人が実際に何を行うのか、それをどこで行うのか、また時間的同調、不足、過剰の問題があるのかどうか――これらを明らかにするのに、日記、アンケート、観察などを利用することができるだろう。人がどのように時間を使い、どのように時間を考え、この二つがどのように関連するのか――それを把握することができれば、私たちは全体像をつかむことができる。)

訳者あとがき

私たちの時間に対する視点は、長く分裂したままの状態にあったようだ。遠い過去には価値が付与され、未来には願望が投影されるが、現在の時間は消化すべきスケジュールの指標としてしか理解されない。あるいは、私たちの努力をまたたくまに風化させていく悪意に満ちた流れとして意識される。私たちが茫然と手をこまねいているとき、私たちをめぐる都市の時間はよそよそしく冷たい。私たちは、時間をポジティブに活かすことのできた計画を知らない。

かつて、リンチは『都市のイメージ』の中で空間的環境のイメージがもつ重要性を指摘した。だが、私たちが都市の中でアイデンティティを得ようとするとき、空間的環境を考慮するだけでは十分とはいえない。そこでは、空間と時間の両面から環境イメージを築いていかなければならない。もし、そのようなイメージを豊かにはぐくむことができなければ、私たちは自分たちの都市で〈ほんとう〉に生きることはできないだろう。彼は、環境イメージを時間―場所のイメージとして考えなければならないと主張する。長い間、私たちは空間に固執し、抽象的概念を玩弄しすぎたのかもしれない。私たちは、空間の中から個人的体験の領域を設定して、そのまわりの時間を組織することができなければならない。自分自身の場所で現在の時間を生きることは、都市の環境を時間―場所として捉えることと密接に結びついている。

これまでの環境デザインの多くは単なる空間の表現でしかなかった。これに対して、彼はそこに時間を参加させるさまざまな方法を提案している。それらは現在の環境を生き生きと体験するうえで多くの示唆を含んでいる。私たちは、彼の示した方針を手がかりにして、私たちをとりまく都市の環境に新しいアプローチを試みることができるにちがいない。

もちろん、日本の都市に彼の方法論を適用するには、それなりに現在の状況を考慮して作業を開始しなければならない。彼が私たちへの手紙の中で指摘したように、日本の文化は、時間―場所の概念をより親しいものとして育ててきたかもしれない。しかし、今日の都市生活を振り返るとき、その概念は私たちの意識の表層から姿を消しつつあるように思われる。都市の体験の中でそれを意識する機会はきわめて少ない。ましてアクティブに創造にかかわろうとする姿勢がしばしばイメージの喪失に結びつく不幸な現状のもとでは、彼の提案をフィジカルな面でのみ理解することがないように、私たちは十分な慎重さをもって進まなければならないだろう。

本書は、Kevin Lynch, *What Time Is This Place?* (Cambridge: MIT Press, 1972)

の全訳である。

私たちには原書のタイトルをそのまま日本語にすることは不可能であるように思われた。What Time に対応する私たちの言葉は、大きな時間のシークエンスとの脈絡を希薄にしかもっていない。そこでは抽象的概念と具体的概念の間にギャップがあるようだ。また、私たちの Place の理念は限られた狭い視野しかもっていない。このタイトル自体が、私たちの視点の片寄りを象徴的に指摘しているようにも思われる。私たちは、時間の流れの中で都市の環境をどのように認識し、どのように創造すべきか、それが本書のテーマになっていると考えた。そこで、訳書には〈時間の中の都市〉というタイトルを設定し、その旨をリンチに通知した。彼からは、私たちの意図に対する賛意と〈内部の時間と外部の時間〉をサブタイトルにしてはどうかという意見が寄せられた。私たちの内部の時間と都市に具現されている外部の時間のかかわりが本書の重要なテーマのひとつであり、私たちのタイトルがその点を表現していないことを考えると、この助言はきわめて適切なものだった。

私たちは、リンチの幅広い議論の展開をできるだけきめ細かく伝達したいと考えた。それがどこまで成功したか定かではないが、私たちなりに最善をつくすことができたと信じている。原文では〈変化〉を示す三つの単語が使いわけられている。訳文でも、一般的な概念としての変化（Change）、プロセスの変わり目における迅速な変化（Transition）、プロセスの中間における緩慢な変化（Shift）を、ある程度の柔軟性をもたせながら表現することが心掛けられた。また、特に問題になったものにPreservationとConservationの概念があった。前者を保存、後者を保全と訳してはどうかという意見もあったが、あまり適切な訳語とは思われなかった。リンチは、Preservationを固定的なもの、Conservationを現在に過去と未来を結びつけるものとして、前者に代えて後者の理念を強化すべきことを提案している。『Architectural Review』誌一九七〇年一二月号の特集では、前者を単体に関するもの、後者を地域に関するものとし、前者のほうが凍結的色彩が強いとしている。あるいは〈固定的な保存〉と〈フレキシブルな保存〉とでもすべきだったのかもしれない。しかし、保存の現状に対して新しい視点と展開を提示するには後者に保存のあるべき姿としてのアクセントを置くべきではないかと考え、ここでは、一応Preservationを保護、Conservationを保存と訳すことにした(*)。

本書の訳出は、福川裕一(序文・1・5章)、後藤庄吉(2・付章)、平沢薫(3・8章)、八束はじめ(4・7章)、浜田文男(6・9章)、北原理雄(10章)が分担して行い、最終的に北原が全体の訳語と文体の統一を図った。このような方法を採用した背景には、第一に新しい情報に対して第一段階の作業を並行して進めることで敏速に対応しようとしたこと、第二にグループの討議を経ることで理解の正確さを図ろうとしたことがある。第一の点に関しては、リンチに〈奇妙な方法〉と指摘されたように、グループでの作業は個性の調整に費される時間のために必ずしも効率と結びつかないことが痛感された。持続的チームワークを育てていくことが今後の課題になるだろう。一方、第二の点に関しては、複数の目による把握を通してある程度の成果を挙げることができたのではないかと考えている。

最後に、未熟な私たちに親切な助言を与えてくださったケヴィン・リンチ教授と、私たちの試みを温かく見守ってくださった研究室の大谷幸夫教授に感謝を述べさせていただきます。また、遅れがちな仕事にもかかわらずいろいろとお世話くださった鹿島出版会の大滝広治氏と小田切史夫氏にも、この場を借りて篤くお礼申しあげます。

一九七四年一〇月

北原理雄　記

＊　今回の再刊に際して Preservation を保存、Conservation を保全に改めた。

重要文献

1. Aaronson, B.S. "Hypnotic Alterations of Space and Time." *International Journal of Parapsychology 10* (Spring 1968), 5-36.

2. Bartlett, Frederic C. *Remembering*. Cambridge: Cambridge University Press, 1932.『想起の心理学：実験的社会的心理学における一研究』宇津木保・辻正三訳、誠信書房、一九八三。

3. Eliade, Mircea. *The Myth of the Eternal Return*, trans. W.R.Trask. New York: Pantheon, 1954.『永遠回帰の神話』堀一郎訳、未来社、一九六三。

4. Fraisse, Paul. *The Psychology of Time*, trans. J.Leith. New York: Harper & Row,1963.『時間の心理学』原吉雄訳・佐藤幸治校、創元者、一九六〇。

5. Gurvitch, George. *The Spectrum of Social Time*. Paris: Reidel, 1963.

6. Halbwachs, Maurice. *La Mémoire Collective*. Paris: Presses Universitaires de France, 1950.『集合的記憶』小関藤一郎訳、行路社、一九八九。

7. Hunter, M.L. *Memory*. Baltimore: Penguin, 1964.

8. Kubler, George. *The Shape of Time*. New Haven: Yale University Press, 1962.

9. Leach, Edmund. "Time and False Noses." In *Rethinking Anthropology*. London: University of London Athlone Press, 1961. 『人類学再考』青木保・井上兼行訳、思索社、一九九〇。

10. Luce, Gay Gaer. *Biological Rhythms in Psychiatry and Medicine*. Program Analysis and Evaluation Branch, National Institute of Mental Health, 1970, Public Health Service Publication #2088.

11. Macaulay, Rose. *The Pleasure of Ruins*. New York: Walker, 1953.『世界の遺跡』黒田和彦他訳、美術出版社、一九六六。

12. Meyerhoff, Hans. *Time in Literature*. Berkeley:University of California Press, 1955.『現代文学と時間』志賀謙・行吉邦輔訳、研究社、一九七四。

13. Miller, G.A., E.Galanter, and K.H.Pribram. *Plans and the Structure of Behavior*. New York: Holt, 1960.『プランと行動の構造：心理サイバネティクス序説』十島雍蔵ほか訳、誠信書房、一九八〇。

14. Minkowski, Eugene. *Le temps vécu*. Neuchâtel, Switzerland: Delachaux & Niestlé, 1968.『生きられる時間』中江育生・清水誠訳、みすず書房、一九七二。

15. Nabokov, Vladimir. *Speak, Memory*. Baltimore: Penguin, 1969.『ナボコフ自伝：記憶よ、語れ』大津栄一郎訳、晶文社、一九七九。

16. Nietzsche, Friedrich. *The Use and Abuse of History*, trans. Adrian Collins. New York: Liberal Arts Press, 1957 (orig.ed.1873).

17. Orme, J.E. *Time, Experience, and Behavior*. New York: American Elsevier, 1969.

18. Piaget, Jean, *The Child's Conception of Time*, trans. A.J.Pomerans. London: Routledge & Kegan Paul, 1969 (orig.ed.1946).

19. Shackle, G.L.S. *Decision, Order, and Time in Human Affairs*. Cambridge: Cambridge University Press, 1961.

20. Stark, S."Temporal and Atemporal Foresight." *Journal of Human Psychology 2* (1962), 56-74.

21. Toffler, Alvin. *Future Shock*. New York: Random House, 1970.『未来の衝撃』徳山二郎訳、実業之日本社、一九七〇。

22. Whitrow, G.J. *The Natural Philosophy of Time*. New York: Harper & Row. 1963.

23. Yoors, Jan, *The Gypsies*. New York: Simon & Schuster, 1967.『ジプシー』村上博基訳、早川書房、一九七七。

その他

24. Andersen, J. "Space-Time Budgets and Activity Studies in Urban Geography and Planning." *Environment and Planning 3* (1971), 353-368.

25. Appleyard, Donald,"City Designers and the Pluralistic City." In Lloyd Rodwin and Associates, *Planning Urban Growth and Regional Development*. Cambridge, Mass.: MIT Press, 1969.

26. Appleyard, Donald, John R.Myer, and Kevin Lynch. *The View from the Road*. Cambridge, Mass.: MIT Press, 1964.

27. Aylward, Graeme. "Environmental Adaptability." MCP thesis, Department of Urban Studies and Planning, M.I.T., 1966.

28. Bachelard, Caston. *The Poetics of Space*, trans. Maria Jolas. New York: Orion Press, 1964.『空間の詩学』岩村行雄訳、思潮社、一九六九。

29. Barr, John, *Derelict Britain*. Baltimore: Penguin, 1969.

30. Bohannan, Paul."Concepts of Time among the Tiv of Nigeria." *Southwest Journal of Anthropology 9* (1953), 251-262.

31. Brandi, Cesare. *Teoria del Restauro*. Rome: Ediz.di storia e letteratura, 1963.

32. Brandon, S.G.F. *Time and Mankind*. London: Hutchinson Press, 1951.

33. Briggs, Asa. *Victorian Cities*. Baltimore: Penguin, 1968 (orig.1963).

34. Buchanan, Colin, and Partners. *Bath: A Planning and Transport Study*. London, 1965.

35. Carr, Stephen, and Kevin Lynch,"Where Learning Happens" In Martin Meyerson,ed., *The Conscience of the City*. New York: Braziller, 1970. 『学習の場としての都市』ＳＤ一九六九年一一月号。

36. Chi Wu-Fou,"Yuan Yeh," 1634. Quoted in Joseph Needham, *Science and Civilization in China*, vol.4, part 3.Cambridge: Cambridge University Press, 1970.

37. City of Stoke-on-Trent. *Reclamation Programme*, April 1969.

38. Clough, Rosa T. *Futurism, the Story of a Modern Art Movement*. New York: Philosophical Library, 1961.

39. Coggins, Clemency."Archaeology and the Art Market."*Science 175*, no.4019 (January 21,1972).

40. Cohen, John. "Psychological Time. " *Scientific American*, November 1964, 116-122.

41. Coles, Robert. *Uprooted Children: The Early Life of Migrant Workers*. New York: Harper & Row, 1971.

42. Corkery, Daniel. *The Hidden Ireland*. Dublin: M.H.Gill and Son, 1967 (orig.1924).

43. Cowan, Peter. "Studies in Growth and Change and the Aging of Buildings, "*Transactions of the Bartlett Society 1* (1963).

44. Cox, Harvey. "The Restoration of a Sense of Place: A Theological Reflection on the Visual Environment." *Religious Education*, January 11, 1966.

45. Craig, Maurice. *Dublin 1660-1860*. Dublin: Hodges & Figgis, 1952.

46. Davis, Hester A. "The Crisis in American Archaeology." *Science 175*, no.4019 (January 21,1972).

47. de Nouy, Lecompte. *Biological Time*. London: Methuen, 1936.

48. Dinesen, Isak. *Out of Africa*. New York: Modern Library, 1952. 『アフリ

カの日々』横山貞子訳、河出書房新社、二〇〇八。

49. Dunne, J.W. *An Experiment with Time*. London: Faber & Faber, 1958, third edition.

50. Ekstein, Rudolf. *Children of Time and Space*. New York: Appleton-Century-Crofts, 1966.

51. Evans-Pritchard, E.E. " Time and Space." In *The Nuer-a Description of the Modes of Livelihoood and Political Institutions of a Nilotic People*, pp.94-138. Oxford: Clarendon Press, 1940.

52. Ford, Boris.In Michael Brawne, ed., *University Planning and Design*. Architectural Association Paper No.3.

53. Forster, E.M. *Howards End*, New York: Random House, 1954 (orig. ed.1910). 『ハワーズ・エンド』吉田健一訳、河出書房新社、二〇〇八。

54. Frame, Janet, *Faces in the Water*. New York: Braziller, 1961.

55. García Marquez, Gabriel. *One Hundred Years of Solitude*, trans. Gregory Rabassa. New York: Harper & Row, 1970. 『百年の孤独』鼓直訳、新潮社、一九七二。

56. Glacken, Clarence J. *Traces on the Rhodian Shore*. Berkeley: University of California Press, 1967.

57. Hampshire, Stuart."On the Liveliness of Universities." *The Listener 81*, no.2096 (May 29, 1969).

58. Hawley, Amos."The Temporal Aspects of Ecological Organization."Chapter 15 in his *Human Ecology*. New York: Ronald Press, 1950.

59. Hawthorne, Nathaniel. *The House of the Seven Gables*. New York: Poket Books, 1971 (orig.ed.1851). 『七破風の屋敷』大橋健三郎訳、筑摩書房、一九六六。

60 Hirshleifer, Jack. *Disaster and Recovery*. Santa Monica: Rand, #RM 3079 PR, 1963.

61. Hosmer, Charles B., Jr. *The Presence of the Past: A History of the Preservation Movement in the United States before Williamsburg*. New York: Putnam, 1965.

62. Hubert, Henri. "Etude sommaire de la représentation du temps dans la religion et la magie." In H.Hubert and M.Mauss, *Mélanges d'histoire des religions*. Paris: F.Alcan, 1909.

63. Hudson, Kenneth. *Industrial Archaeology*. London: University

Paperbacks, 1965.

64. Hussey, Christopher, *English Gardens and Landscapes,1700-1750*. New York: Funk & Wagnalls, 1967.

65. International Union of Architects, 7th Congress. *Architecture in Countries in the Process of Development-Cuba.* La Habana, September 1963.

66. Janet, Pierre. *L'évolution de la mémoire et de la notion du temps*, Paris: A.Chahine, ca. 1928.

67. Joyce, James. *Ulysses*, New York: Vintage, 1961. 『ユリシーズ』名原広三郎他訳、岩波書店、一九五八。

68. Jenney, Hans. *Cymatics*. Basel: Basilius Press. 1967.

69. 川端康成『千羽鶴』*A Thousand Cranes*, trans.Edward G.Seidensticker. New York: Knopf, 1959.

70. Leach, Edmund. "Primitive Time Reckoning," In Charles Singer, E.J.Holmgard, and A.R.Hall, *A History of Technology*, vol.1, pp.110-127. Oxford: Clarendon, 1954.

71. Levins, Richard. *Evolution in Changing Environments*. Princeton: Princeton University Press, 1968.

72. Lewis, Wyndham. *Time and Western Man*. Boston: Beacon Press, 1957.

73. Lifton, R.J. "Individual Patterns in Historical Change: Imagery of Japanese Youth,"*Comparative Studies in Sociology and History 6*, (1964), 369-383.

74. Lonberg-Holm, K."Time Zoning as a Preventive of Blighted Areas." *Architectural Record and Guide*, June 1933.

75. Lynch, Kevin."Environmental Adaptability." *Journal of the American Institute of Planners 24*, no.1 (1958)

76. Lynch, Kevin. *The Image of the City*. Cambridge, Mass.: MIT Press, 1960.『都市のイメージ』丹下健三・富田玲子訳、岩波書店、一九六八。

77. Moore, W.E. *Man,Time, and Society*. New York: Wiley, 1963.『時間の社会学』丹下隆一・長田攻一訳、新泉社、一九七四。

78. Mumford, Lewis. *Technics and Civilization*. New York: Harcourt, Brace, 1934.『技術と文明』生田勉訳、美術出版社、一九七二。

79. Neutra, Richard, *Survival Through Design*, New York: Oxford University Press, 1969.

80. Newcomb. "Geographical Aspects of the Preservation of Visible History in Denmark. " *Annals of the American Association of Geographers*, September 1967.

81. Niane, Djibril Tamsir. *Sundiata: An Epic of Old Mali*, trans. G.D.Pickett. Londn: Longmans, 1965.

82. Nilsson, Martin Persson. *Primitive Time Reckoning*. Lund: C.W.K.Gleerup, 1920.

83. O'Sullivan, Maurice. *Twenty Years A-Growing*. New York: Viking Press, 1963.

84. Oxenham, R.J. *Reclaiming Derelict Land*. London: Faber & Faber, 1966.

85. Papageorgiou, Alexander. *Continuity and Change*. Tubingen, 1970.

86. Poulet, Georges. *Studies in Human Time*, trans.Johns Hopkins Press. Baltimore: Johns Hopkins Press, 1956 (orig.1950).『人間的時間の研究』井上究一郎訳、筑摩書房、一九六九。

87. Raup, H.M. "The View from john Sanderson's Farm:A Perspective for the Use of Land." *Forest History 10*, no.1 (Yale University, April 1966).

88. Reddaway, T.F. *The Rebuilding of London after the Great Fire*. London: Arnold, 1951.

89. Rosenbloom, Joseph. "Student Pilgrims Work at Survival in Plimoth." *Boston Globe*, January 27, 1972.

90. Saint Augustine, *Confessions*, trans.R.S.Pine-Coffin.Harmondsworth: Penguin, 1961.『告白』服部英次郎訳、岩波書店、一九五九。

91. Schafer, Edward H. "The Conservation of Nature under the Tang Dynasty." *Journal of Economic and Social History of the Orient 5*, part3 (1962), 279-308.

92. Schilder, P. "Psychopathology of Time." *Journal of Nervous and Mental Diseases 83* (1936), 530-546.

93. Smithson, Robert "A Sedimentation of the Mind: Earth Projects." *Artforum*, September 1968, pp.45-50.

94. Sorokin, Pitrim, and Robert K.Merton. "Social Time, a Methodological and Functional Analysis." *American Journal of Sociology* 42(1937), 615-629.

95. 夏目漱石『道草』In E.McClellan, ed., *Grass by the Wayside*. Chicago University of Chicago Press, 1969.

96. Souriau, Etienne. "Time in the Plastic Arts." *Journal of Aesthetics and Art*

Criticism 7, no.4 (1949), 294-307.

97. *Statistical Abstract of the United States, 1971*. Washington,D.C.: U.S.Bureau of the Census.

98. Stephenson, Ralph, and J.R.Debrix. *The Cinema as Art.* Baltimore: Penguin, 1965.

99. Strauss, Anselm, ed. *The American City,a Source-book of Urban Imagery*. Chicago: Aldine, 1968.

100. Strong, Roy. *Festival Designs by Inigo Jones*. London: Victoria and Albert Museum, 1969.

101. Svenson, Erik. "*Differential Perceptual and Behavioral Response to Change in Spatial Form*." Ph.D.thesis, Department of Urban Studies and Planning, M.I.T., 1967.

102. Svevo, Italo(pseud.of Ettore Schmitz). "La Morte." In Appollonio,ed., *Corto viaggio sentimentale e altri racconti inediti*. Milan: Mondadori, 1949.

103. Toulmin, Stephen, and June Goodfield. *The Discovery of Time.* London: Hutchinson, 1965.

104. Tunnard, Christopher, and Boris Pushkarev. *Man-Made American*, part3. New Haven: Yale University Press, 1963.『国土と都市の造形』鈴木忠義訳編、鹿島出版会、一九六八。

105. Wallace, M., and A.I.Rabin. "Temporal Experience." *Psychological Bulletin 57* (1960), 213-256.

106. Wallis, Aleksander. "The City and Its Symbols." *Polish Sociological Bulletin*, no.1 (1967), 35-43.

107. Welles, H.G. *Anticipations of the Reaction of Mechanical and Scientific Progress upon Human Life and Thought*. New York: Harper, 1902.

108. Whorf, Benjamin Lee "An American Indian Model of the Universe." In John B.Carroll, ed., *Language,Thought, and Reality*. Cambridge: Mass. MIT Press, 1964.

109. Willetts, John. *Art in a City*. London: Methuen, 1967.

110. Wolfenstein, M. *Disaster: A Psychological Essay.* Chicago: Free Press, 1957.

111. Wright, Lawrence. *Clockwork Man*. New York: Horizon Press, 1968.

112. Yates, Frances P. "Architecture and the Art of Memory." *Architectural Design38* (December 1968), 573-578.

113. Yeats, William Butler. "To Be Carved on a Stone at Ballylee" In *Michael Robartes and the Dancer*. Dundrum: Cuala Press, 1921.

114. Banerjee, Tridib, Personal correspondence.

115. Krasin, Karalyn. Informal suggestion.

116. Southworth, Michael. Informal suggestion.

◎図版クレジット

1,2.Mitchell & Partners, London, by permission of Her Majesty's Stationery Office
3. Aerofilms, Ltd.
4. C. R. V. Tandy
5, 6. Robin Moore
7. Lloyd Rodwin and Associates, Planning Urban Growth and Regional Development, MIT Press
8. Donald Appleyard, in Rodwin, Planning Urban Growth and Regional Development. MIT Press
9. New Haven Redevelopment Agency
10. Italia Nostra
11. 渡辺義雄
12,13.McCulloch Properties, Inc.
14,15. Donald R. Dudley, Urbs Roma, Phaidon
16,17. Ashmolean Museum
18. Adelaide de Menil
19. Society for California Archaeology. from Hester Davis,"The Crisis in American Archaeology,"©1972 American Association for the Advancement of Science
20. Jean-Christian Spahni, from K. E. Meyer, The Pleasures of Archaeology, Atheneum
21. P.V. Glob, The Bog People, by permission of Cornell University Press
22. E.D. and F. Andrews, Shaker Furniture, Dover
23. National Maritime Museum, London
24, 27. Yanni Pyriotis
28.Hans Harms
29.George M. Cushing ; and for cartoon, Alan Dunn,Saturday Review
31. The Drawings of Heinrich Kley, Borden
32-35. Paul Hagan
36. Print Department, Boston Public Library
37-45. Paul Hagan
46. Print Department, Boston Public Library
47. Paul Hagan
48. George M. Cushing
49-66. Paul Hagan
67. Charles Collins
68, 69. Paul Hagan
70. Charles Collins
71-75. Paul Hagan
76. Print Department, Boston Public Library
77. Yanni Pyriotis
78. Paul Hagan
79. Yanni Pyriotis
80, 81. Paul Hagan
82. Print Department, Boston Public Library
83-88. Paul Hagan
89, 90. Collection of Signorine Luce and Elica Balla

91. E.J. Marey, Le Vol des Oiseaux, Masson
92. Ashmolean Museum, Oxford
93. Nan Fairbrother, New Lives, New Landscapes, Knopf
94. Metropolitan Museum of Art, Rogers Fund, 1941
95. 芦原義信、Exterior Design in Architecture, Litton Educational Publishing,
by permission of Van Nostrand Reinhold
96. Alinari
97. Collection ： Carroll Janis, New York
98. Hans Jenney
99. Bedfordshire County Council, U.K,
100. Roy Berkeley
101. Philippe Boudon, Lived-In Architecture, MIT Press
102. Bibliothèque Nationale, Paris

◎索引

イタリック体の数字は図版のページ数を示す

◎著者略歴

ケヴィン・リンチ（Kevin Lynch）

都市計画家。一九一八年生まれ。イェール大学、F・L・ライトのタリアセン工房などで学んだ後、マサチューセッツ工科大学を卒業。一九四八年から母校で教鞭を執る。都市計画の分野で、環境認知と人間行動に関するパイオニア的研究に取り組んだ。一九八四年没。著書に『都市のイメージ』『敷地計画の技法』『知覚環境の計画』など。

◎訳者略歴

北原理雄（きたはら としお）

千葉大学大学院工学研究科教授。一九四七年生まれ。東京大学大学院博士課程修了。工学博士。三重大学工学部助教授を経て、九〇年より現職。著書に『都市の個性と市民生活』『公共空間の活用と賑わいまちづくり』『生活景』など。

後藤庄吉（ごとう しょうきち）

ジーティーオーまち計営（株）代表。一九四八年生まれ。東京大学大学院修士課程修了。スタンフォード大学経営学修士。丹下健三都市建築設計研究所、イーピーアイ（株）等でのコンサルタント経験を経て、二〇〇〇年より現職。

濱田文男（はまだ ふみお）

一九四九年生まれ。東京大学大学院修士課程修了。大林組勤務。一九八五年ハーバード大学大学院デザイン研究科修了。一九九八年没。

平澤 薫（ひらさわ かおる）

都市計画家。一九四七年生まれ。東京大学大学院博士課程中退。八五年より（株）ユーピーエム（都市計画事務所）代表取締役。〇五年会社を解散しフリーに。現在は画業に比重を移行中。技術士（都市及び地方計画）、一級建築士。

福川裕一（ふくかわ ゆういち）

千葉大学大学院工学研究科教授。一九五〇年生まれ。東京大学大学院博士過程修了。工学博士。著書に『ゾーニングとマスタープラン』『ぼくたちのまちづくり』『持続可能な都市』『中心市街地活性化とまちづくり会社』など。

八束はじめ（やつか はじめ）

建築家・建築批評家。芝浦工業大学工学部教授。一九四八年生まれ。東京大学大学院博士課程中退。磯崎新アトリエを経て、八三年（株）ユーピーエム。作品に美里町広域文化交流センター「ひびき」、著書に『思想としての日本近代建築』など。

本書は一九七四年に刊行した同名書籍の新装版です。

SD選書 254

時間の中の都市　内部の時間と外部の時間

発行　二〇一〇年三月二十五日　第一刷
　　　二〇一〇年六月三〇日　第二刷

訳者　東京大学大谷幸夫研究室

発行者　鹿島光一

発行所　鹿島出版会
〒一〇四-〇〇二八　東京都中央区八重洲二-五-一四
電話　〇三-六二〇二-五二〇〇
振替　〇〇一六〇-二-一八〇八八三

装丁　山口信博

印刷・製本　三美印刷

ISBN 978-4-306-05254-3 C1352
Printed in Japan

本書の内容に関するご意見・ご感想は左記までお寄せください。
http://www.kajima-publishing.co.jp
e-mai: info@kajima-publishing.co.jp

SD選書目録

四六判（＊＝品切）

001 現代デザイン入門 勝見勝著
002* 現代建築12章 L・カーン他著 山本学治訳編
003* 都市とデザイン 栗田勇著
004 江戸と江戸城 内藤昌著
005 日本デザイン論 伊藤ていじ著
006* ギリシア神話と壺絵 沢柳大五郎著
007 フランク・ロイド・ライト 谷川正己著
008 きもの文化史 河鰭実英著
009 素材と造形の歴史 山本学治著
010* 今日の装飾芸術 ル・コルビュジエ著 前川国男訳
011 コミュニティとプライバシイ C・アレグザンダー著 岡田新一訳
012 新桂離宮論 内藤昌著
013* 日本の工匠 伊藤ていじ著
014 現代絵画の解剖 木村重信著
015 ユルバニスム ル・コルビュジエ著 樋口清訳
016* デザインと心理学 穐山貞登著
017 私と日本建築 A・レーモンド著 三沢浩訳
018* 現代建築を創る人々 神代雄一郎編
019 芸術空間の系譜 高階秀爾著
020 日本美の特質 吉村貞司著
021 建築をめざして ル・コルビュジエ著 吉阪隆正訳
022 メガロポリス J・ゴットマン著 木内信蔵訳
023 日本の庭園 田中正大著
024* 明日の演劇空間 尾崎宏次著
025 都市形成の歴史 A・コーン著 星野芳久訳
026* 近代絵画 A・オザンファン他著 吉川逸治訳
027 イタリアの美術 A・ブラント著 中森義宗訳
028 明日の田園都市 E・ハワード著 長素連訳
029* 移動空間論 川添登著
030* 日本の近世住宅 平井聖著
031* 新しい都市交通 B・リチャーズ著 曽根幸一他訳
032* 人間環境の未来像 W・R・イーウォルド編 磯村英一他訳
033 輝く都市 ル・コルビュジエ著 坂倉準三訳
034 アルヴァ・アアルト 武藤章著
035 幻想の建築 坂崎乙郎著
036 カテドラルを建てた人びと J・ジャンペル著 飯田喜四郎訳
037 日本建築の空間 井上充夫著
038* 環境開発論 浅田孝著
039* 都市と娯楽 加藤秀俊著
040* 郊外都市論 H・カーヴァー著 志水英樹訳
041* 都市文明の源流と系譜 藤岡謙二郎著
042 道具考 榮久庵憲司著
043 ヨーロッパの造園 岡崎文彬著
044* 未来の交通 H・ヘルマン著 岡寿麿訳
045* 古代技術 H・ディールス著 平田寛訳
046 キュビスムへの道 D・H・カーンワイラー著 千足伸行訳
047* 近代建築再考 藤井正一郎著
048* 古代科学 J・L・ハイベルク著 平田寛訳
049 住宅論 篠原一男著
050* ヨーロッパの住宅建築 S・カンタクシーノ著 山下和正訳
051* 都市の魅力 清水馨八郎、服部銈二郎著
052* 東照宮 大河直躬著
053 茶匠と建築 中村昌生著
054* 住居空間の人類学 石毛直道著
055 空間の生命 人間と建築 坂崎乙郎著
056 環境とデザイン G・エクボ著 久保貞訳
057* 日本美の意匠 水尾比呂志著
058 新しい都市の人間像 R・イールズ他編 木内信蔵監訳
059 京の町家 島村昇他編
060* 都市問題とは何か R・パーノン著 片桐達夫訳
061 住まいの原型Ⅰ 泉靖一編
062* コミュニティ計画の系譜 佐々木宏著
063* 近代建築 V・スカーリー著 長尾重武訳
064* SD海外建築情報Ⅰ 岡田新一編
065* SD海外建築情報Ⅱ 岡田新一編
066 天上の館 J・サマーソン著 鈴木博之訳
067 木の文化 小原二郎著
068* SD海外建築情報Ⅲ 岡田新一編
069* 地域・環境・計画 水谷穎介著
070* 都市虚構論 池田亮二著
071 現代建築事典 W・ペーント編 浜口隆一他日本語版監修
072 ヴィラール・ド・オヌクールの画帖 藤本康雄著
073* タウンスケープ T・シャープ著 長素連他訳
074* 現代建築の源流と動向 L・ヒルベルザイマー著 渡辺明次訳
075 部族社会の芸術家 M・W・スミス編 木村重信他訳
076 キモノ・マインド B・ルドフスキー著 新庄哲夫訳
077 住まいの原型Ⅱ 吉阪隆正他著
078 実存・空間・建築 C・ノルベルグ＝シュルツ著 加藤邦男訳
079* SD海外建築情報Ⅳ 岡田新一編
080* 都市の開発と保存 上田篤、鳴海邦碩編
081 爆発するメトロポリス W・H・ホワイトJr.他著 小島将志訳
082 アメリカの建築とアーバニズム(上) V・スカーリー著 香山壽夫訳
083 アメリカの建築とアーバニズム(下) V・スカーリー著 香山壽夫訳
084* 海上都市 菊竹清訓著
085 アーバン・ゲーム M・ケンツレン著 北原理雄訳

086* 建築2000　C・ジェンクス著　工藤国雄訳
087 日本の公園　田中正大著
088* 現代芸術の冒険　O・ビハリメリン著　坂崎乙郎他訳
089 江戸建築と本途帳　西和夫著
090* 大きな都市小さな部屋　渡辺武信著
091 イギリス建築の新傾向　R・ランダウ著　鈴木博之訳
092* SD海外建築情報V　岡田新一編
093* IDの世界　豊口協著
094* 交通圏の発見　有末武夫著
095 建築とは何か　B・タウト著　篠田英雄訳
096 続住宅論　篠原一男著
097* 建築の現在　長谷川堯著
098* 都市の景観　G・カレン著　北原理雄訳
099* SD海外建築情報VI　岡田新一編
100* 都市空間と建築　U・コンラーツ著　伊藤哲夫訳
101* 環境ゲーム　T・クロスビイ著　松平誠訳
102* アテネ憲章　ル・コルビュジエ著　吉阪隆正訳
103 プライド・オブ・プレイス　シヴィック・トラスト著　井手久登他訳
104* 構造と空間の感覚　F・ウイルソン著　山本学治他訳
105* 現代民家と住環境体　大野勝彦著
106 光の死　H・ゼーデルマイヤ著　森洋子訳
107* アメリカ建築の新方向　R・スターン著　鈴木一訳
108* 近代都市計画の起源　L・ベネヴォロ著　横山正訳
109* 中国の住宅　劉敦楨著　田中淡他訳
110 現代のコートハウス　D・マッキントッシュ著　北原理雄訳
111 モデュロールI　ル・コルビュジエ著　吉阪隆正訳
112 モデュロールII　ル・コルビュジエ著　吉阪隆正訳
113* 建築の史的原型を探る　B・ゼーヴィ著　鈴木美治訳
114 西欧の芸術1 ロマネスク上　H・フォシヨン著　神沢栄三他訳
115 西欧の芸術1 ロマネスク下　H・フォシヨン著　神沢栄三他訳
116 西欧の芸術2 ゴシック上　H・フォシヨン著　神沢栄三他訳

117 西欧の芸術2 ゴシック下　H・フォシヨン著　神沢栄三他訳
118 アメリカ大都市の死と生　J・ジェイコブス著　黒川紀章訳
119 遊び場の計画　R・ダットナー著　神谷五男他訳
120 人間の家　ル・コルビュジエ他著　西沢信弥訳
121* 街路の意味　竹山実著
122* パルテノンの建築家たち　R・カーペンター著　松島道也訳
123 ライトと日本　谷川正己著
124 空間としての建築(上)　B・ゼーヴィ著　栗田勇訳
125 空間としての建築(下)　B・ゼーヴィ著　栗田勇訳
126 かいわい[日本の都市空間]　材野博司著
127* 歩行者革命　S・プライネス他著　岡並木監訳
128 オレゴン大学の実験　C・アレグザンダー著　宮本雅明訳
129 都市はふるさとか　F・レンツローマイス著　武基雄他訳
130 建築空間[尺度について]　P・ブドン著　中村貴志訳
131 アメリカ住宅論　V・スカーリーJr.著　長尾重武訳
132 タリアセンへの道　谷川正己著
133 建築VS.ハウジング　M・ポウリー著　山下和正訳
134 思想としての建築　栗田勇著
135* 人間のための都市　P・ペータース著　河合正一訳
136 都市憲章　磯村英一著
137* 巨匠たちの時代　R・バンハム著　山下泉訳
138 三つの人間機構　ル・コルビュジエ著　山口知之訳
139 インターナショナル・スタイル　H・R・ヒチコック他著　武沢秀一訳
140 北欧の建築　S・E・ラスムッセン著　吉田鉄郎訳
141 続建築とは何か　B・タウト著　篠田英雄訳
142 四つの交通路　ル・コルビュジエ著　井田安弘訳
143 ラスベガス　R・ヴェンチューリ他著　石井和紘他訳
144 ル・コルビュジエ　C・ジェンクス著　佐々木宏訳
145 デザインの認識　R・ソマー著　加藤常雄訳
146 鏡[虚構の空間]　由水常雄著
147 イタリア都市再生の論理　陣内秀信著

148 東方への旅　ル・コルビュジエ著　石井勉他訳
149 建築鑑賞入門　W・W・コーディル他著　六鹿正治訳
150 近代建築の失敗　P・ブレイク著　星野郁美訳
151* 文化財と建築史　関野克著
152 日本の近代建築(上)その成立過程　稲垣栄三著
153* 日本の近代建築(下)その成立過程　稲垣栄三著
154 住宅と宮殿　ル・コルビュジエ著　井田安弘訳
155 イタリアの現代建築　V・グレゴッティ著　松井宏方訳
156 バウハウス[その建築造形理念]　杉本俊多著
157 エスプリ・ヌーヴォー[近代建築名鑑]　ル・コルビュジエ著　山口知之訳
158 建築について(上)　F・L・ライト著　谷川睦子他訳
159 建築について(下)　F・L・ライト著　谷川睦子他訳
160* 建築形態のダイナミクス(上)　R・アルンハイム著　乾正雄訳
161 建築形態のダイナミクス(下)　R・アルンハイム著　乾正雄訳
162 見えがくれする都市　槇文彦他著
163 街の景観　G・バーク著　長素連他訳
164 環境計画論　田村明著
165* アドルフ・ロース　伊藤哲夫著
166* 空間と情緒　箱崎総一著
167 水空間の演出　鈴木信宏著
168 モラリティと建築　D・ワトキン著　榎本弘之訳
169 ペルシア建築　A・U・ポープ著　石井昭訳
170 ブルネッレスキ ルネサンス建築の開花　G・C・アルガン著　浅井朋子訳
171 装置としての都市　月尾嘉男著
172 建築家の発想　石井和紘著
173 日本の空間構造　吉村貞司著
174 建築の多様性と対立性　R・ヴェンチューリ著　伊藤公文訳
175 広場の造形　C・ジッテ著　大石敏雄訳
176 西洋建築様式史(上)　F・バウムガルト著　杉本俊多訳
177 西洋建築様式史(下)　F・バウムガルト著　杉本俊多訳
178 木のこころ 木匠回想記　G・ナカシマ著　神代雄一郎他訳

179* 風土に生きる建築　若山滋著
180* 金沢の町家　島村昇著
181* ジュゼッペ・テッラーニ　B・ゼーヴィ編　鵜沢隆訳
182 水のデザイン　D・ベーミングハウス著　鈴木信宏訳
183* ゴシック建築の構造　R・マーク著　飯田喜四郎訳
184 建築家なしの建築　B・ルドフスキー著　渡辺武信訳
185 プレシジョン(上)　ル・コルビュジエ著　井田安弘他訳
186 プレシジョン(下)　ル・コルビュジエ著　井田安弘他訳
187 オットー・ワーグナー　H・ゲレツェッガー他著　伊藤哲夫他訳
188 環境照明のデザイン　石井幹子著
189 ルイス・マンフォード　木原武一著
190 「いえ」と「まち」　鈴木成文他著
191 アルド・ロッシ自伝　A・ロッシ著　三宅理一訳
192 屋外彫刻　M・A・ロビネット著　千葉成夫訳
193 「作庭記」からみた造園　飛田範夫著
194 トーネット曲木家具　K・マンク著　宿輪吉之典訳
195 劇場の構図　清水裕之著
196 オーギュスト・ペレ　吉田鋼市著
197 アントニオ・ガウディ　鳥居徳敏著
198 インテリアデザインとは何か　三輪正弘著
199* 都市住居の空間構成　東孝光著
200 ヴェネツィア　陣内秀信著
201 自然な構造体　F・オットー著　岩村和夫訳
202 椅子のデザイン小史　大廣保行著
203 都市の道具　GK研究所、榮久庵祥二著
204 ミース・ファン・デル・ローエ　D・スペース著　平野哲行訳
205 表現主義の建築(上)　W・ペーント著　長谷川章訳
206 表現主義の建築(下)　W・ペーント著　長谷川章訳
207 カルロ・スカルパ　A・F・マルチャノ著　浜口オサミ訳
208 都市の街割　材野博司著
209 日本の伝統工具　土田一郎著　秋山実写真

210 まちづくりの新しい理論　C・アレグザンダー他著　難波和彦監訳
211 建築環境論　岩村和夫著
212 建築計画の展開　W・M・ペニヤ著　本田邦夫訳
213 スペイン建築の特質　F・チュエッカ著　鳥居徳敏訳
214 アメリカ建築の巨匠たち　P・ブレイク他著　小林克弘他訳
215 行動・文化とデザイン　清水忠男著
216 環境デザインの思想　三輪正弘著
217 ボッロミーニ　G・C・アルガン著　長谷川正允訳
218 ヴィオレ・ル・デュク　羽生修二著
219 トニー・ガルニエ　吉田鋼市著
220 住環境の都市形態　P・パヌレ他著　佐藤方俊訳
221 古典建築の失われた意味　G・ハーシー著　白井秀和訳
222 パラディオへの招待　長尾重武著
223 ディスプレイデザイン　魚成祥一郎監修　清家清序文
224 芸術としての建築　S・アバークロンビー著　白井秀和訳
225 フラクタル造形　三井秀樹著
226 ウイリアム・モリス　藤田治彦著
227 エーロ・サーリネン　穂積信夫著
228 都市デザインの系譜　相田武文、土屋和男著
229 サウンドスケープ　鳥越けい子著
230 風景のコスモロジー　吉村元男著
231 庭園から都市へ　材野博司著
232 都市・住宅論　東孝光著
233 ふれあい空間のデザイン　清水忠男著
234 さあ横になって食べよう　B・ルドフスキー著　多田道太郎監修
235 間(ま)──日本建築の意匠　神代雄一郎著
236 都市デザイン　J・バーネット著　兼田敏之訳
237 建築家・吉田鉄郎の『日本の住宅』　吉田鉄郎著
238 建築家・吉田鉄郎の『日本の建築』　吉田鉄郎著
239 建築家・吉田鉄郎の『日本の庭園』　吉田鉄郎著
240 建築史の基礎概念　P・フランクル著　香山壽夫監訳

241 アーツ・アンド・クラフツの建築　片木篤著
242 ミース再考　K・フランプトン他著　澤村明＋EAT訳
243 歴史と風土の中で　山本学治建築論集①
244 造型と構造と　山本学治建築論集②
245 創造するこころ　山本学治建築論集③
246 アントニン・レーモンドの建築　三沢浩著
247 神殿か獄舎か　長谷川堯著
248 ルイス・カーン建築論集　ルイス・カーン著　前田忠直編訳
249 映画に見る近代建築　D・アルブレヒト著　萩正勝訳
250 様式の上にあれ　村野藤吾著作選
251 コラージュ・シティ　C・ロウ、F・コッター著　渡辺真理著
252 記憶に残る場所　D・リンドン、C・W・ムーア著　有岡孝訳
253 エスノ・アーキテクチュア　太田邦夫著
254 時間の中の都市　K・リンチ著　東京大学大谷幸夫研究室訳